高等职业教育"十三五"规划教材(网络工程课程群)

搜索引擎优化基础与实训

主　编　黄　源　徐受蓉　蒋文豪

副主编　刘　源

中国水利水电出版社
www.waterpub.com.cn
·北京·

内 容 提 要

搜索引擎是当今互联网应用的制高点,其背后的技术与原理值得相关人员研究与实践。本书全面介绍了搜索引擎相关知识,包括搜索引擎优化的基本原理及各种方式,并将网页设计的代码书写技术贯穿其中。本书将理论与实践操作相结合,通过大量的案例帮助读者快速了解和应用搜索引擎优化的相关技术。

本书共 9 章,介绍了搜索引擎基本概念、搜索引擎工作原理、网站关键词优化、网站页面制作与优化、网站结构优化、网站链接优化、搜索引擎作弊误区、移动端搜索引擎的优化及搜索引擎优化常用工具等内容。

本书适合高职高专学生使用,也可供广大网页设计爱好者自学使用。

图书在版编目(CIP)数据

搜索引擎优化基础与实训 / 黄源, 徐受蓉, 蒋文豪主编. -- 北京 : 中国水利水电出版社, 2018.7 (2021.6 重印)
高等职业教育"十三五"规划教材. 网络工程课程群
ISBN 978-7-5170-6532-6

Ⅰ. ①搜… Ⅱ. ①黄… ②徐… ③蒋… Ⅲ. ①互联网络-情报检索-系统最优化-高等职业教育-教材 Ⅳ. ①G354.4

中国版本图书馆CIP数据核字(2018)第129973号

策划编辑:石永峰　责任编辑:张玉玲　加工编辑:王玉梅　封面设计:李 佳

书　名	高等职业教育"十三五"规划教材(网络工程课程群) 搜索引擎优化基础与实训 SOUSUO YINQING YOUHUA JICHU YU SHIXUN
作　者	主　编　黄源　徐受蓉　蒋文豪 副主编　刘 源
出版发行	中国水利水电出版社 (北京市海淀区玉渊潭南路 1 号 D 座　100038) 网址:www.waterpub.com.cn E-mail:mchannel@263.net(万水) 　　　　sales@waterpub.com.cn 电话:(010)68367658(营销中心)、82562819(万水)
经　售	全国各地新华书店和相关出版物销售网点
排　版	北京万水电子信息有限公司
印　刷	三河市鑫金马印装有限公司
规　格	184mm×260mm　16 开本　14.75 印张　358 千字
版　次	2018 年 7 月第 1 版　2021 年 6 月第 2 次印刷
印　数	3001—5000 册
定　价	36.00 元

凡购买我社图书,如有缺页、倒页、脱页的,本社营销中心负责调换

版权所有·侵权必究

前言

  目前,搜索引擎优化技术已经成为网站运营的热门技术,各大站点纷纷优化各自的网站以更好地吸引浏览者的注意力。

  本书以"理论—实践操作"相结合的方式深入地讲解了搜索引擎优化的相关技术,在内容设计上既有上课时老师的讲述部分,包括详细的理论与典型的案例,又有课堂中的"课堂练习"环节,双管齐下,可极大地激发学生在课堂上的学习积极性与主动创造性,让学生在课堂上跟上老师的思维,从而学到更多有用的知识和技能。同时在每章结束部分有实训和习题,通过典型题目让学生将该章知识点转换为实际工作中所需要的相关技能。

  全书共分 9 章:第 1 章介绍搜索引擎基本概念;第 2 章介绍搜索引擎工作原理;第 3 章介绍网站关键词优化;第 4 章介绍网站页面制作与优化;第 5 章介绍网站结构优化;第 6 章介绍网站链接优化;第 7 章介绍搜索引擎作弊分析与解决;第 8 章介绍移动端的搜索引擎优化;第 9 章介绍搜索引擎优化常用工具。

  本书特色如下:

  (1)采用"理实一体化"教学方式,课堂上既有老师的讲述,又有学生独立思考、上机操作的内容。

  (2)丰富的教学案例,包含了教学课件、习题答案以及每章的重难点微课录像等多种教学资源。

  (3)紧跟时代潮流,注重技术变化,本书除了介绍常见的搜索引擎优化技术外,还加入了最新移动搜索引擎的优化相关知识及 HTML5 网站开发知识。

  本书可作为高职院校计算机网络技术、计算机软件技术、计算机应用技术、信息管理、电子商务等专业的教材,也可作为搜索引擎优化开发相关人员的参考书。

  本书由重庆航天职业技术学院计算机工程系的黄源、徐受蓉、蒋文豪和刘源共同编写,其中黄源、徐受蓉、蒋文豪担任主编,刘源担任副主编。在具体的章节编写中徐受蓉和黄源编写了第 1 章、第 4 章、第 5 章、第 8 章和第 9 章;蒋文豪编写了第 3 章和第 6 章;刘源编写了第 2 章;徐受蓉和刘源共同编写了第 7 章。重庆航天职业技术学院计算机工程系主任徐受蓉教授对书中内容进行了一定的审阅,全书由黄源负责统稿工作。

  在编写过程中,我们参阅了大量的相关资料,在此向相关作者表示感谢!

  由于编者水平有限,书中难免出现疏漏之处,衷心希望广大读者批评指正!如有问题,可发送邮件至邮箱 2103069667@qq.com。

编 者
2018 年 4 月

目 录

前言

第1章　SEO 基础 ………………………… 1
　1.1　认识 SEO ……………………………… 2
　　1.1.1　SEO 的定义 …………………… 2
　　1.1.2　SEO 常用术语 ………………… 4
　　1.1.3　SEO 的发展历史 ……………… 4
　　1.1.4　SEO 与 SEM 的关系 …………… 5
　　1.1.5　SEO 与付费排名的关系 ……… 6
　　1.1.6　SEO 的优缺点 ………………… 7
　　1.1.7　SEO 的应用 …………………… 7
　1.2　网络营销 ……………………………… 8
　　1.2.1　网络营销的定义 ……………… 8
　　1.2.2　网络营销的实施 ……………… 8
　1.3　SEO 与网络营销 ……………………… 8
　1.4　本章小结 ……………………………… 9
　1.5　实训 …………………………………… 9
　1.6　习题 …………………………………… 11

第2章　搜索引擎工作原理 ……………… 13
　2.1　搜索引擎简介 ………………………… 14
　2.2　搜索引擎分类 ………………………… 14
　　2.2.1　全文搜索引擎 ………………… 15
　　2.2.2　目录搜索引擎 ………………… 15
　　2.2.3　元搜索引擎 …………………… 16
　　2.2.4　其他搜索引擎 ………………… 16
　　2.2.5　搜索引擎发展趋势 …………… 17
　2.3　搜索引擎工作原理 …………………… 18
　　2.3.1　Web 页面抓取与维护 ………… 19
　　2.3.2　页面分析 ……………………… 25

　　2.3.3　页面排序 ……………………… 27
　　2.3.4　关键词查询 …………………… 30
　2.4　常用搜索引擎介绍 …………………… 33
　　2.4.1　Google 搜索引擎 ……………… 33
　　2.4.2　百度搜索引擎 ………………… 34
　　2.4.3　Yahoo!搜索引擎 ……………… 35
　2.5　本章小结 ……………………………… 36
　2.6　实训 …………………………………… 36
　2.7　习题 …………………………………… 36

第3章　网站关键词优化 ………………… 38
　3.1　关键词简介 …………………………… 39
　　3.1.1　网站中的关键词 ……………… 39
　　3.1.2　核心关键词与扩展关键词 …… 39
　3.2　关键词密度 …………………………… 40
　　3.2.1　关键词密度的摆放位置 ……… 40
　　3.2.2　关键词密度的设置原则 ……… 41
　　3.2.3　关键词密度与页面的关系 …… 41
　3.3　关键词趋势 …………………………… 42
　　3.3.1　认识百度指数 ………………… 43
　　3.3.2　寻找关键词趋势 ……………… 44
　3.4　关键词策略 …………………………… 47
　　3.4.1　关键词分布 …………………… 47
　　3.4.2　关键词描述 …………………… 50
　　3.4.3　关键词评估 …………………… 50
　　3.4.4　关键词制定 …………………… 55
　3.5　本章小结 ……………………………… 60
　3.6　实训 …………………………………… 61

3.7 习题 ······················· 67
第 4 章 网站页面制作与优化 ············ 69
  4.1 网站页面的组成 ··············· 70
    4.1.1 网站页面的认识 ············ 70
    4.1.2 网站页面制作的基本方式 ······· 72
  4.2 网站标题的优化 ··············· 73
    4.2.1 网站标题的意义与书写 ········ 73
    4.2.2 网站标题选择与优化的标准 ····· 74
    4.2.3 网站标题优化注意事项 ········ 76
  4.3 网站导航栏目的优化 ············ 77
    4.3.1 网站导航栏目的认识 ········· 77
    4.3.2 网站导航栏目的优化 ········· 78
  4.4 网站内容的制作与优化 ··········· 81
    4.4.1 网站内容的组成 ············ 81
    4.4.2 网站文章内容的制作与优化方式 ·· 82
  4.5 网站图片优化 ················ 87
    4.5.1 网站中的图片描述 ·········· 87
    4.5.2 图片优化主要方式 ·········· 88
  4.6 网站代码优化 ················ 90
    4.6.1 网站代码优化的意义 ········· 90
    4.6.2 网站内容的书写 ············ 91
    4.6.3 网站 CSS 代码的精简与重组 ···· 93
    4.6.4 Javascript 的优化 ·········· 97
  4.7 网站布局优化 ················ 98
    4.7.1 网站布局优化的意义 ········· 98
    4.7.2 网站布局优化的实现 ········· 98
  4.8 网站中的视频优化 ·············· 101
    4.8.1 网站中的视频介绍 ·········· 101
    4.8.2 网站中的视频优化方式 ······· 102
  4.9 网站页脚的优化 ··············· 104
    4.9.1 网站中的页脚意义 ·········· 104
    4.9.2 网站中的页脚优化方式 ······· 105
  4.10 本章小结 ··················· 106
  4.11 实训 ······················ 106
  4.12 习题 ······················ 108
第 5 章 网站结构优化 ················ 109
  5.1 网站结构分类 ················ 110
    5.1.1 网站结构介绍 ············· 110
    5.1.2 物理结构 ················ 110

5.1.3 逻辑结构 ················ 113
5.2 网站结构的优化 ··············· 115
    5.2.1 物理结构的优化 ············ 115
    5.2.2 逻辑结构的优化 ············ 116
    5.2.3 URL 结构的优化 ··········· 118
    5.2.4 网站的理想结构 ············ 121
    5.2.5 网站的合理结构 ············ 121
    5.2.6 网站结构中 robots.txt 代码优化原理
           与实现 ·················· 122
5.3 网站结构优化实例 ·············· 125
    5.3.1 网站的物理结构 ············ 126
    5.3.2 网站的逻辑结构 ············ 126
    5.3.3 URL 结构优化 ············ 127
5.4 本章小结 ··················· 127
5.5 实训 ······················ 127
5.6 习题 ······················ 131
第 6 章 网站链接优化 ················ 132
  6.1 认识网站链接 ················ 133
    6.1.1 链接的重要性 ············· 133
    6.1.2 内部链接 ················ 138
    6.1.3 外部链接 ················ 139
  6.2 内部链接的优化 ··············· 140
    6.2.1 内部链接的意义 ············ 140
    6.2.2 制作站内导航 ············· 142
    6.2.3 制作文本链接 ············· 145
    6.2.4 内部链接的数量 ············ 146
  6.3 外部链接的优化 ··············· 147
    6.3.1 外部链接的意义 ············ 147
    6.3.2 外部链接的推广 ············ 148
    6.3.3 外部链接的数量 ············ 152
    6.3.4 外部链接的质量 ············ 153
  6.4 本章小结 ··················· 154
  6.5 实训 ······················ 154
  6.6 习题 ······················ 159
第 7 章 搜索引擎作弊分析与解决 ········ 161
  7.1 搜索引擎作弊简介 ·············· 162
    7.1.1 搜索引擎作弊概述 ·········· 162
    7.1.2 搜索引擎作弊分类 ·········· 162
    7.1.3 避免搜索引擎作弊 ·········· 163

7.2 "黑帽"与"白帽"……………………163
　　7.2.1 什么是"白帽"………………164
　　7.2.2 什么是"黑帽"………………164
　　7.2.3 "黑帽"与"白帽"的区别……165
7.3 SEO 作弊常用手段…………………167
　　7.3.1 关键词堆砌……………………167
　　7.3.2 隐藏文本………………………169
　　7.3.3 镜像网站………………………170
　　7.3.4 门页……………………………171
　　7.3.5 伪装……………………………171
　　7.3.6 重定向…………………………172
　　7.3.7 链接欺骗………………………172
7.4 网站作弊处理………………………174
　　7.4.1 网站作弊处理概述……………174
　　7.4.2 作弊惩罚………………………175
　　7.4.3 举报作弊网站的方法…………176
　　7.4.4 网站被搜索引擎惩罚后的解决方式…176
7.5 本章小结……………………………178
7.6 实训…………………………………178
7.7 习题…………………………………181
第8章 移动端的搜索引擎优化……………183
8.1 认识移动端的 SEO……………………184

8.1.1 移动端 SEO 的发展……………184
8.1.2 移动端 SEO 的特点……………186
8.2 移动端 SEO 的优化与实现…………189
　　8.2.1 移动端 SEO 的网站建设………189
　　8.2.2 移动端 SEO 的内容优化………199
　　8.2.3 移动端 SEO 的前景展望………202
8.3 移动 APP 的 SEO……………………202
8.4 本章小结……………………………212
8.5 实训…………………………………212
8.6 习题…………………………………213
第9章 SEO 常用工具介绍…………………215
9.1 网站管理工具………………………216
　　9.1.1 百度站长平台…………………216
　　9.1.2 Bing 网站管理员工具…………219
9.2 流量查询与数据统计工具…………221
　　9.2.1 Alexa 排名……………………221
　　9.2.2 百度统计………………………223
　　9.2.3 百度指数………………………225
9.3 本章小结……………………………228
9.4 实训…………………………………228
9.5 习题…………………………………229
参考文献……………………………………230

第 1 章
SEO 基础

【本章导读】

本章首先介绍 SEO 的定义及基本概念；然后介绍 SEO 的常用术语及 SEO 的发展历史；接着分析 SEO 与付费排名的关系；最后介绍网络营销及网络营销与 SEO 的对比。

【本章要点】

- SEO 的基本概念
- SEO 的常用术语
- SEO 的优缺点
- 网络营销与 SEO

1.1 认识SEO

扫码看视频

1.1.1 SEO的定义

SEO的全称是Search Engine Optimization（搜索引擎优化）。它诞生于20世纪90年代，是一种基于网络的面向网站的搜索方式。SEO充分利用互联网中的搜索引擎规则对网站进行内部与外部的调整，对网络中的各种资源进行收集和处理，提升该网站在搜索引擎中的排名，从而吸引更多的浏览者，最终使该网站获得免费流量，建成品牌网站。

SEO的实现涉及内容较多，目前一般认为SEO主要包含以下几个方面的内容：

（1）网站关键词的优化。
（2）网站结构的优化。
（3）网站页面内容的优化。
（4）网站链接的优化。
（5）网站主题的优化。

其中网站页面内容的优化是SEO中最关键的因素。图1-1显示了SEO的主要工作。

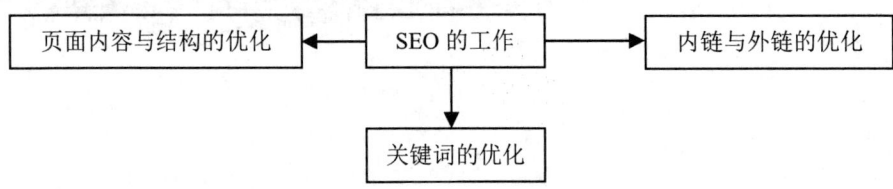

图1-1　SEO的主要工作

如果把网络中的资源看成是一个数据库，那么SEO就相当于其中的数据索引，用户通过使用数据索引来更好地分享网络中的各种资源。图1-2描述了SEO的基本工作方式。

图1-2　SEO的基本工作方式

从图1-2可以看出，在网络中的每一个网站都有一个或者多个关键词，SEO的基本工作方式就是通过搜索算法来读取网站中的关键词直至抓取相关联的互联网页面，最终实现用户对该页面的访问，从而获取各种资源。

图1-3显示了在百度中查询"家居"时出现的无数多的相关网页。这些网页按照一定的顺序进行显示，按照浏览者的浏览习惯，出现在前面的网站往往最容易引起人们的关注。这里就运用到了SEO的相关技术。

但是随着互联网中各种广告的兴起，当浏览者在百度查询感兴趣的话题时，往往会出现很多广告类信息，如当浏览者查询"白头发"的相关内容，这时在网上会出现以下搜索结果，在最前面的往往是一些广告链接，如图1-4所示。

图1-3　搜索"家居"的结果

图1-4　搜索"白头发"的结果

通过图 1-3 可以看出在商业竞争中搜索引擎并不是完美的，它包含着商业推广，因此在用户的搜索网站会出现一些广告类页面，甚至有时候影响了浏览者的体验。现在业界对搜索引擎的普遍看法是 SEO 既是一种技术，也是网络营销的一种手段，它的根本目的是通过优化网站，从而吸引浏览者，最终提升网站流量，实现盈利。

1.1.2 SEO 常用术语

扫码看视频

网站通过 SEO 不仅让该网站在网络搜索中的排名靠前，更重要的是可以获得网络流量，从而获得商业利润。在这一节里主要介绍 SEO 中的常用术语。

（1）索引。索引是指蜘蛛程序存储在互联网上的每个程序或是网页的对应的位置，索引是一种数据库行为，通过索引能够快速帮助用户找到特定的页面。

（2）排名。排名是指目标该页面在目标关键词，SEO 的最终目的就是要提高该网站在 Web 中的排名，以便更好地被检索。决定网站最终排名结果的软件代码被称为排名算法，它是搜索引擎中的核心机密。

（3）竞价排名。竞价排名是指以竞价的方式拍卖搜索结果的一种排名行为，它是百度常用的一种商业行为，企业只需付出足够高的价钱就可以在关键词上取得想要的任意排名。

（4）关键词（关键字）。关键词也可称为关键字，是指在搜索引擎里要搜索的词或者句子。关键词可多可少，用户通过输入关键词来查询相关内容。

（5）URL 链接。URL 是指网页中的各种链接，一般分为内部链接和外部链接。

（6）中文分词。中文分词是中文搜索引擎中特有的过程，它是一个将连续的字符分成一个一个的、有意义的、单独的单词的过程。搜索引擎在用户输入了关键词以后都需要进行分词，以便网络蜘蛛的查询。

（7）网络蜘蛛。网络蜘蛛也称为网络机器人，它是一段程序代码，并能够按照一定的规则自动抓取在互联网中的海量数据。

（8）相关性排名。相关性排名是一种匹配技术，它使用搜索引擎来产生一系列的匹配结果。在搜索引擎中决定相关性排名的是相关性排名算法。

（9）SEM。SEM 是指搜索引擎营销，它通过付费的方式来获取搜索引擎排名。

（10）白帽 SEO。白帽 SEO 是指以一种正当的方式优化网站，以促进网站在 Web 中的排名。白帽 SEO 一直被认为是最佳的 SEO 做法，值得推广。

（11）黑帽 SEO。黑帽 SEO 通常是指某个网站为了在短期内盈利而使用了不正当手段的作弊行为。黑帽 SEO 包含制作垃圾链接、隐藏网页、关键词堆砌、桥页等，这是一种不鼓励的行为。

（12）网站权重。网站权重是指搜索引擎对某个网站全方位评估的结果，权重越高的网站在搜索引擎排名中就越好。值得注意的是：网站权重不等于网站排名。

1.1.3 SEO 的发展历史

SEO 的发展与互联网的出现是密不可分的。总体而言，SEO 的历程大致经历了下述的五个阶段。

1. 互联网刚刚兴起的阶段

在互联网刚刚出现的年代是没有所谓的搜索引擎的说法的，当时的用户要在网络中找到自己想要的资源如同大海捞针,十分费力。

2. Yahoo!搜索引擎出现的阶段

在进入 20 世纪 90 年代以后,以 Yahoo!为首的分类目录型搜索引擎诞生了,用户在 Yahoo!等网站上能够搜索自己想要的各种信息。

3. Google、百度搜索引擎兴起的阶段

进入 21 世纪以后,随着互联网的不断发展,上网用户越来越多,搜索引擎算法也得到了不断的改善和提高,搜索引擎优化也就是 SEO 逐渐浮出了水面。在这段时间里,由于投身 SEO 的公司增多,又缺乏足够强大的政策与法律的保护,整个 SEO 市场上鱼目混杂,SEO 陷入了虚假的繁荣中。

4. 大数据与 SEO 正规发展阶段

从 2006 年以后,随着搜索引擎算法的改进,许多滥竽充数者在风暴洗礼中被淘汰出局,业内出现了平静。自 2013 年以来,随着大数据与互联网的不断融合,SEO 逐渐又回归本质,以提高网站的质量和用户体验为最终目的,进入了一个崭新的阶段。

5. 搜索引擎的激烈竞争阶段

自 2010 年以来,随着互联网与人工智能技术的不断发展,目前在市场涌现了越来越多的搜索引擎,除了国外知名的 Google、Yahoo!,国内的百度之外,微软 Bing 搜索、搜狗搜索、360 搜索等也逐渐在市场上占据了一席之地。未来的搜索引擎市场必将迎来新一轮的激烈竞争。图 1-5 显示了目前世界上各大搜索引擎公司占据的市场份额。

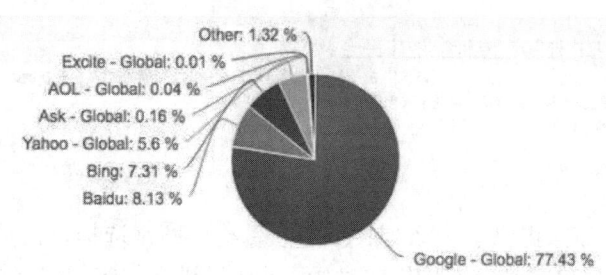

图 1-5　搜索引擎公司占据的市场份额

1.1.4　SEO 与 SEM 的关系

SEM(搜索引擎营销)是一种全新的网络营销方式,它通过商业上的投入来获取该网站在网络中的访问量,从而取得商业利润。

SEM 的本质是让用户在网上能够轻松地搜索出该页面,从而产生后续的行为。因此 SEM 与 SEO 存在着较大的差异,主要区别如下:

(1) SEO 指搜索引擎优化,而 SEM 指搜索引擎营销,两者最主要的区别是前者是一种技术行为,而后者是一种商业行为。在具体的实现中 SEO 主要依靠技术人员,而 SEM 主要依靠企业中的管理者。

(2) 从范围上看,SEO 涉及网站的开发、主题的选取、关键词的优化、网页结构的优化、网页的设计、代码的优化、图片的使用等诸多方面,SEM 则主要是通过免费的 SEO 和付费的 PPC 广告来实现。

（3）从时间上看，SEO 见效慢，工作量大，周期长；SEM 见效快，但是存在着不稳定的情况。

（4）从成效上看，SEO 做好了会给网站带来长期的回报，并且风险小；SEM 如果缺乏技术层面的支持，一旦资金链断了，该网站的搜索引擎排名会立即下滑。

（5）从技术支持上看，SEO 可以针对所有的搜索引擎，而 SEM 则在不同的搜索引擎中有不同的服务机制。

1.1.5　SEO 与付费排名的关系

SEO 通过对网站的全面优化，使得该网站在搜索引擎中的结果排名靠前，从而为该网站带来流量上的提升。而付费排名是指网站通过花钱提升广告量，从而能够快速推广该网站。目前百度上的百度推广就是一种常见的针对网站实施的按效果付费的网络推广方式，如图 1-6 所示。

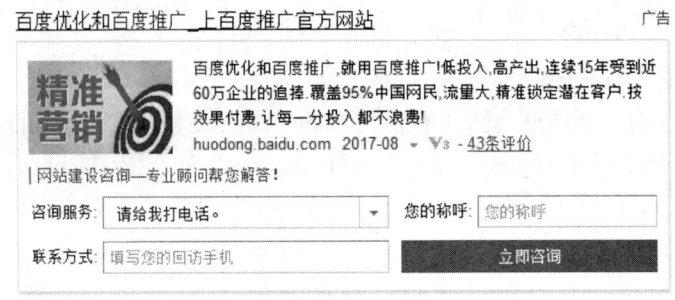

图 1-6　百度推广

在百度推广中，商家提供了一系列收费的项目给厂商来选择，常见的做法是为企业推广关键词。当该企业的出价达到一定价格的时候，就可以进行相应的网络推广，从而更快地为相应厂商提供搜索上的方便。图 1-7 显示了付费排名的实现过程。

图 1-7　付费排名的实现过程

从图 1-7 可以看出，SEO 和付费排名密不可分，一方面企业可以通过优化网站内容吸引浏览者，另一方面还可以通过有效的付费排名迅速地打开局面，吸引更多的浏览者，在短时间内获得大量的流量，从而使搜索引擎带来的价值最大化。

目前在网络中常见的付费排名方式有如下两种：

（1）按照效果付费。按效果付费是指在搜索引擎收费中，按照用户实际点击打开网页的效果进行收费的方式，这种方式受到了广大企业的青睐。

（2）按照使用时间长短来付费。该种方式按照企业投放广告的时间来收费，一般是以年为单位收费。

1.1.6 SEO 的优缺点

1. SEO 的优点

SEO 是一种面向网络的搜索方式,因此它具备以下优点。

(1) 可操作性空间大。要想做好 SEO,可以从多个角度优化网站,如网站的关键词、主题、内容、结构、链接等,每一个部分都可以改善搜索引擎的查询结果。

(2) 成本低、效果明显。技术人员优化搜索引擎费用是十分低的,并不需要大量的资金,只需要对网络搜索引擎的认识足够多,经验足够丰富即可。并且一旦优化成功以后,在现有的搜索引擎算法的规则下该网站的排名一般不会出现大的变化,除非竞争对手太强大。

(3) 改善了用户对该网站的体验。要想做好 SEO,可以通过改进网站的内容、关键词、结构、链接等来加强用户的体验,从而吸引更多的浏览者,增加网站的访问流量。

2. SEO 的缺点

虽然 SEO 优点较多,但是也需要看到,SEO 同样存在着下列不足之处。

(1) 实施过程较长。要优化整个网站,需要熟悉网站制作方式及 SEO 的基本技术,要投入大量的时间和精力来修改页面,并及时更新页面内容,对于一些竞争过于激烈的关键词的优化甚至需要投入一年以上的时间。

(2) 需要适应搜索引擎的排名规则,竞争大,有很多不确定因素。

由于搜索引擎对排名有各自的不同规则,因此有可能在某天某个搜索引擎对排名规则进行了改变,那时也许就会出现原有的排名位置发生变动。此外付费排名的网站也会对 SEO 的网站排名带来极大的影响,以百度为例,SEO 的排名位置极有可能在竞价排名之后。因此搜索引擎优化人员也并无绝对的把握能够确保某一关键词的排名情况。

但是无论怎么讲,SEO 是网站结构与内容的一种改革,按照搜索引擎的原则来设计、改良网站都是必须的。不断提升网站的质量,给浏览者留下美好的印象是每一个 SEO 开发者都应该追求的结果。

1.1.7 SEO 的应用

1. 企业网站

大量的企业网站都需要 SEO 来增加网站的访问量,对于企业而言,流量是基础,只有流量上去了才能盈利。因此 SEO 是企业网站首选的推广方法,通过 SEO 创造出自己的品牌,在网上打开销量才能很好地适应当前的市场。

2. 电子商务网站

对于电子商务型网站来讲通过 SEO 优化可以吸引更多的网络消费者,从而节约成本,提高产品质量,获取更高的商业利润。

3. 个人网站

大部分的个人网站以娱乐和资源下载内容为主,一般情况下访问量不会太大,通过 SEO 优化可以在网上打开知名度,提高浏览者的点击率,同时成本也不贵。

1.2 网络营销

1.2.1 网络营销的定义

网络营销是一种通过互联网进行网络销售的服务方式,是一种新的营销策略。企业通过网络营销能让消费者随时随地运用 PC 端或是移动端访问网站,从而获得良好的盈利效果。网络营销的主要特点如下:

(1) 跨时空性。网络营销方式以互联网为依托,可以跨越任何的地点,不受环境和地理位置影响,让消费者足不出户就可以享受到购物的乐趣。

(2) 跨平台性。网络营销方式操作方便、简单,用户只需依靠接入互联网的设备就可以完成整个购物的操作。特别是随着移动互联网的兴起,用户可以使用各种移动设备完成在互联网上的购物。

(3) 交互性。网络营销方式的好处是可以让用户在购买之前先把商品认识清楚再作决定,用户可以通过鼠标的点击来详细地了解该商品的所有信息。此外,用户也可以通过对产品进行评价或是打分来产生互动,从而促使商家更加注重产品的质量和消费者的意见。

(4) 高效性。互联网是一种功能最强大的营销工具,将互联网和计算机结合在一起,可以完成对海量数据的存储、分析、计算、查询等工作,极大地提高了工作效率。

但是值得注意的是:由于我国现阶段电子商务法规还不是十分规范,监管中还存在着漏洞,因此在网络营销中还存在着部分商品以次充好或是以假乱真的问题。

1.2.2 网络营销的实施

目前,网络营销的实施主要是通过以下几种方式来实现:

(1) 搜索引擎营销。指通过搜索引擎来进行全面的网络营销和推广,这是一种新的营销方式。搜索引擎营销通常包含 SEO、付费排名、广告推广及付费收录等。

(2) 电子邮件营销。指通过发送企业的电子邮件来引起消费者的注意,从而达到营销目的的一种手段。

(3) 博客营销。指利用博客论坛来传播某些商品信息的营销活动,博客访问者越多就越容易实现博客营销。

(4) 微信营销。指利用现在火热的微信或是微信朋友圈来发送相关商品信息的营销方式。

(5) 事件营销。指利用社会上有影响力的某些事件来树立品牌,从而达到快速吸引消费者的目的。

(6) 口碑营销。指利用网络中的各种方式传播产品的信息,如网络专题报道、网络社区传播等。

(7) 病毒式营销。指利用用户的口碑传播商品信息,该方式可以快速地复制大量的信息并发往网络中的各个地址。

1.3 SEO 与网络营销

严格地讲 SEO 与网络营销不能够混为一谈。SEO 只是网络营销的一种手段,它是网络营销的技术之一。从某种程度上讲，SEO 是目前性价比较高的一种网络营销方式，它可以针对所有搜索引擎来提高网站的认可度，建立网站的品牌效应。图 1-8 表明了 SEO 与网络营销之间的关系。

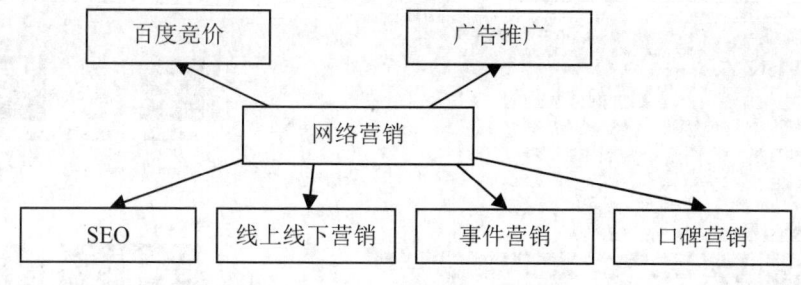

图 1-8　SEO 与网络营销的关系

从图 1-8 可以看出，相比企业网络营销，SEO 还处于起步阶段。如果企业会 SEO，可以极大地促进该公司品牌的推广。

1.4　本章小结

（1）SEO（搜索引擎优化）是一种网络营销的方式，它通过对网站进行优化从而提升网站在搜索引擎中的排名，进而获得更多的流量，创造更大的价值。

（2）SEO 优点较多，如可操作空间大、成本较低、效果明显等，但是也存在着一些不足，如优化过程周期长、关键词见效慢、有着不稳定因素等。

（3）SEO 在企业网站、电子商务网站以及个人网站中应用较广泛。

（4）SEO 与付费排名关系较为紧密，但是付费排名更加商业化。

1.5　实训

1. 实训目的

通过本章实训了解 SEO 的简单查询方式，能够上网进行相关网站的搜索。

2. 实训内容

（1）使用百度进行网站的搜索。张先生才搬了新家，现在需要购买一些家具，他在百度上搜索"美式家具"的产品。请您帮助张先生查询美式家具中的电脑桌，如图 1-9、图 1-10 所示。

（2）为企业老总培训 SEO 相关知识。小明所在的公司要为一批企业老总培训 SEO，要点有四条：

- SEO 概念。
- 线上线下的关系。
- 网络营销。
- SEO 与 SEM 的关系。

请您写出培训方案。

图1-9 美式家具的查询

图1-10 美式家具中的电脑桌的查询

（3）百度推广是百度首创的一种推广企业网站的方式，如图 1-11 所示，它按照效果付费。请您在网上查询百度推广后，写出百度推广的含义和执行的基本步骤。

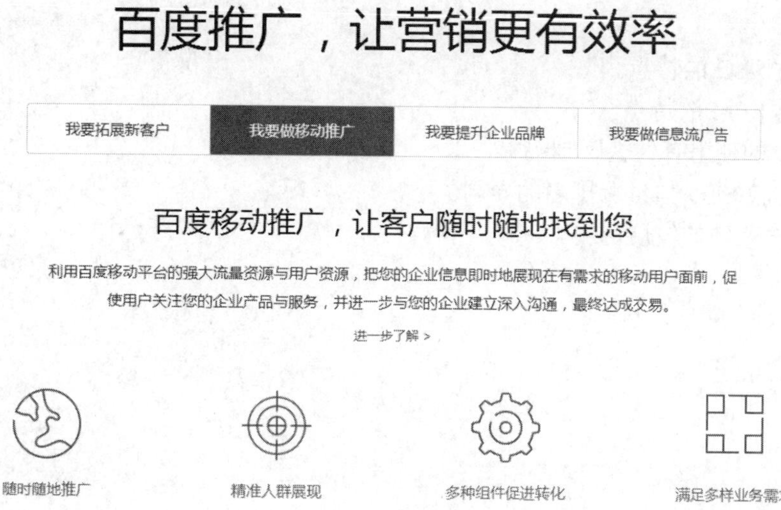

百度推广，让营销更有效率

我要拓展新客户　　我要做移动推广　　我要提升企业品牌　　我要做信息流广告

百度移动推广，让客户随时随地找到您

利用百度移动平台的强大流量资源与用户资源，把您的企业信息即时地展现在有需求的移动用户面前，促使用户关注您的企业产品与服务，并进一步与您的企业建立深入沟通，最终达成交易。

进一步了解 >

随时随地推广　　　精准人群展现　　　多种组件促进转化　　满足多样业务需求

图 1-11　百度推广

（4）在百度上查询"医院"，请记录排名靠前的 10 个数据，并思考它们的排名由什么因素来决定（提示：从网站优化、网站品牌和商业推广的角度来考虑）？

1.6　习题

1. 选择题

（1）SEO 指的是（　　）。
　　A．搜索引擎优化　　　　　　　B．搜索引擎
　　C．营销　　　　　　　　　　　D．网络营销

（2）SEM 指的是（　　）。
　　A．搜索引擎优化　　　　　　　B．搜索引擎
　　C．搜索引擎营销　　　　　　　D．网络营销

（3）最早做搜索引擎的公司是（　　）。
　　A．百度　　　　　　　　　　　B．Yahoo!
　　C．阿里巴巴　　　　　　　　　D．微软

（4）Keywords 的中文含义是（　　）。
　　A．关键词　　　　　　　　　　B．表头
　　C．文档　　　　　　　　　　　D．超文本标记

（5）百度推广是一种（　　）行为。
　　A．收费　　　　　　　　　　　B．免费
　　C．咨询　　　　　　　　　　　D．义务

（6）网络蜘蛛的作用（　　）。

　　A．抓取数据　　　　　　　　B．排列数据

　　C．认识数据　　　　　　　　D．抽样数据

2．简答题

（1）简述 SEO 的特点。

（2）简述 SEM 的特点。

（3）SEO 的使用有什么限制吗？

（4）请比较 SEO 与付费排名的异同。

（5）简述 SEO 的发展历史。

第 2 章
搜索引擎工作原理

【本章导读】

本章首先介绍了搜索引擎发展背景、分类及特点，然后详细讲解搜索引擎的工作原理和工作流程，最后举例介绍了几种常见的搜索引擎。

【本章要点】

- 搜索引擎简介
- 搜索引擎分类
- 搜索引擎工作原理
- 常用搜索引擎介绍

2.1 搜索引擎简介

搜索引擎最早出现在因特网发展的初期,当时受到各种因素的限制互联网技术还不发达,网站相对较少,新闻查找比较容易。然而随着因特网技术的飞速发展,特别是因特网应用的迅速普及,网站越来越多,并且每天全球互联网网页数目以千万级的数量增加。要在浩瀚的网络新闻中寻找所需要的材料无异于大海捞针。这时为满足人们新闻检索需求,搜索网站应运而生。

可以获得网站网页资料或能够建立数据库并提供查询的系统,我们都可以把它叫做搜索引擎。从本质上看,搜索引擎并不真正搜索互联网,它搜索的实际上是预先整理好的网页索引数据库。真正意义上的搜索引擎,通常指的是收集了因特网上几千万到几十亿个网页并对网页中的每一个词(即关键词)进行索引,建立索引数据库的全文搜索引擎。当用户查找某个关键词的时候,所有在页面内容中包含了该关键词的网页都将作为搜索结果被搜出来。在经过复杂的算法进行排序后,这些结果将按照与搜索关键词的相关度高低依次排列。

搜索引擎包括全文索引、目录索引、元搜索引擎、垂直搜索引擎、集合式搜索引擎、门户搜索引擎与免费链接列表等。

图 2-1、图 2-2 显示了百度搜索引擎和 Google 搜索引擎的网站首页。

图 2-1　百度搜索引擎

图 2-2　Google 搜索引擎

2.2 搜索引擎分类

搜索引擎按其工作方式主要可分为三种,分别是全文搜索引擎(Full Text Search Engine)、目录索引类搜索引擎(Search Index/Directory)和元搜索引擎(Meta Search Engine),下面分别介绍。

2.2.1 全文搜索引擎

全文搜索引擎是名副其实的搜索引擎，是目前广泛应用的主流搜索引擎，国外具有代表性的全文搜索引擎有 Google、Yahoo!，国内比较著名的全文搜索引擎有百度等。它们都是通过从互联网上提取各种网站的信息建立数据库，再从这个数据库中检索与用户查询条件相匹配的相关记录，最后按照一定的排列顺序返回给用户。这个过程类似于通过字典中的检索字表查字的过程。全文搜索引擎的主要优点是：信息量大、更新及时、面向具体网页内容，适合模糊搜索。

从搜索结果来源的角度来看，全文搜索引擎拥有自己的检索程序（Idexer）俗称"蜘蛛"程序或"机器人"（Robot）程序，并自行建立网页数据库，搜索结果就直接从自身的数据库中调用。

常见的全文搜索引擎有国内的百度、天网、悠游、搜狗、爱问、中搜等以及国外的 AltaVista、FAST、Lycos、Northern Light、Google 等。

图 2-3 显示了 Yahoo!网站首页。

图 2-3　网站：https://www.yahoo.com

2.2.2 目录搜索引擎

目录搜索引擎虽然有搜索功能，但在严格意义上算不上是真正的搜索引擎，仅仅是按目录分类的网站链接列表而已。用户完全可以不用进行关键词（Keywords）查询，仅靠分类目录也可找到需要的信息。以人工方式或半自动方式搜集信息，由编辑员查看信息之后，人工形成信息摘要，并将信息置于事先确定的分类框架中。信息大多面向网站，提供目录浏览服务和直接检索服务。该类搜索引擎因为加入了人的智能，所以信息准确、导航质量高，缺点是需要人工介入、维护量大、信息量少、信息更新不及时。这类搜索引擎的代表是：Yahoo!、LookSmart、

Open Directory、Go Guide 等。图 2-4 显示了 LookSmart 网站首页。

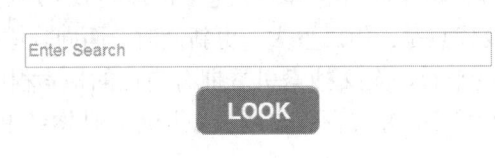

图 2-4　网站：http://www.looksmart.com/

2.2.3　元搜索引擎

元搜索引擎在接受用户查询请求的时候，会同时在其他多个搜索引擎上进行搜索，并将结果返回给用户，著名的元搜索引擎有 Dogpile、Vivisimo 等。在搜索结果排列方面，有的直接按照来源排列搜索结果，例如 Dogpile，有的则是按照自定的规则将结果重新排列组合后再返给用户，例如 Vivisimo。

元搜索引擎包含中文搜索引擎和外文搜索引擎。目前常见的中文元搜索引擎有：万维搜索、北斗搜索等。外文元搜索引擎则有：Ask、Chubba、Cyber411、Infind、OneSeek、Savvy Search、SurfWax 等。

图 2-5 显示了元搜索引擎 MetaCrawler 首页。

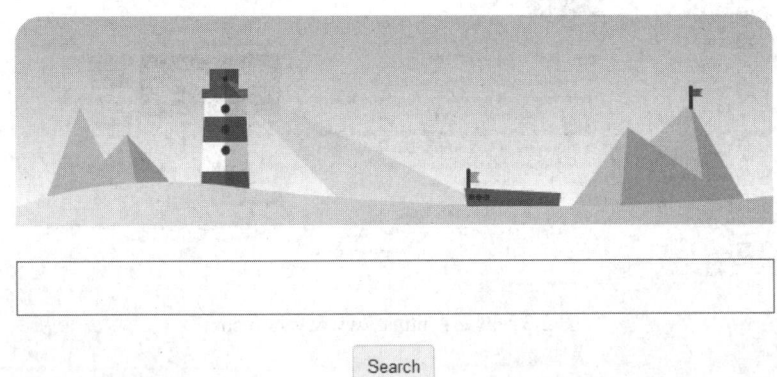

图 2-5　元搜索引擎 MetaCrawler

【课堂练习】在网上实验各种搜索引擎，总结其特点。

2.2.4　其他搜索引擎

除了上述三大类搜索引擎，还有以下几种非主流形式的搜索引擎。

1. 集合式搜索引擎

集合式搜索引擎类似元搜索引擎，区别在于它并非同时调用多个搜索引擎进行搜索，而是由用户从提供的若干搜索引擎中选择，如 HotBot 在 2002 年底推出的搜索引擎和 Howsou.com 在 2007 年底推出的搜索引擎。

2. 门户搜索引擎

门户搜索引擎虽然提供搜索服务，但自身既没有分类目录也没有网页数据库，其搜索结果完全来自其他搜索引擎。其代表有：AOL Search、MSN Search 等。

3. 免费链接列表搜索引擎

免费链接列表（Free For All Links，简称 FFA）：一般只简单地滚动链接条目，少部分有简单的分类目录，规模要比 Yahoo!等目录索引小很多。

4. 垂直搜索引擎

垂直搜索引擎是专门针对某一行业的专业搜索引擎，与传统的通用搜索引擎不同，垂直搜索引擎更加专业和精确。常见的垂直搜索引擎主要分布在购物网站领域及政府机关网站领域等。

2.2.5 搜索引擎发展趋势

一个好的搜索引擎，不仅数据库容量要大，更新频率、检索速度要快，支持对多语言的搜索，而且随着数据库容量的不断膨胀，还要能从庞大的资料库中精确地找到正确的资料。从目前看来，今后的搜索引擎存在如下发展趋势：

（1）智能搜索引擎的发展。为了提高搜索引擎对用户检索提问的理解，以及更好地检索用户需要的结果，就必须有一个好的检索系统。为了克服关键词检索和目录查询的缺点，现在已经出现了自然语言智能答询。用户可以输入简单的疑问句，比如"如何选购儿童玩具"，搜索引擎在对提问进行结构和内容的分析之后，或直接给出提问的答案，或引导用户从几个可选择的问题中进行再选择。自然语言的优势在于：一是使网络交流更加人性化，二是使查询变得更加方便、直接、有效。就以上面的例子来讲，如果用关键词查询，多半人会用"儿童玩具"这个词来检索，结果中必然会包括各类儿童玩具的介绍、儿童玩具的生产商等许多信息，而用"如何正确选购儿童玩具"检索，搜索引擎会将怎样选择儿童玩具的信息提供给用户，提高了检索效率。

（2）垂直主题搜索引擎有着极大的发展空间。网上的信息浩如烟海，网络资源以惊人的速度增长，一个搜索引擎很难收集全所有主题的网络信息，即使信息主题收集得比较全面，由于主题范围太宽，很难将各主题都做得精确而又专业，使得检索结果垃圾太多。这样一来，垂直主题的搜索引擎以其高度的目标化和专业化在各类搜索引擎中占据了一席之地。目前，一些主要的搜索引擎都提供了新闻、Mp3、图片、Flash 等的搜索，加强了检索的针对性。

（3）元搜索引擎的快速发展。现在的许多搜索引擎，其收集信息的范围、索引方法、排名规则等都各不相同，每个搜索引擎平均只能涉及整个 Web 资源的 30%~50%，这样导致同一个搜索请求在不同搜索引擎中获得的查询结果的重复率不足 34%，而每一个搜索引擎的查准率不到 45%。元搜索引擎（Meta Search Engine）是将用户提交的检索请求发送到多个独立的搜索引擎上去搜索，并将检索结果集中统一处理，以统一的格式提供给用户，因此有搜索引擎之上的搜索引擎之称。它的主要精力放在提高搜索速度、智能化处理搜索结果、个性化搜索功能的设置和用户检索界面的友好性上，查全率和查准率都比较高。

2.3 搜索引擎工作原理

扫码看视频

搜索引擎主要包括以下三个工作过程：首先在互联网中发现、搜集网页信息；然后对信息进行提取和组织建立索引库；最后由检索器根据用户输入的查询关键词在索引库中快速检索出文档，进行文档与查询的相关度评价，并对将要输出的结果进行排序后将查询结果返回给用户。归纳起来，搜索引擎的工作由以下三步组成：

- 收集网页数据。
- 建立索引数据库。
- 查询并输出结果。

从构成上看一个搜索引擎主要由搜索器、索引器、检索器、用户接口等几个部分组成，由于引擎优化的主要任务是提高网站的搜索引擎友好性，因此，搜索引擎优化的每一个环节都会与搜索引擎工作流程存在必然的联系，研究搜索引擎优化实际上就是对搜索引擎工作过程进行逆向推理。要学习搜索引擎优化应该从了解搜索引擎的工作原理开始。图2-6显示了搜索引擎的组成。

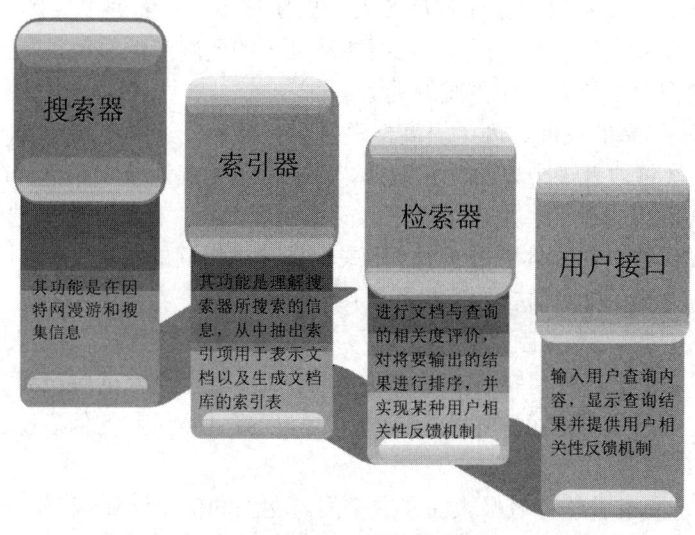

图2-6 搜索引擎的组成

搜索引擎组成的各部分功能如下：

- 搜索器：用于在互联网中发现和搜集各种信息。
- 索引器：对搜索器中的信息进行理解，进而生成文档对应的索引表。
- 检索器：根据浏览者的查询输出排序结果。
- 用户接口：与用户的交流界面。

图2-7显示了搜索引擎的工作原理。从图2-7可以看出，搜索引擎的工作过程主要包含"Web页面抓取与维护""页面分析""页面排序"及"关键词查询"等，下面分别介绍。

第 2 章 搜索引擎工作原理

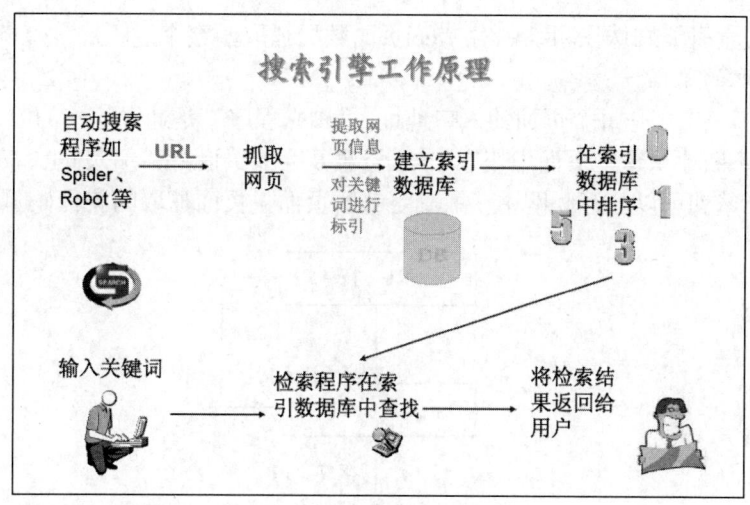

图 2-7 搜索引擎工作原理

2.3.1 Web 页面抓取与维护

当浏览者在网页中输入想要查询的内容时，很快就能在搜索引擎中看到结果就是因为搜索引擎提前就把这些东西抓到数据库中存储好了。在搜索引擎工作时主要是依靠网络蜘蛛来实现读取网页的内容。蜘蛛从初始页面开始，遵循一定的爬行策略在网络中访问相关页面，直到找到在网页中的相关链接地址，然后通过这些链接地址寻找下一个网页，这样一直循环下去，直到把这个网站所有的网页都抓取完为止。如果把整个互联网当成一个网站，那么网络蜘蛛就可以用这个原理把互联网上所有的网页都抓取下来，被抓取的网页被称为网页快照。

搜索引擎用来抓取数据的程序被称为蜘蛛（Spider），也称为机器人（Robot）。搜索引擎蜘蛛访问网站页面时类似于普通用户使用的浏览器，蜘蛛程序发出页面访问请求后，服务器返回 HTML 代码，蜘蛛程序把收到的代码存入原始页面数据库。为了提高爬行和抓取速度，搜索引擎都是使用多个蜘蛛并发分布爬行。蜘蛛访问任何一个网站时都会先访问网站根目录下的 robots.txt 文件，通过 robots.txt 文件禁止搜索引擎抓取某些文件或者目录，蜘蛛将遵守协议，不抓取被禁止的网址。所以 robots.txt 文件对一个网站来说是至关重要的。值得注意的是，在不同的搜索引擎中有不同的蜘蛛搜索规则。图 2-8 显示了在不同搜索引擎中的网络蜘蛛。

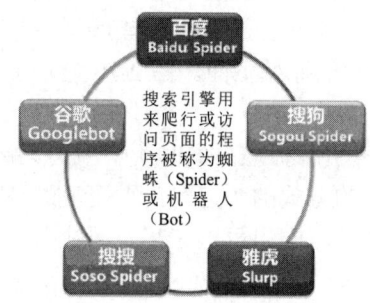

图 2-8 搜索引擎蜘蛛

下面介绍搜索引擎蜘蛛在网络中对 Web 页面数据抓取的整个过程。

1. 页面抓取的流程

在互联网中，URL 是每个页面的入口地址，"蜘蛛程序"是通过这些 URL 列表抓取到页面的，"蜘蛛"不断地从这些页面中获取 URL 资源及存储页面，并加入 URL 列表，如此不断地循环，搜索引擎就可以从互联网中获取到足够的页面，页面抓取的流程如图 2-9 所示。

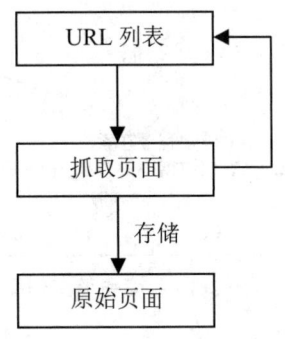

图 2-9　页面抓取的流程

从图 2-8 可以看出，URL 是网站页面的入口，域名则是网站的入口，搜索引擎蜘蛛程序就是通过域名进入网站，挖掘 URL 资源，换而言之，搜索引擎在互联网中抓取页面的前提就是要有庞大的域名列表，再不断地通过域名进入网站抓取网站中的页面，而对于咱们而言，想要被搜索引擎收录，首要条件就是加入搜索引擎的域名列表，常见加入搜索引擎的域名列表的方式有以下两种：①利用搜索引擎提供的网站登录入口向搜索引擎提交网站域名，例如百度的 http://www.baidu.com/search/url_submit.html，可在此提交自己的网站域名，不过用此方法搜索引擎只会定期进行抓取并更新，这种做法比较被动，从域名提交到网站被收录花费的时间也比较长；②通过获得有质量的"外链"，使搜索引擎在抓取"别人"的网站页面时发现我们的网站，从而实现对网站的收录，这种方法主动权在网站制作者手上，（只要有足够多的"外链"）且收录速度比第一种方法快，根据外部链接的数量、质量相关性，一般 2~7 天就会被搜索引擎收录。

2. 页面收录原理

如果把一个由网站页面组成的页面看作是一个有向图，从指定的页面出发，沿着页面中的链接，按照某种特定的策略对网站中的页面进行遍历。不停地从 URL 列表中移出已经访问的 URL，并存储原始页面，同时提取原始页面中的 URL 信息，再将 URL 分为域名及内部 URL 两大类，同时判断 URL 是否被访问过，将未访问过的 URL 加入 URL 列表中。递归地扫描 URL 列表，直至耗尽所有 URL 资源为止。经过这些工作，搜索引擎就可以建立庞大的域名列表、页面 URL 列表并储存足够多的原始页面。图 2-10 显示了页面收录原理。

3. 页面收录方式

页面收录方式是指搜索引擎抓取页面时所使用的策略，目的是为了能在互联网中筛选出相对重要的信息，页面收录的方式的制定取决于搜索引擎对网络结构的理解。如果使用相同的抓取策略，搜索引擎在同样的时间内可以在某一网站中抓取到更多的页面资源，则会在该网站停留更长的时间，收录的页面数自然也就多了。因此，加深对搜索引擎页面收录方式的认识，有利于为网站建立友好的结构，提高被收录的数量。

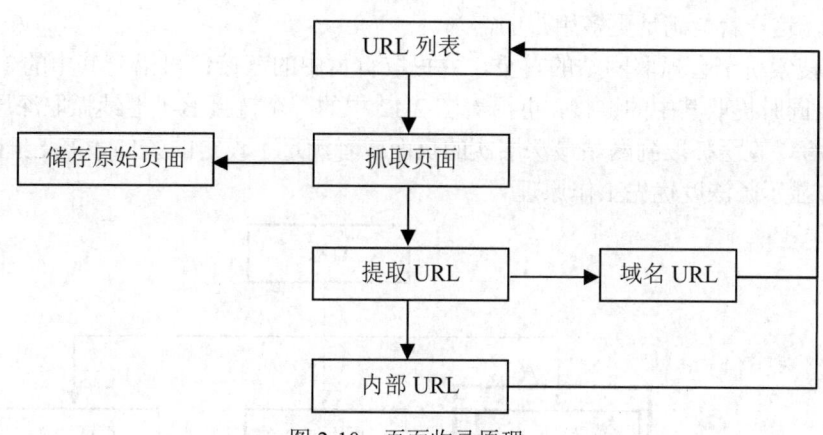

图 2-10　页面收录原理

搜索引擎收录页面的方式主要要有"广度优先""深度优先"及"用户提交"三种，下面认识这三种页面收录方式及各自的优缺点。

（1）广度优先。

如果把整个网站看作一棵树，首页就是根，每个页面就是叶子。广度优先是一种横向的页面抓取方式，先从树的较浅层开始抓取页面，直接抓完同层次的所有页面后才进入下一层。因此，在对网站进行优化时，我们应该把网站相对重要的信息展示在层次比较浅的页面上（例如在首页推荐一些热门的内容）。反过来，通过广度优先的抓取方式，搜索引擎就可以首先抓取到网站中相对重要的页面。首先，"蜘蛛"从网站的首页出发，抓取首页上所有链接指向的页面，形成页面集合 A，并分析出 A 中所有页面中的链接；再跟踪这些链接抓取下一层的页面，形成页面集合 B。就这样递归地从浅层页面中解析出链接，再从深层页面中解析出链接，直至满足某个设定的条件才停止抓取进程，广度优先工作原理如图 2-11 所示。

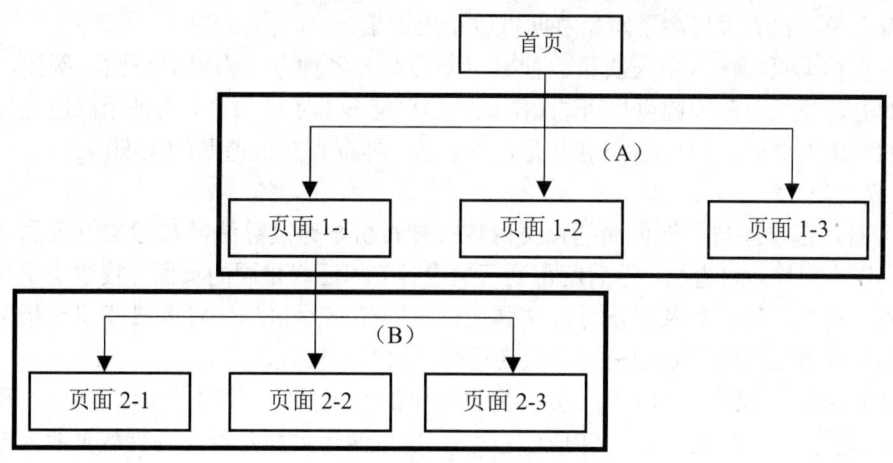

图 2-11　广度优先工作原理

（2）深度优先。

与广度优先的抓取方式相反，深度优先首先跟踪浅层页面中的某一链接后逐步抓取深层页面，直至抓完最深层的页面才返回浅层页面再跟踪其另一链接，继续向深层页面抓取，这是一种纵向的页面抓取方式。使用深度优先的抓取方式，搜索引擎可以抓取到网站中较为隐蔽、冷门的页面,这样就能满足更多用户的需求。

首先,搜索引擎会抓取网站的首页,并提取首页中的链接;再沿着其中的一个链接抓取到页面1-1,同时提取其中的链接,再沿着图2-12中的一个链接B-1继续抓取深层的页面。这样递归地执行,直至抓取到网站最深层次的页面或者满足了设定的条件才停止继续抓取。

图2-12显示了深度优先工作原理。

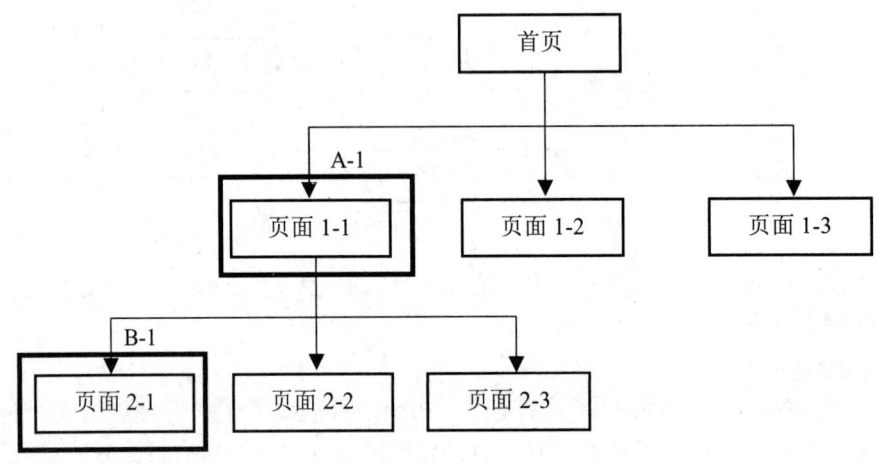

图2-12 深度优先工作原理

(3)用户提交。

为了抓取更多的网页,搜索引擎还允许网站管理员主动提交页面,网站管理员只需要把网站页面中的URL按照制定的格式制成文件,提交给搜索引擎,搜索引擎就可以通过该文件对网站中的页面进行抓取及更新。

这种网站管理员主动提交页面的方式大大提升了搜索引擎抓取页面的效率和质量,而对于网站本身来说,也大大提高了网站页面被收录的数量。

为了提高抓取页面的效率与质量,搜索引擎会结合多种方式去抓取页面,例如,先使用广度优先的方式把抓取范围铺得尽可能宽,抓取尽可能多的重要页面,再使用深度优先的方式抓取更多的隐蔽的页面,最后结合用户提交的信息,抓取那些被遗漏的页面。

4. 转载页面

转载页面是指那些与原创页面的正文内容(搜索引擎通过算法,清除文章页面多余的信息,例如广告、图片、侧边栏,然后就得到正文内容)相近或相同的页面。搜索引擎如何识别转载页面呢?首先,把正文内容分为N个区域,如果有M个区域(M是搜索引擎指定的一个阈值)是相同或者相似的、则搜索引擎认为这些页面互为转载内容。

如图2-13所示,页面一与页面二是不同网站上的两个页面,其中页面一中的A和页面二上的B分别是这两个页面上的正文内容。为了识别这两个页面是否互为转载页面,搜索引擎先把这两个页面的正文内容分成四个区域进行比较。假设这四个区域中有三个是完全相同或者相似的,则认为这两个页面是互为转载的。

5. 镜像网站

在确定页面是否互为转载页面后,接下来,搜索引擎再结合页面的最后修改时间判断页面是否为镜像网站。

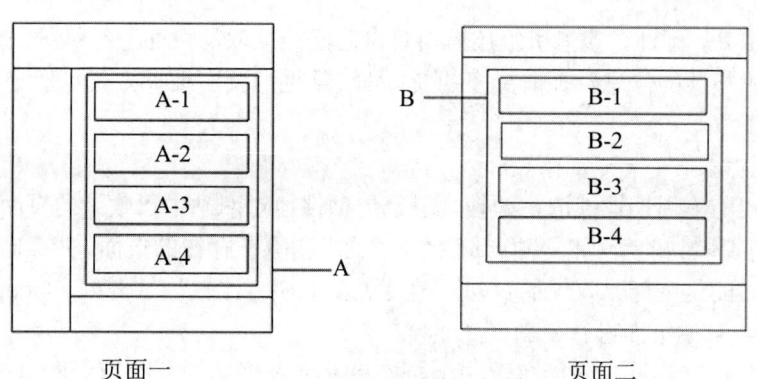

图 2-13　转载页面

一般来说在 Web 中内容完全相同的页面互为镜像页面。要想判断页面是否互为镜像页面，搜索引擎首先把这些页面分成 N 个区域进行比较，果这 N 个区域的内容完全一样，则认为这些页面互为镜像页面。然后再综合页面权重值、页面最后修改时间，判断哪个才是源页面，哪个是镜像页面。

如图 2-14 所示，页面一与页面二是不同网站上的两个页面。把这两个页面分成三个区域进行比较（即 A-1、A-2、A-3 和 B-1、B-2、B-3），如果这三个区域的页面内容完全一致，则认为这两个页面互为镜像页面。

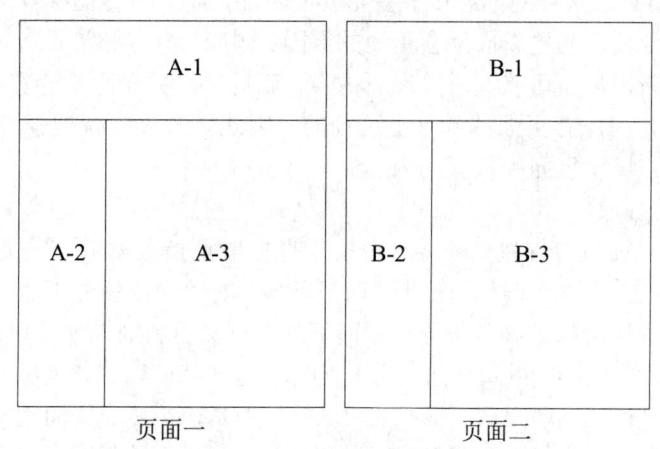

图 2-14　镜像页面

镜像网站是指内容完全相同的网站，形成镜像网站主要有两种情况：第一种是多个域名或 IP 指向同一服务器的同一目录；另外一种是整个网站内容被复制到用不同域名或者 IP 的服务器上。

为了识别站点是否互为镜像网站，搜索引擎首先判断这些网站的首页以及与首页直接链接的页面是否互为镜像页面。如果是，则互为镜像网站。然后综合网站权重值、建立时间等识别哪个是源网站，哪个是镜像网站。这样，以后抓取页面就集中在源网站进行，这就是为什么一些镜像网站被搜索引擎舍弃，或者收录少的原因。

6. 页面维护

搜索引擎不可能一次性抓到网站中的所有页面，而且网站中页面的数量也会不断地变化，内容也不断地更新，因此，搜索引擎还需要对自己已经抓取的页面进行维护、更新，以便能及时地获取页面中最新的信息及抓取更多的新页面，常见的页面维护方式包括定期抓取、增量抓取及分类定位抓取。

（1）定期抓取。

定期抓取也称为周期性抓取，即搜索引擎周期性地对网站中已收录的页面进行全面更新。更新的时候，用抓取到的新页面替换原有的旧页面，删除不存在的页面，并存储新发现的页面。周期性更新针对的是全部已收录的页面，因此更新周期会比较长。例如，Google 一般是 30～60 天才会对已收录的页面进行更新。

定期抓取算法的实现相对简单。由于每次更新涉及网站中所有已经收录的页面，因此页面权重的再分配也是同步进行的。这种方式适用于维护页面比较少、内容更新缓慢的网站，例如普通的企业网站。但是，由于更新周期十分漫长，这就导致不能及时向用户反映更新期间页面的变化情况。例如，某个页面的内容更新以后，至少需要 30～60 天才能在搜索引擎上有所体现。

（2）增量抓取。

增量抓取是通过对已抓取的页面进行定时监控，实现对页面的更新及维护。但是，对网站中的每个页面都进行定时监控的做法是不现实的。基于重要页面携带重要内容的思想以及 80/20 法则，搜索引擎只需对网站中部分重要页面进行定时的监控，即可获取网站中相对重要的信息。因此，增量抓取只针对网站中某些重要的页面，而非所有已经收录的页面，这也是为什么搜索引擎对重要页面的更新周期会更短的原因。例如，内容经常更新的页面，搜索引擎也会经常对其进行更新，从而可以及时发现新内容、新链接，并删除不存在的信息。

由于增量抓取是在原有页面的基础上进行的，因此会大大缩减搜索引擎的抓取时间，而且还可以及时向用户展示页面中最新的内容。

（3）分类定位抓取。

与增量抓取由页面重要性决定不同，分类定位抓取是指根据页面的类别或性质而制定相应更新周期的页面监控方式。例如，对于"时事新闻"与"网络资源下载"这两类页面，时事新闻类页面的更新周期可以精确到每分钟，而下载类页面更新周期就可以定为一天或更长。

分类定位抓取对不同类别的页面进行分开处理，这样就可以节省大量的抓取时间，并大大提高页面内容的实时性，也增强页面抓取的灵活性。但是，按照类别而制定页面更新周期的方式比较笼统，很难跟踪页面的更新情况。因为即使是相同类别的页面，在不同的网站上内容的更新周期也会存在很大的差别。例如新闻类页面，在大型门户网站中内容的更新速度就会比其他小型网站快得多。所以，还需要结合其他的方式（例如增量抓取等）对页面进行监控、更新。

实际上，搜索引擎对网站中页面的维护也是结合多种方式进行，相当于间接为每一个页面选择最合适的维护方式。这样，既可以减少搜索引擎的负担，又可以为用户提供及时的信息。

例如在一个网站中，会存在多种不同性质的页面，常见的包括首页、论坛页面、内容页面等。对于更新比较频繁的页面（例如首页），可以使用增量抓取方式对其进行监控，这样就可以对网站中相对重要的页面进行及时更新；而对于实时性非常高的论坛页面，则可以采用分类定位的抓取方式；而为了防止遗漏网站中的某些页面，还需要采用定期抓取的方式。

页面是搜索引擎对网站进行信息处理的基础，搜索引擎大部分工作都是在页面上展开的，但是仅仅依靠页面中的内容并不能满足搜索引擎对数据处理的需求，搜索引擎能否在抓取页面的过程中获取到更多、更有价值的信息会直接影响到搜索引擎的工作效率及排序结果的质量。所以搜索引擎在抓取页面时,除了存储原始页面外,还会附加一系列的信息,再把这些信息作为开展某项工作的依据。

2.3.2 页面分析

页面抓取只是搜索引擎工作的一个基础环节,页面抓取回来之后并不代表搜索引擎马上就可以向终端用户提供查询服务。因为用户在使用搜索引擎进行查询的时候,使用的是一个词或者短语,而到目前为止,搜索引擎仅能提供整个原始页面,即不能返回与用户查询条件相匹配的信息,因此,搜索引擎要对原始页面进行一系列的分析、处理,以迎合用户信息查询的习惯。

在搜索引擎抓取网页后首先对存储的原始页面建立索引,过滤原始页面的标签信息,并提取网页中的正文信息。然后对正文信息进行切词,建立关键词索引,得到页面与关键词间的对应关系。最后再对所有关键词进行重组,建立关键词与页面之间的对应关系。图 2-15 显示了搜索引擎页面分析流程。

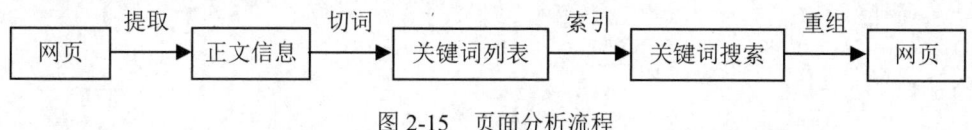

图 2-15　页面分析流程

从图 2-14 可以看出,搜索引擎中的页面分析流程主要包括了以下几个步骤。

1. 页面索引

为了提高页面检索的效率,搜索引擎需要对抓取回来的原始网页建立索引,由于 URL 就是页面的入口地址,为原始页面建立索引实际上就是为页面的 URL 建立索引,这样就可以实现根据 URL 快速定位到对应的页面。

2. 网页分析

网页分析是整个页面处理中最重要的环节,包括网页正文信息的提取(即标签信息过滤)、切词、建立关键词索引列表及关键词重组这几个重要的步骤,其结果是形成了一个关键词对应多个原始页面的关系,及形成了与用户查询习惯相符合的信息雏形。

3. 正文信息提取

网页正文信息的提取实际上就是对网页中非正文信息的过滤,其中最为重要的就是对网页中标签信息(如 HTML 标签、JS 标签、PHP 标签)的过滤,经过标签过滤以后,搜索引擎就可以得到网页的正文信息。

4. 切词/分词

经过对原始页面提取正文信息后,搜索引擎就可以得到页面的实质内容,而为了得到与用户查询相关的数据,搜索引擎还需要对页面中的内容进行切分(也就是我们常说的切词或者分词),从而形成与用户查询条件相匹配的以关键词为单位的信息列表。

每个搜索引擎的切词系统都会存在或多或少的的差别,优劣主要取决于开发者对语言的理解。

5. 关键词索引

网页正文信息在经过切词系统处理后,形成了关键词列表,关键词列表中的每条记录都包括了该关键词所在的关键词编号、页面编号、关键词出现次数及关键词在文档中的位置等信息，如表 2-1 所示。

表 2-1 关键词列表

	关键词编号	网页编号	关键词	次数	位置
记录 1：	1	1	K1	3	A1、A5、A7
记录 2：	2	1	K2	2	A3、A9
记录 3：	3	1	K3	3	A6、A13、A10
记录 4：	4	1	K4	1	A2

例如，记录中的关键词 K1 在页面中出现了 3 次，对应页面中的 A1、A5、A7 区域，如图 2-16 所示。

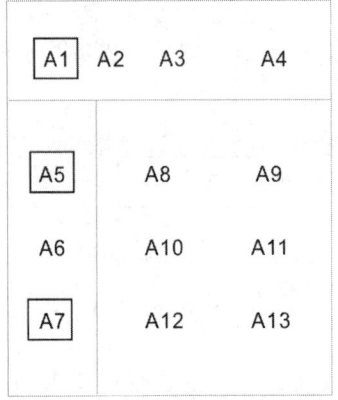

图 2-16 关键词 K1 在页面中的分布示意图

为了提高对关键词的检索效率，搜索引擎还会为关键词列表建立索引。这样，经过对网页及关键词列表都建立索引后，就可以实现从一个网页快速定位到某一个关键词。

例如，网页经过信息过滤后得到的内容是"中国重庆市江北区"；然后，对内容进行切词后产生关键词"中国""重庆市""江北区"，并对关键词建立索引。这样根据网页搜索引擎就可以快速定位到关键词"中国""重庆市"或"江北区"上，如图 2-17 所示。

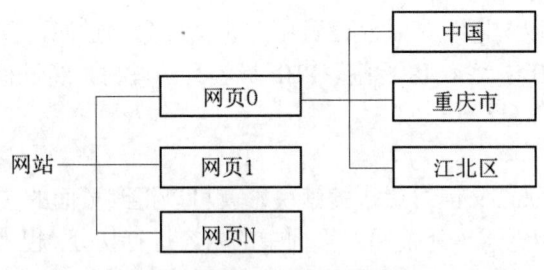

图 2-17 网页与关键词的对应关系

但是，用户是通过关键词去寻找那些承载相应信息的页面的，所以搜索引擎还需要对已有信息进行相应处理，建立关键词与页面 URL 间的对应关系表，从而实现根据关键词快速定位到多个页面的功能，这就是下面所要介绍的"关键词重组"问题。

6. 关键词重组

为了迎合用户寻找信息的习惯，即以关键词为条件寻找与关键词相对应的页面，搜索引擎需要建立以关键词为主索引的一个关键词对应多个页面的关系表，即关键词反向索引表。建立关键词反向索引表最重要的任务就是对所有页面中的关键词列表进行重组。

经过之前对关键词建立索引后，已经产生了网页与关键词的一对多的对应关系。接下来，搜索引擎把所有页面中的关键词进行重组，建立关键词索引，从而形成一个不重复的关键词列表集合，即关键词列表中每个关键词都是唯一的，通过某一个特定的关键词就可以找到一个或多个网页，从而实现根据关键词返回相应页面的功能，如图 2-18 所示。

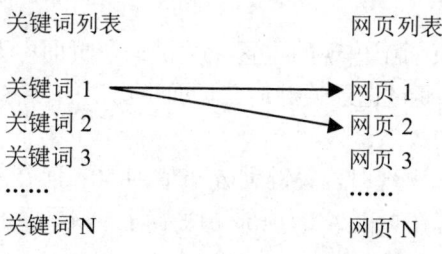

图 2-18 关键词与页面见的对应关系

经过对原始页面进行分析、处理后，搜索引擎可以根据用户的查询条件返回相应的页面列表。但是，简单地向用户返回这个页面列表，往往不能满足用户的需求，所以搜索引擎还会根据页面与用户查询条件相关性的高低，再对这个列表进行重新排列，然后把这个处理后的列表返回给用户。这就是下面将要介绍的搜索引擎的"页面排序"问题。

2.3.3 页面排序

用户向搜索引擎提交关键词查询信息以后，搜索引擎就在搜索结果页面返回与该关键词相关的页面列表，这些页面按照与关键词的接近程度由上至下进行排列。决定页面排列次序的因素非常多，本书将介绍几种最常见也是最重要的因素，包括页面相关性、链接权重及用户行为。

1. 页面相关性

页面相关性是指页面内容与用户所查询的关键词在意义上的接近程度，主要由关键词匹配度、关键词密度、关键词分布及关键词的权重标签等决定。

（1）关键词匹配度。

关键词匹配度是指页面 P 中的内容与用户所查询的关键词 K 之间的匹配程度，主要由两个因素决定：

- 页面 P 中是否存在与查询条件关键词 K 相匹配的内容，即页面内容中是否包含关键词 K。
- 关键词 K 在页面 P 中出现了多少次，即页面 P 中有多少个关键词 K。

为了计算关键词匹配度，搜索引擎为每个页面分配一个关键词匹配值，该值由关键词在页面出现的次数决定。假设某个关键词在页面中出现一次，关键词匹配值为 10，那么若该关键词在面中出现十次，则关键词匹配值为 10×10。

如果这种假设成立，则某关键词在页面中出现的次数越多（即词频越高），页面的相关性就越高，这样搜索结果就极容易被网站所有者操控。例如，一个网站想要提高页面的相关性，只需在页面中添加足够多的关键词即可。

因此，关键词词频决定页面相关性的做法是极不合理的，还需要结合关键词密度、关键词分布及关键词的权重标签等多方面来制约。

（2）关键词密度。

为了有效防止网站所有者恶意操控搜索结果，搜索引擎根据关键词词频与网页总词汇量的比例（即关键词密度值）来衡量页面中某关键词的词频是否合理。假设页面中某关键词的密度为50%，这个页面的关键词密度值为20。例如，在内容是 camcorderatery 的页面中，camcorder 的关键词密度是 50%，则针对关键词 camcorder，这个页面的关键词密度值为20。

（3）关键词分布。

关键词分布即关键词在页面中出现的位置。关键词在页面中不同的位置上会给页面相关性带来一定的影响。搜索引擎通过记录关键词在页面中出现的位置来计算分布值，从而得到关键词分布与页面相关性之间的关系。

假设关键词在页面的顶部出现时，关键词分布值为 50；而在底部出现时，关键词分布值为 10，则关键词 K1 同时出现在页面 A 的顶部与底部时，该页面的关键词分布值就是 60。

（4）关键词的权重标签。

在网页中，网页制作者利用不同的 HTML 标签使页面中相关的内容实现不同的视觉效果（如字体的样式、字号、颜色等），灵活地运用各种 HTML 标签还有助于提高页面相关性。

我们在阅读文章的时候，经常会遇到文章中某些内容的表现形式与周围的内容存在明显区别，例如，某些内容的字体颜色与周围的内容会形成强烈的反差，或者字号大小不同等。这就说明文章的作者是刻意要突出这部分内容，通常因为这部分内容比较重要。同样，在对网站进行优化的时候，我们也可以使用同样的方法来突出页面中某些重要的内容，例如利用不同的 HTML 标签标注页面中需要突出的内容。这样，搜索引擎在分析页面的时候就会根据 HTML 标签识别页面中内容的样式，从而判断页面中哪些内容更加重要。

在页面权重分配里，按照标签的作用可以把 HTML 标签分为"权重标签"与"非权重标签"两大类。权重标签是指会影响页面权重的标签，常见的权重标签包括标题标签<h>、字体标签<font>、加粗标签<b>、斜体标签<i>及下划线标签<u>等，而非权重标签常见的有<mg>、
等。

假设图 2-19 中是搜索引擎对某些标签权重值的定义，则对一个内容是"<H1><b>搜索引擎优化/></h>）"的页面，针对"搜索引擎优化"这个关键词，标签权重值=<b>标签权重值+<H1>标签权重值，即 60。

标签名称	权重值
<b>	10
<H1>	50

图 2-19　样式标签与权重值的关系

通过对关键词匹配度、关键词密度、关键词分布及关键词的权重标签进行说明后，得出页面相关性的计算公式如下：

$$W(relevance) = W(match) + W(density) + W(position) + W(tag)$$

公式中，W(relevance)是页面相关性，W(match)是关键词匹配值，W(density)是关键词密度值，W(position)是关键词分布值，W(tag)是标签权重值。

例如某页面的内容为"<html><body>搜索引擎优化</b></html>"，则根据前面的一些假设值针对"搜索引擎优化"这个关键词，由于只出现了一次，则关键词匹配值 W(match)=10；关键词密度是 50%，则关键词密度值 W(density)=20；关键词在页面的顶部，则关键词分布值 W(position)=50；而权重标签</b>在突出关键词"搜索引擎优化"时出现一次，则权重标签值 W(tag)=10，即 W(relevance)=10+20+50+10。

搜索引擎利用关键词匹配度、关键词密度、关键词分布及关键词的权重标签这四大要素相互制约的作用，完善页面相关性的计算。但是，这里介绍的都是一些网站内部可操控因素，为了提高排序中信息的质量，搜索引擎还引入了一些外部不可操纵的因素对页面相关性进行综合评估，例如外部链接与用户行为等。

2. 链接权重

链接主要分内部链接及外部链接两种，是网页制作或者编组者在对页面内容进行规划或者编辑时加入到页面中的，加入的理由可能是该链接所指向的页面非常重要，或者是大部分用户所需要的。因此，某一页面得到的链接越多，从一定程度上反映了该页面越重要，链接权重值就越高。

如果把整个互联网看作是一个有向图，超链接为有向边，网页为节点，那么绝大部分网页都会有一个"入度"与"出度"，根据网页的入度数量及提供入度的页面权重值来计算页面链接的权重是一个非常好的想法。

假设页面之间的关系图如图 2-20 所示，其中 V1、V2、V3 为网页，箭头方向代表页面贡献链接或从其他页面中得到的链接。以网页 V2 为例，V2 对 V1、V3 各贡献了一个链接，而得到了 V1 的链接。

（1）内部链接。

内部链接是指网站内部页面之间的链接关系，体现了网站内部对某个页面的认可程度。理论上，页面获得的链接质量越高、数量越多，其重要性也相对越大。

（2）外部连接。

外部链接指本站以外的页面之间的链接关系。由于外部链接

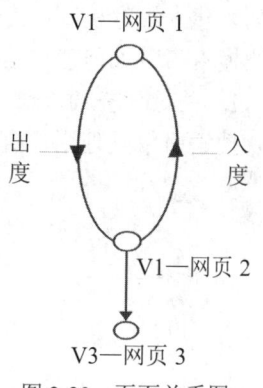

图 2-20　页面关系图

的不可操控性，外部链接在整个链接关系中占着更大的权重比例，是决定整个页面权重最重要的因素。

（3）默认权重分配。

网站页面数量是在不断变化的，但由于时间的关系，新增加的页面即使内容质量很高，得到链接数量也是有限的，因此链接权重值通常会很低。在这种情况下，搜索引擎就需要对这些新页面的链接权重值按照相应的方案进行补偿，使得新页面能够得到更合理的链接权重值。

在链接权重值补偿方面，搜索引擎把页面被抓取的日期作为一个参考因素。它认为页面在单位间内获得链接的数量越多、质量越高，则该页面的质量也相对更高。

例如，页面 A 得到 30 个链接，而页面 B 也得到 30 个链接（假设这些链接的质量是相等的）。但是，页面 A 得到这些链接花了 100 天时间，而页面 B 只花了 1 天时间。这从一定程度

上反映页面 B 比页面 A 更重要。因此，就需要给页面 B 进行一定的补偿，使得页面 B 所得的链接权重值高于页面 A。

搜索引擎在完成页面基本权重计算以后，就可以向用户展示初步的排序结果。但这个排序结果不一定能让大部分用户满意，因此还要结合其他因素对该排序结果进行改进。例如，统计每条搜索结果的点击次数来推测用户对搜索结果的偏好。

用户对搜索结果的点击行为是衡量页面相关性的因素之一，是完善排序结果、提高排序结果质量的重要补充，属于外部不可操控因素。

综上所述，搜索引擎通过计算页面相关性、链接权重值及用户行为等方面的得分，得到页面的总权重值；然后，再按照页面的总权值从高到低进行排序，并将经过排序的列表返回给用户，即 W(page)=W(relevance)+W(link)+W(user)，式中，W(page)是页面权重值，W(relevance)是页面相关性值，W(link)是链接权重值，W(user)是用户行为得分。

2.3.4 关键词查询

扫码看视频

在计算完所有页面的权重值后，搜索引擎就可以向用户提供信息查询服务了。搜索引擎查询功能的实现非常复杂，用户返回结果的时间要求也非常高（通常是秒级），要在这么短的时间内完成这么复杂的计算是不现实的。所以，搜索引擎需要通过一套高效的机制处理来自用户的查询。这主要应该包括在用户发出查询请求前就完成被查询关键词的反向索引、相关页面权重计算等工作；为那些查询最频繁的关键词对应的页面排序列表建立缓存机制。其中，关键词重组、页面权重分配等工作已经在前面详细说明，接下来介绍搜索引擎如何建立信息查询的缓存机制。

1. 关键词查询流程

搜索引擎处理用户查询流程如图 2-21 所示。

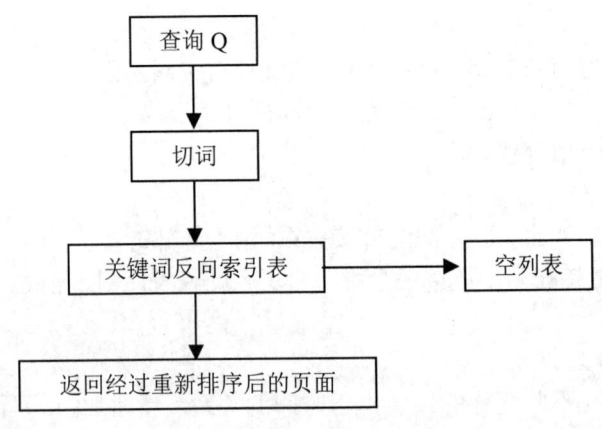

图 2-21　查询处理流程

从图 2-20 中可以看出，查询流程有以下步骤：

（1）先对用户提供的查询条件进行切词，并删除查询条件中没有意义的字或词，例如的、得等停用词。

（2）再以切词结果作为条件在关键词反向索引列表中进行匹配。

(3) 如果存在匹配结果，则把所有与关键词相匹配的页面的 URL 组成一个列表。

(4) 最后，把匹配的页面按照权重值从高到低进行排序，返回给用户。

例如用户查询"张家界图片"，搜索引擎对其进行切词后得到的查询条件是"张家界+图片"；再把"张家界+图片"在关键词反向索引列表中进行匹配，结果得到了 A、B、C 这 3 个相关页面；最后计算 3 个页面的权重值，如果这 3 个页面的权重值关系是 B＞C＞A，则这 3 个页面在搜索结果列表中的排序顺序就是 BCA。

2. 用户行为

用户在搜索引擎中的行为主要包括搜索及点击。搜索是用户获取信息的过程，点击是用户得到需要信息后的表现。用户的搜索及点击行为中蕴含着非常丰富、重要的信息。例如，在用户搜索行为中包含了"提交关键词""提交时间""用户 IP 地址"等信息；而在点击行为中则包含了"每个结果的点击次数"等信息。

搜索引擎通过对用户的分析可以进一步发掘用户的需求，提高搜索结果的精准度。例如，从用户的搜索行为中，搜索引擎还可以发现新词汇；而从用户对搜索结果的点击行为中，可以分析出用户对每个搜索结果的偏好等。

3. 搜索

搜索是用户获取信息的途径，是搜索引擎最基本的功能。搜索引擎可以在用户的搜索行为中得知某一关键词被搜索的次数，通过对关键词被搜索的次数的分析，可以发现新词汇及进一步了解用户的搜索习惯。

由于语言是不断发展的，随着时间的推移会产生更多的新词汇。特别是在互联网环境中，某个热点事件也可能成为一个新的词语，例如"艳照门"等。

对于搜索引擎而言，新生词汇主要是指那些目前搜索引擎词典系统里不存在，但是又被频繁搜索的关键词。如果某一关键词在搜索引擎词典系统里不存在，则切词时就不会产生该关键词，这样用户在查询该关键词时就返回不了相关的信息，也就不能满足用户的需求。因此，搜索引擎对新词汇的学习能力从一定程度上反映了搜索引擎对语言的理解能力，是衡量搜索引擎的重要指标之一。结合用户搜索习惯与页面内容发掘新关键词是搜索引擎学习新词汇的主要方式之一。

新词汇识别流程如图 2-22 所示。

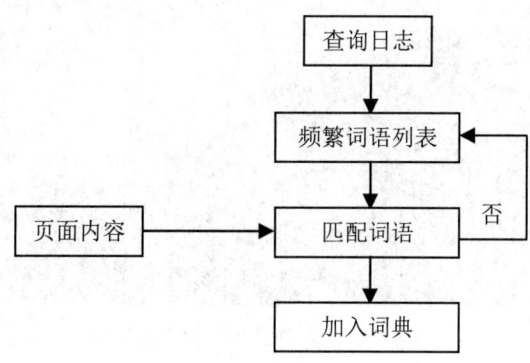

图 2-22　新词汇识别流程

(1) 对用户查询日志进行分析，筛选出日志中查询相对频繁的词汇。

（2）如果某个查询相对频繁的关键词不存在于词典系统中，就把这个关键词与部分页面的内容进行匹配：如果命中，则表明该关键词是存在的，加入词典系统；否则，对下一个查询频繁的词语进行匹配。点击是用户找到所需信息后的表现，反映了用户对信息的关注。因此，用户对链接的点击也是衡量页面相关性的因素之一，是衡量相关性的一个重要补充。在同一个关键词的搜索结果列表中，不同的用户会有不同的选择。但是，如果某一个结果的点击次数明显多于其他结果，则从一定程度上反映了该页面是大部分用户所需要的（特别是当该链接处在比较靠后的位置时）。众所周知，搜索结果中越靠前的链接得到点击的概率就会越高。按照这样的逻辑，那么排得越靠后的页面被点击的机会就会越小，但这并不代表这些页面就不比排在前面的页面重要，只是在目前的排序结果中，用户还没机会发现它们而已。所以，对于不同位置上链接的点击，搜索引擎会对其权重值进行相应的补偿。假设排在第一位的结果每被点击一次会产生一分的补偿，而排在 100 名的结果被点击一次就会产生 10 分甚至更多的补偿。

4. 缓存机制

为了能在极短的时间内响应用户的查询请求，搜索引擎除了在用户提交查询信息前就生成关键词对应的页面排序列表以外，还需要为那些查询最频繁的关键词对应的页面排序列表建立缓存机制。经过统计，搜索引擎发现关键词查询的集中现象非常明显。查询次数最多的前 20% 的关键词大约占了总查询次数的 80%（这就是著名的 80/20 法则）。因此，只要我们对这 20% 左右的关键词建立缓存机制就可以满足 80% 的查询需求。由于用户查询时返回的信息主要是与关键词相关的页面排序列表，因此，关键词缓存机制的建立主要是针对与关键词相关的页面排序列表。在对常用关键词的页面排序列表建立缓存机制后，搜索引擎就可以把缓存中的信息返回给用户，这样速度就会非常快，也就能满足绝大部分用户的需求。由于互联网中的信息是时刻都在增长的，如果搜索引擎每次都向用户返回同样的信息，则用户得不到更高质量的信息，其他网站也不能向用户展示最新的高质量信息，从而造成信息滞后。因此，搜索引擎还会对缓存中的内容进行定期更新。

【课堂练习】请检索出如图 2-23 中瀑布的名称及所在国家。

图 2-23　检索瀑布的名称与所在国家

提示：隐性主题概念的提取，通过瀑布+桥的组合搜索到维多利亚瀑布。

2.4 常用搜索引擎介绍

由于搜索引擎优化的一个主要任务是提高网站的搜索引擎友好性，因此，学习搜索引擎优化还需要熟悉各主要搜索引擎的习性。下面将介绍几大中文搜索引擎：Google、百度及Yahoo!。

2.4.1 Google 搜索引擎

Google——全球最大的搜索引擎，主要搜索结果将列入 AOL、Netscape、iwon 和 Go.Google。在对网站进行排名时不仅衡量关键词与页面的匹配度，也考虑外部链接。某个网站拥有越多的外部链接，说明它越受欢迎。于是，Google 将其作为主要因素来考虑，并发明了 PageRank 来专门衡量该外部链接。Google 成立于 1998 年，公司位于美国加利福尼亚州，只有 1000 多位雇员，却有 20000 多台服务器，存储 40 多亿网页，每天提供近 2 亿次搜索结果。Google 起名自 Googol，即数学中 1 之后加 10 个零，这个数是 10,000,000,000，即非常大的一个数。Google 被公认为全球最大的搜索引擎，而且它在全球各种语言市场几乎都是第一。Google 的成功是一个奇迹，就像当年微软和戴尔电脑的崛起一样。由于搜索结果多而全，而且匹配度极高，Google 成立数年后，其搜索结果就被 AOL、Yahoo!和 Netscape 等著名门户网站采用。在随后的很长一段时间，Yahoo!搜索引擎排名结果都是来自于 Google 的，直到 2003 年，Yahoo!使用自己搜索得到的排名结果后才结束这一局面。现在的新浪搜索引擎排名结果也是出自于 Google 中文搜索的。

在搜索引擎优化方面，Google 与其他搜索引擎主要存在以下明显的区别：

（1）Google 十分重视链接关系，对于链接的质量、数量及相关性方面的分析技术在业界更是遥遥领先。尽管百度、Yahoo!也非常重视链接关系，但对于链接的质量及相关性方面的分析则远不如 Google。例如，百度单纯地以链接数量及质量衡量页面的重要性，而忽略链接关系中网站间的相关性。

（2）在切词算法上，Google 与其他中文搜索引擎也存在一定的区别。

（3）在对待新网站方面，Google 非常严格，新网站只有同时满足多个条件时，才能正常参与排名竞争，这就是所谓的"沙盒效应"现象。这样做可以有效避免垃圾网站，但同时也给一些新的优秀的网站诸多制肘，很难通过 Google 向用户展示其极具价值的信息。

（4）在对垃圾信息处理方面，尽管 Google 目前还是以人工为主，但与其他搜索引擎相比，GoogleSpam 检测算法已经比较成熟。对于一些常见的作弊手段，例如伪装（cloaking）、门页（doorway pages）、堆砌关键词、隐藏文字、垃圾链接等，Google 可以轻易识别。

图 2-24 显示了 Google（http://www.google.com）首页（值得注意的是：由于 Google 已经退出了中国市场，因此该网站的搜索服务由中国内地转至中国香港地区）。从图中可以看出 Google 搜索引擎的主要功能有：提供网页搜索、新闻搜索、图片搜索、本地搜索、大学搜索、学术搜索、实验室搜索等搜索功能。

图 2-24　Google 搜索引擎首页

【课堂练习】体验 Google 搜索引擎的特色功能。

2.4.2　百度搜索引擎

百度公司于 2000 年底成立于北京中关村，名字来自"众里寻她千百度"的诗句。百度是目前全球最优秀的中文信息检索与传递技术供应商，中国所有提供搜索引擎的门户网站中，超过 80%都由百度提供搜索引擎技术支持，现有客户包括新浪、ChinaRen、腾讯、263、21CN 等。

百度搜索引擎拥有目前世界上最大的中文搜索引擎，网页总量超过 3.5 亿，并且还在保持快速的增长。

百度搜索引擎具有高准确性、高查全率、更新快以及服务稳定的特点。

百度搜索引擎的主要搜索功能有：

- 百度主要提供网页搜索、新闻搜索、Mp3 搜索、地图搜索、图片搜索、地区搜索等搜索功能，百度还可提供硬盘搜索功能，此外百度还推出了针对手机用户的 PDA 搜索功能和 WAP 搜索功能，后者可进行中文动态网页搜索，为世界首创。
- 市场份额大。同是中文搜索引擎的领先者，也许百度的技术不如 Google，但是百度在中国大陆的市场占有率比 Google 大得多。因此，加深对百度的认识也是非常重要的。
- 如果把决定页面权重的因素分内部因素与外部因素两大类，在百度中，内部因素与外部因素在影响页面权重方面的差距比较小。此外百度对新网站比较宽松，这就造成了搜索结果中充斥着大量的垃圾信息，严重影响了用户体验。
- 百度也非常重视链接关系，对于被高质量页面链接的页面会赋予极高的权重，但却忽略了链接关系中网页间的主题相关性。
- 百度对搜索结果的人工干预非常强。在 Google 上可以搜索出的内容在百度中则不一定能够显示。

图 2-25 显示了百度的首页。

图 2-25 百度搜索引擎首页

【课堂练习】体验百度搜索引擎的特色功能。

2.4.3 Yahoo!搜索引擎

Yahoo!是世界最早的目录搜索引擎,也是最大的门户网站。它的搜索结果最初来自于 Google,后采用 Inktomi(已被 Yahoo!收购)提供的结果。Yahoo!现在开发了自己的搜索技术,称为 Yahoo Search Technology(YST)。其搜索结果个数与 Google 相当。

Yahoo!是全世界网络流量最大的网站,也是最早的门户网站。后来的大部分门户网站都是参照它的模式建立和经营,就连提供的网络广告形式都在借鉴它。中国 Yahoo!是美国 Yahoo!公司在中国的分支机构。可以这么说,Yahoo!在美国以外的品牌经营主要得益于 Yahoo!在美国的成功。许多人认知 Yahoo!大都通过媒体对 Yahoo!公司的报道。在中国,Yahoo!是那些"层次较高"的人第一青睐的门户网站。由于 Yahoo!提供稳定的免费邮箱、独一无二的反垃圾技术以及较为整洁的页面,使许多人一直忠于 Yahoo!。

Yahoo!搜索的默认结果为其自己的搜索结果,用户可以选择"目录"一栏,看到其目录下的网站排名。

Yahoo!搜索引擎目前所提供的网站推广方式主要有三种:免费的网站登录、Yahoo!搜索竞价排名和免费的 Yahoo!搜索引擎排名。

Yahoo!的关键词竞价排名结果出现在搜索结果的最底部,这些竞价排名由百度提供。所以要做付费的 Yahoo!搜索引擎营销,目前必须到百度注册竞价排名。

免费的 Yahoo!搜索引擎排名与 Google 排名不一样。Yahoo!采用的是自己的搜索技术,其排名规则与 Google 排名规则也有不小区别。相对说来,Google 比 Yahoo!更关注外部链接,即越多的网站链接到某个网站上,该网站的排名就可能越高。这一点在 Yahoo!搜索引擎中则体现得不够明显。此外,Yahoo!搜索引擎对作弊行为(Spam)还没有成熟的惩罚技术,所以还有不少人敢于利用网站优化技术来"愚弄"Yahoo!搜索引擎。

值得注意的是:中国 Yahoo!目前由于种种因素,已经暂时关闭了。

2.5 本章小结

（1）搜索引擎包括全文搜索引擎、目录搜索引擎、元搜索引擎、垂直搜索引擎、集合式搜索引擎、门户搜索引擎与免费链接列表等。

（2）全文搜索引擎是名副其实的搜索引擎，是目前广泛应用的主流搜索引擎，国外具有代表性的全文搜索引擎有 Google、Yahoo!国内比较著名的全文搜索引擎有百度等。目录搜索引擎虽然有搜索功能，但在严格意义上算不上是真正的搜索引擎，仅仅是按目录分类的网站链接列表而已。元搜索引擎在接受用户查询请求的时候，会同时在其他多个搜索引擎上进行搜索，并将结果返回给用户，著名的元搜索引擎有 Dogpile、Vivisimo 等。

（3）搜索引擎主要包括以下三个工作过程：首先在互联网中发现、搜集网页信息；然后对信息进行提取和组织建立索引库；最后由检索器根据用户输入的查询关键词，在索引库中快速检索出文档，进行文档与查询的相关度评价，对将要输出的结果进行排序，并将查询结果返回给用户。

（4）搜索引擎的工作过程主要包括"Web 页面抓取与维护""页面分析""页面排序"及"关键词查询"等。

（5）目前常用的几大中文搜索引擎分别是：Google、百度及 Yahoo!。

2.6 实训

1. 实训目的

通过本章实训了解搜索引擎工作原理及实现方式，能够上网进行相关网站的搜索。

2. 实训内容

（1）找网上的中英文搜索引擎，并列出 5 个中文搜索引擎和 5 个英文搜索引擎的名称。

（2）掌握 Google、百度中高级搜索语法应用方法。进入百度，熟悉并掌握百度各个功能。搜索到至少两个专利介绍网站，并搜索一条关于手机防盗产品的专利技术，写出检索步骤并截图。

（3）用 3 个中文、2 个英文搜索引擎对关键词"外滩"进行检索，查看检索结果。并从此检索结果中比较分析你所选择的搜索引擎的共性与区别。

（4）分析实验中所使用搜索引擎的优缺点。

2.7 习题

1. 选择题

（1）SEO 是下列哪个英文的简写（　　）。

  A．Search Engine Optimization   B．Senior Executive Officer

  C．Systems Evaluation Office   D．Seasoned Equity Offerings

（2）用户得知新网站的最主要途径是（　　）。

  A．交互链接   B．黄页   C．搜索引擎   D．网络广告

（3）一个搜索引擎由搜索器、索引器、检索器和（　　）四个部分组成。
　　A．用户接口　　　B．域名　　　　C．关键词　　　　D．免费链接
（4）在页面权重分配里，按照标签的作用，可以把 HTML 标签分为（"　　"）与"非权重标签"两大类。
　　A．广度搜索　　　B．权重分配　　C．关键词分配　　D．权重标签
（5）搜索引擎搜收录页面的方式主要要有"广度优先"（"　　"）及"用户提交"三种。
　　A．深度优先　　　B．关键词优先　C．用户优先　　　D．链接抓取
2．简答题
（1）搜索引擎的基本工作原理包括哪三个过程？
（2）搜索引擎由哪几个部分组成？
（3）简述搜索引擎的发展趋势。
（4）简述百度搜索引擎的特点。
（5）什么叫关键词？

第 3 章
网站关键词优化

【本章导读】

本章首先介绍了关键词的基本概念,然后介绍了关键词的密度以及关键词的趋势,最后介绍了关键词的策略,以完成合适网站的关键词的制作,从而达到提高网页页面在相应关键词搜索结果中的排名的目的。

【本章要点】

- 关键词
- 核心关键词
- 关键词密度
- 关键词趋势
- 关键词描述
- 关键词评估
- 关键词制作

3.1 关键词简介

3.1.1 网站中的关键词

在网站中的关键词又称保留字（Keywords），也叫做关键字。它是指在搜索引擎行业中，用户在寻找相关内容时所使用的信息，是用户希望了解的产品、服务或者公司等内容名称的用语。概括地说，关键词就是用户在使用搜索引擎时，输入的能够最大程度概括用户所要查找的信息内容的字或者词。

网站关键词就是一个网站给首页设定的以便用户通过搜索引擎能搜索到的本网站的词汇，网站关键词代表了网站的市场定位，是搜索应用的基础，也是搜索引擎优化的基础。搜索引擎优化的作用之一就是提高页面与某个关键词之间的相关性。网站的关键词至关重要，如果选择的网站关键词不当，对网站来说就是灾难性的后果。因此一个网站的 SEO 最关键的就是关键词的优化。

如浏览者在百度中输入信息"手机"即可查询到相关的页面，"手机"就是关键词。此外，关键词也可以是一句话，如搜索"重庆3月份平均温度"等。

在网站制作中，关键词常常摆放在页面<title>标签中、网站首页中或是网站页脚的链接中。

3.1.2 核心关键词与扩展关键词

在确定一个网站的关键词时，最重要的工作就是确定核心关键词。核心关键词也叫做目标关键词，是最能代表网站价值与品牌的词语。核心关键词应是网站中最核心的词语，在网站建设中，所有的内容都要围绕核心关键词展开，尽量不要出现与核心关键词无关的内容。如在一家旅游公司的网站中，应包含以下的核心关键词：××旅游、跟团游、自助游、定制游、旅游热线、旅游服务、高端游、出国游等。且不能出现下列与网站业务无关的关键词，如餐饮、电影、服饰、汽车、玩具、手机等。扩展关键词是指当网站的核心关键词确定好之后，为了挖掘潜在的客户而从核心关键词上引申出来的新的关键词。如核心关键词"旅游"可以扩展为"重庆旅游"等。

网站核心关键词一般出现在网站首页的头部文档中的<title>标记或是<meta>标记中，如网站<title>代码如下：

<title>旅游网官网 - 跟团游,自助游,自驾游,出境游线路预订</title>

在<title>中包含的"跟团游,自助游,自驾游,出境游线路预订"即该网站的核心关键词。

对网站核心关键词的选取应把握以下四个原则：

（1）能够明确展示该网站的主旨，并且与行业或是产品紧密相关。

（2）能够通过核心关键词扩展出很多相应的关键词。如从核心关键词"酒店"可以扩展出重庆酒店、北京酒店、上海酒店、五星级酒店、连锁酒店、酒店预订、酒店评价、附近酒店等一系列关键词。

（3）核心关键词应从浏览者的角度来选取，并综合评估关键词的商业价值，对中小企业来讲一般尽量少使用热门关键词。

（4）网站的核心关键词一般由 2~4 个字构成一个词或词组，名词居多。

【课堂练习】打开搜狐网站中的科技频道，查看其核心关键词。

【课堂练习】请问从核心关键词"健身"可以扩展多少关键词？

3.2 关键词密度

关键词密度（Keywords Density）也叫做关键词频率（Keywords Frequency），所阐述的实质上是同一个概念，它是用来量度关键词在网页上出现的总次数与其他文字的比例，一般用百分比表示。

以常用关键词密度来衡量页面中关键词的词频是否合理。关键词密度主要是由"关键词词频"及"总词汇量"两个因素决定，三者之间的关系如下：

$$关键词密度=关键词词频/总词汇量$$

其中，总词汇量是指页面程序标签（如 HTML 标签及 ASP、JSP、PHP 等）以外的词汇的数量。相对于页面总字数而言，关键词出现的频率越高，那么关键词密度也就越大。简单地举个例子，如果某个网页共有 80 个字符，而关键词本身是两个字符并在其中出现 4 次，则关键词密度为 2×4/80×100%=10%。

了解关键词密度，要先认识搜索引擎对页面的分词。分词又称为切词，是指把网页中的正文内容划分为若干具有实际意义的词汇。由于中英文表达方式的不同导致英文分词与中文分词的划分方式是完全不同的。

在英文书面表达里，空格是单词之间的自然分隔符，而句点是一个句子或者段落结束的标记。根据这个特征，搜索引擎就可以轻易地对网页正文内容进行准确的划分。例如，"We are family. Let's tell our families how much we love them."，其中 We 与 are 之间的空格就是单词 We 与单词 are 间的分隔符，而 family 后的句点"."则是该句子结束的标记。在英文中，同一单词的不同形式会被认为是两个不同的单词（大小写除外）。例如，family 与其复数形式 families 就会被认为是两个不同的单词。在如上所示的示例中，family 与 families 各自在页面中出现了 1 次，则 family 与 families 的关键词密度都是 1/12。

在中文里，字或者词之间并不存在自然分隔符，而且中文里的词通常是由两个或两个以上的中文字符组成。因此，搜索引擎不能借助分隔符对页面的正文内容进行分词，而是按照某种算法把页面正文内容划分为若干中文词汇。例如，网页内容为"我的智能手机"，搜索引擎将其切分为"我""的""智能""手机"，则关键词"手机"在这个网页中的密度就是 1/4。

【课堂练习】请问如下的英文表达句，关键词 noise 的关键词密度为多少？

The noise outside is really annoying.

3.2.1 关键词密度的摆放位置

经过核心关键词确定与关键词扩展，应该已经得到一个至少包含几百个相关关键词的大列表。这些关键词需要合理分布在整个网站上，关键词的摆放位置对网站的搜索将会产生不容小觑的影响力。

一个比较合理的整站关键词布局类似于金字塔形式，核心关键词位于塔尖，只有两三个，使用首页优化。次一级关键词相当于塔身部分，可能有几十个，放在一级分类（频道、栏目的首页，意义最相关的两三个关键词放在一起，成为一个一级分类的目标关键词。如新浪网体育页面的关键词书写如下：

<meta name="keywords" content="体育,体育新闻,新浪体育,新浪竞技风暴,世界杯,奥运会,NBA 直播">

再次一级的关键词则放置于二级分类首页。同样，每个分类首页针对两三个关键词，整个网站在这一级的目标关键词将达到几百上千个。小型网站经常用不到二级分类。更多的长尾关键词处于塔底，放在具体产品（文章、新闻、帖子）页面。

进行关键词摆放布局时应注意以下三点：

（1）每个网页页面只针对两三个关键词，不能过多。这样才能在页面写作时有针对性，使页面主题突出。

（2）避免内部竞争。每个页面针对的两三个关键词不要重复出现在网站的多个页面上。有的搜索引擎优化工程师认为同一个词用多个页面优化，获得排名的机会多一点。其实这是误解，只能造成不必要的内部竞争。无论为同一个关键词建造多少个页面，搜索引擎一般来说也只会挑选最相关的一个页面排在前面。使用多个页面反而分散了内部权重及锚文本效果，很可能会使得所有页面没有一个是突出的页面。

（3）关键词研究决定内容策略。从关键词布局可以看出，网站要策划、撰写哪些内容在很大程度上是由关键词研究所决定的，每个版块都针对一组明确的关键词进行内容组织。关键词研究做得详细，内容策划就顺利。内容编辑部门可以依据关键词列表不停地编辑相关内容，将网站做大、做强。虽然网站的内容与关键词排名没有直接关系，但是内容越多，创造出的相关链接和排名机会就越多。

3.2.2 关键词密度的设置原则

关键词密度的设置原则在不同的搜索引擎中会有所差别，一般认为，关键词密度在2%～8%是比较合理的。为什么关键词密度在 2%～8%的范围内会较为合理呢？搜索引擎会把对传统事物的分析、统计结果作为制定算法的一个参考指标。例如，对 M 个网页进行分析、统计后确定这个范围。在 2%～8%左右为适宜，不要刻意追求关键词的堆砌，否则将会触发关键词堆砌过滤器（Keywords Stuffing Filter），面临被处罚的结果。

如果要达到 2%的关键词密度比例，那么在平均 50 个文字中最好包含 1 个关键词或关键词段；如果在 500 个文字中仅仅只包含 1 个关键词或关键词段，那么关键词密度就被稀释了许多。请一定记住，千万别把所有的关键词或关键词段堆砌在一起，搜索引擎将认为这是一种恶意行为（Spam），将直接降低网站的排名位置。

如图 3-1 所示为查询"面膜"在唯品会的女士护肤网页页面 https://category.vip.com/search-4-0-1.html?q=2|29737|&rp=30071|0&ff=beauty|0|1|0 的关键词密度。

3.2.3 关键词密度与页面的关系

关键词密度是衡量页面相关性的重要指标之一。搜索引擎会根据页面中每个关键词的密度对页面的主题进行定位，如果页面要出现在某个关键词 M 的搜索结果中，最基本的是页面中 M 的关键词密度要在某个特定的范围以内（如 2%～8%）。例如，要想让网站中的某个页面出现在"笔记本电脑"的搜索结果中，则首要条件就是该页面上"笔记本电脑"这个词的关键词密度要在某一个特定的范围内；否则，就会被排除在"笔记本电脑"的搜索结果以外。

图 3-1　"面膜"的关键词密度

对于短语关键词，除了评估组成短语的每个词的密度是否合理之外，还要统计该短语出现的频率。例如，要评估页面与"搜索引擎优化"的相关性，搜索引擎首先会计算页面中"搜索引擎"及"优化"这两个词的密度，再统计该短语出现的频率，最后用这两个数据进行关键词密度与页面关系的综合衡量。

关键词词频表达的是关键词出现的次数，而关键词密度表达的是该关键词的词频与页面总词汇量的比例。关键词词频和关键词密度两者之间的关系：一是关键词密度是衡量页面中关键词词频是否合理的重要指标；二是当两个页面词汇量相等时，关键词密度越大，词频就越大，反之亦然。但是，不管是关键词密度还是词频，都不是越大越好，而是有一个阈值。关键词密度达到某个阈值时，页面相关性最大。当高于或者低于这个阈值时，页面相关性就会出现递减，关键词密度与页面相关性的关系如图 3-2 所示。

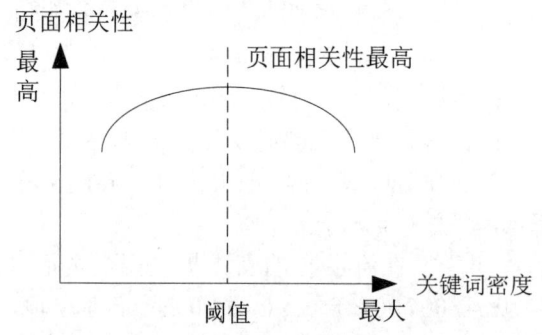

图 3-2　关键词密度与页面相关性的关系

3.3　关键词趋势

关键词是整个搜索引擎优化中最重要的一部分，特别是一些以销售为主的电子商务网站，关键词的选择是否正确直接决定了这个网站的成败。我们研究的热点随着社会的不断发展、科学技术的不断进步而产生了变化。对研究热点及其变化轨迹的分析，有助于我们了解社会的关注点、现在的热点以及将来的发展趋势。我们只要正确判断了关键词的趋势，就能准确抓住市场上的需求，赢在起跑线上。

3.3.1 认识百度指数

"百度指数（Baidu Index）"是以百度海量网民行为数据为基础的数据分享平台。百度指数可以研究关键词关注趋势、洞察网民需求变化、监测媒体舆情趋势、定位数字消费者特征，还可以从行业视角分析市场特点、洞悉品牌表现。百度指数是当前互联网乃至整个大数据时代最重要的统计分析平台之一，自发布之日便成为众多企业营销决策的重要依据。

百度指数是展示网页搜索及新闻搜索数据的工具，其反映了关键词在百度搜索引擎中的搜索量变化情况。利用百度指数可以查看某个特定关键词的大致搜索量，从而对关键词的搜索量进行更准确的评估。百度指数的主要功能模块有：基于单个词的趋势研究（包含整体趋势、PC趋势还有移动趋势）、需求图谱、舆情管家、人群画像；基于行业的整体趋势、地域分布、人群属性、搜索时间特征。

百度指数的理想是"让每个人都成为数据科学家"。对个人而言，大到置业时机、报考学校、入职企业发展趋势，小到约会、旅游目的地选择，百度指数可以助其实现"智赢人生"；对于企业而言，产品追踪、受众分析、传播效果均以科学图标全景呈现，"智胜市场"变得轻松简单。大数据驱动每个人的发展，百度倡导数据决策的生活方式，正是为了让更多人意识到数据的价值。

百度指数工具地址是 http://index.baidu.com/，输入需要查询的关键词，例如"华为手机"，图3-3显示了在百度指数中查询"华为手机"时出现的最近30天的"趋势研究"网页。

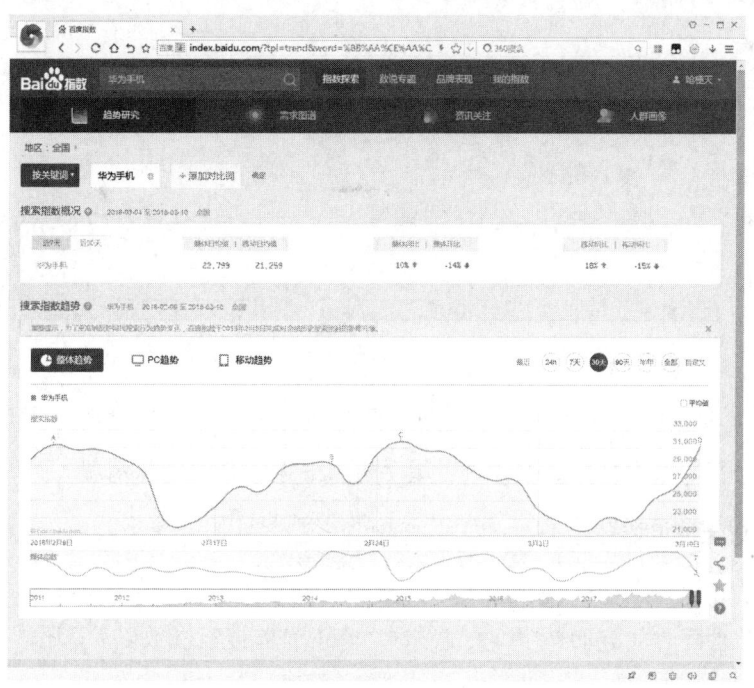

图3-3　百度指数搜索"华为手机"的"趋势研究"结果

图 3-4 显示了在百度指数中查询"华为手机"和"苹果手机"时的最近 90 天的"趋势研究"对比图。其中"整体趋势"部分可以看到不同颜色线条，表示不同关键词的搜索量的变化情况，浅灰色表示"华为手机"的搜索量的变化情况，黑色表示"苹果手机"的搜索量的变化情况。搜索指数是以网民在百度的搜索量为数据基础，以关键词为统计对象，科学分析并计算出各个关键词在百度网页搜索中搜索频次的加权和。媒体指数是以各大互联网媒体报道的新闻中与关键词相关的、被百度新闻频道收录的数量，采用新闻标题包含关键词的统计标准。曲线上的字母 A、B、C、D、E、F、G 表示对应的关键词在某个时间点出现了比较热门的新闻。

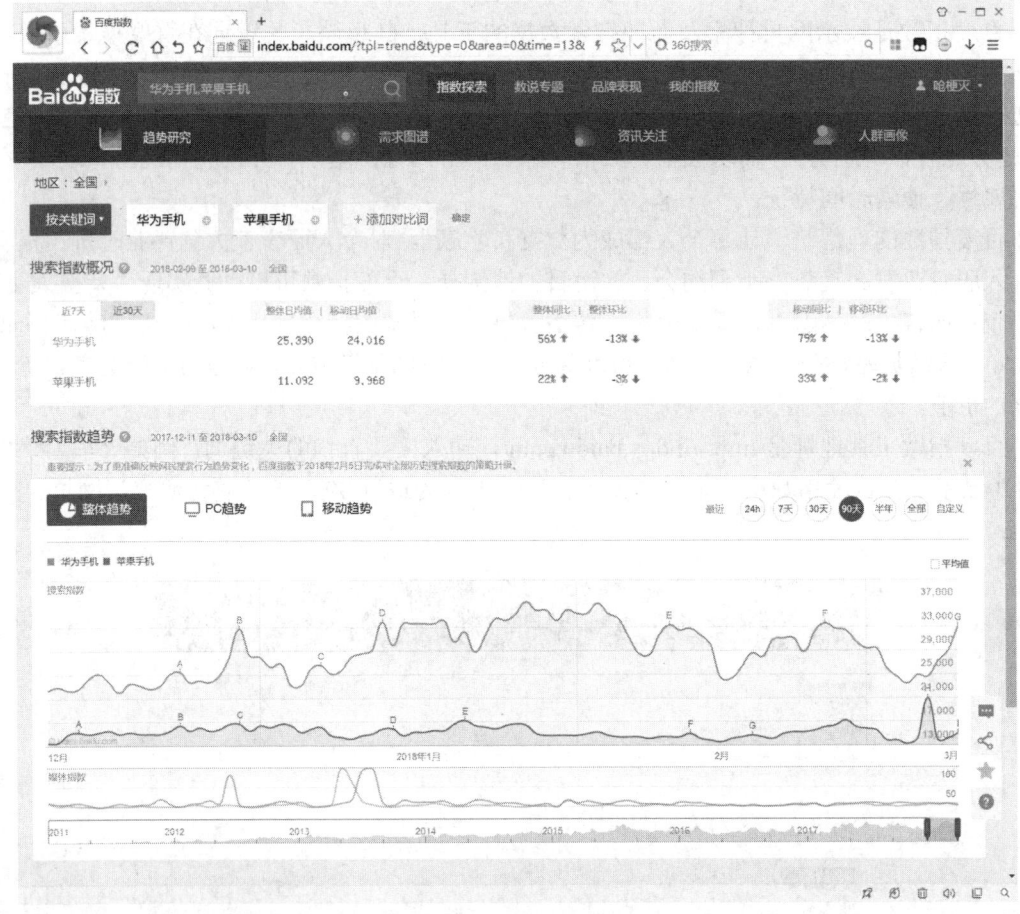

图 3-4 百度指数搜索"华为手机"和"苹果手机"的"趋势研究"对比图

【课堂练习】请用百度指数搜索"三星手机"最近半年的趋势情况。

3.3.2 寻找关键词趋势

研究关键词搜索次数时，通常只看一段时间的搜索次数，比如一个月之内。但绝大多数关键词搜索次数会随时间波动，寻找关键词时，除了当前搜索次数以外，还需要考虑关键词的趋势，下面分别讲述。

1. 长期趋势

一部分关键词随着时间具有稳定上升或下降的趋势，同样是电子产品，录像机和 DVD 早已经过时，几乎没有人关注，而智能手机是当前关注的重点。这种关键词搜索长期趋势对网站主题及内容的选择，甚至产品研发、是否进入某个行业都有决定性的影响。如图 3-5 所示为在百度指数中搜索"化妆品"显示最近六年的"化妆品"关键词趋势，可以看出近五年对"化妆品"关键词的搜索趋势基本稳定。

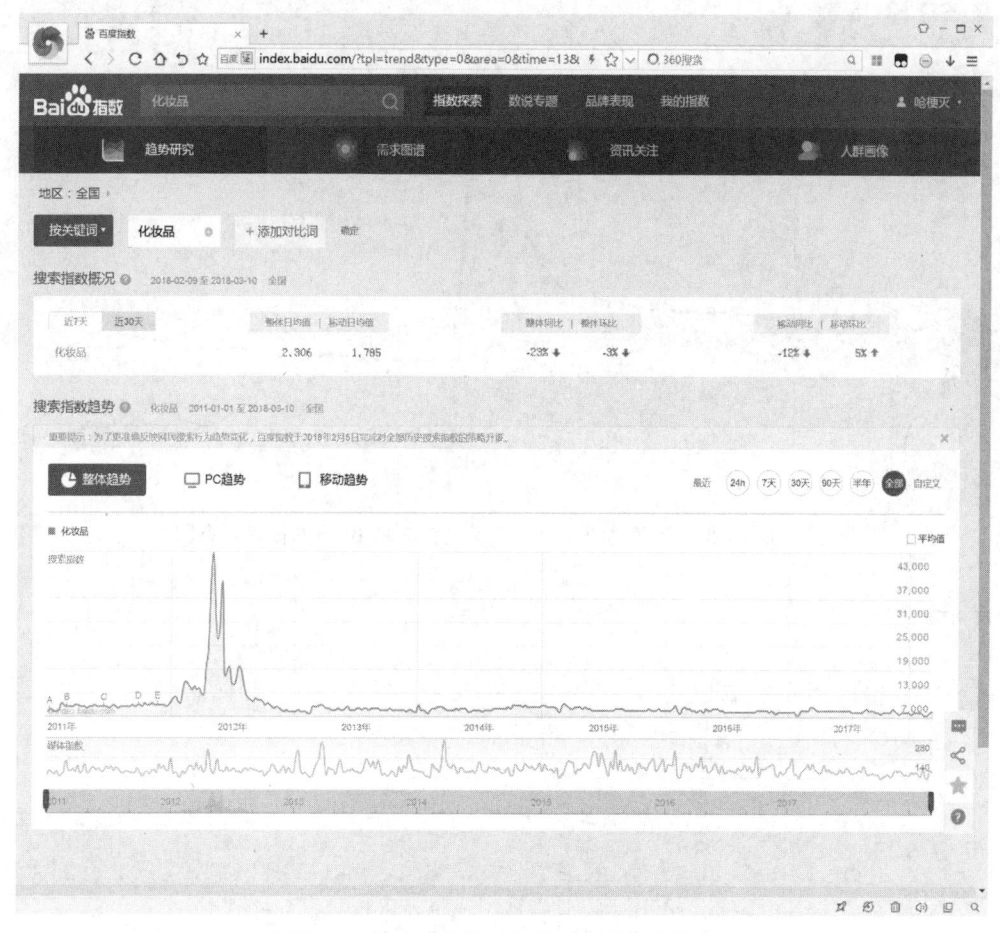

图 3-5 搜索"化妆品"关键词的长期趋势

2. 季节性波动

有很多关键词随季节正常波动。最明显的是各个节日，在节日周围一段时间内搜索量剧增，而其他时间很少有人关注。

与特定节日或时间相关联的信息也随之产生季节性波动，如粽子、鲜花、巧克力、短语、节日祝福、高考等关键词。随着季节性波动比较大的关键词，搜索引擎优化人员应该事先了解趋势，提前做出内容建设、外部链接建设等各个方面的准备，有时候可能还需要开设专题，进行相关产品的促销。由于搜索引擎收录页面、计算排名都需要一段时间，所以搜索引擎优化人员针对这些季节性关键词做排名时也必须提前做好准备。如图 3-6 和图 3-7 所示为搜索"鲜花"和"巧克力"两个关键词最近 30 天的搜索趋势图，在图 3-6 中可以看到 2 月 14 日出现了一次

"鲜花"和"巧克力"搜索量激增的情况,因为 2 月 14 日是西方情人节;在图 3-7 中可以看到 3 月 8 日又出现了一次"鲜花"和"巧克力"搜索量激增的情况,因为 3 月 8 日是妇女节。并且从图 3-6、图 3-7 可以看出,2 月 14 日"巧克力"的搜索量高于"鲜花",而 3 月 8 日"鲜花"的搜索量高于"巧克力",由此我们可以得出节假日对相关产品的销售会产生举足轻重的影响。

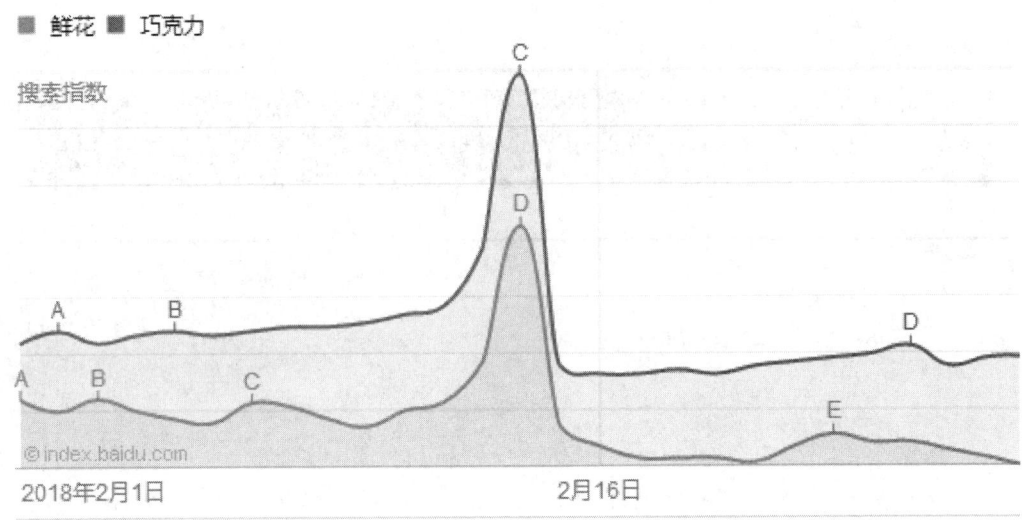

图 3-6　"鲜花"和"巧克力"关键词在 2 月 14 日的搜索示意图

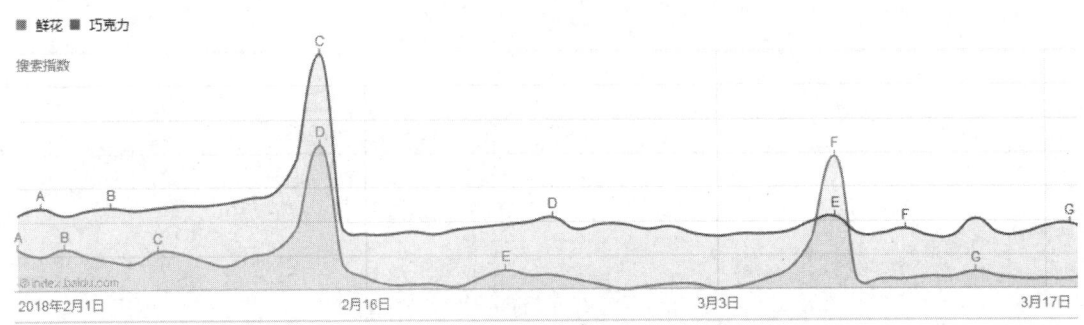

图 3-7　"鲜花"和"巧克力"关键词在 3 月 8 日的搜索示意图

3. 社会热点预测

每一次出现社会热点新闻,都会带动一批关键词搜索次数大幅度增加。在百度风云榜的首页会显示实时热点,实时热点的排名和搜索指数会随着人们关注的社会热点问题而随时变化。图 3-8 所示为百度风云榜首页排行榜图。

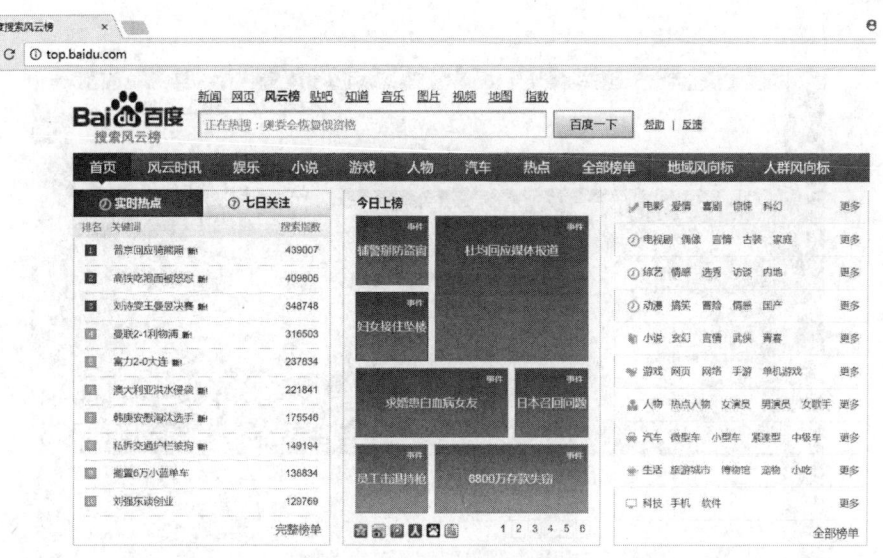

图 3-8　百度风云榜首页排行榜图

3.4　关键词策略

搜索引擎对网页的分析是在网页的 HTML 源代码上进行的，网页的源代码从一定程度上反映了搜索引擎分析网页内容的先后顺序。本节将结合网页上的页面布局及网页的 HTML 源代码与关键词的相关策略进行说明。

扫码看视频

3.4.1　关键词分布

关键词分布是指这些关键词在网页上的位置，这个位置可以是 title 标签、链接、headings、文本主体或任何有文字出现的地方。一个网页最重要的搜索关键词放置的最佳位置是 title 标签。在 title 标签内，关键词的布局方式是很重要的，最重要的关键词应放置在网页 title 标签的开头部分。如果放上全部关键词，则在 title 标签内有造成关键词堆砌（Keywords Stuffing）的危险。很多人喜欢把公司或者网站的名称放在标题的最前面，特别是网站的首页，这是一个非常不明智的做法，除非你的公司或者网站名称是你想要的关键词。

搜索引擎分析网页的时候，在 HTML 源代码中是自上而下地进行的。从页面布局的角度上看，则是自上而下、自左而右进行的，这也与用户浏览网页的习惯相符。因此，搜索引擎会更加重视网页中首先出现的内容，在规划页面时也应该把相对重要的内容安排在页面的顶部。如图 3-9 所示为"中国搜索引擎优化联盟网"网站首页，搜索引擎对页面的重视程度从上至下、从左至右逐渐降低。

下面从文章写作的角度来分析下关键词的分布规律。在一篇文章中，题目是最先出现的；然后是文章的简述；再是围绕文章主题而展开描述的内容；最后通常是对文章内容的总结。对于网页而言，网页标题就是文章的"题目"，描述标签的内容则是文章的简述，网页正文内容就是文章内容，网页最底部内容就是对文章内容的总结。因此，页面中的关键词应该合理地分布在如上所述的这些区域里。

图 3-9 "中国搜索引擎优化联盟网"网站首页

1. 网页的页面头部

网页的页面头部主要包括标题及描述标签。标题内容在网页头部中是最先出现的,然后就是描述及关键词标签的内容。搜索引擎分析页面的时候,在 HTML 源代码中自上而下地进行,标题内容又是网页中最先出现的信息。因此,让关键词优先出现在标题及描述内容的最前面,这样可以有效突出页面的主题,不仅可以提高页面的相关性,还能有效吸引用户,提高用户的点击率。

例如某网页的关键词是"手机",把"手机"这个关键词放到标题内容的最前面,如下所示:

<title>手机-中国最好的手机网站</title>

2. 网页正文

在网页正文中,相对重要的就是网页的最顶部及最底部,即接近<body>标签后及</body>标签前的位置。图 3-9 所示"中国搜索引擎优化联盟网"网页的顶部代码和底部代码如下所示:

(1)顶部代码。

```
<body onload="$$('strname').value=='';$$('strcode').value=='';">
<!--header start-->
<div id="header">
<div id="header_top"></div>
<div id="header_mid">
<div id="header_contact"><a href="#" onclick="var strHref=window.location.href;this.style.behavior='url(#default#homepage)';this.setHomePage('http://www.seoweb.org.cn');" id="contact">设为首页</a></div>
<div id="header_contact1"><a href="http://www.seoweb.org.cn/company/contact.html" id="contact1">联系我们</a></div>
<div id="header_contact2"><a href="http://www.seoweb.org.cn/seo.html" target="_blank" id="contact2">价格系统</a></div>
<div id="header_logo">
<h1><a href="http://www.seoweb.org.cn/" target="_self"><img src="http://www.seoweb.org.cn/img/logo.gif" border="0" alt="中国搜索引擎优化联盟网" /></a></h1>
</div>
</div>
```

(2)底部代码。

```
<div id="footer">
<div id="footer_link"><img src="/img/icon_blog.gif" align="absmiddle" /><a href="/">首页</a><img src="/img/icon_about.gif" align="absmiddle" /><a href="/company/about.html">关于我们</a><img src="/img/icon_about.gif" align="absmiddle" /><a href="/company/member.html">成为会员</a><img src="/img/icon_contact.gif" align="absmiddle" /><a href="/company/contact.html">联系我们</a><img src="/img/icon_sitemap.gif" align="absmiddle" /><a href="/sitemap.xml">站点地图</a></div>
<div id="footer_copyright">版权所有:中国搜索引擎优化联盟网    邮箱:<a href="mailto:seo@seoweb.org.cn">seo@seoweb.org.cn</a></div>
</div>
</div>
<!--footer end-->
<div id="gototop"><a href="#" id="gotop" hidefocus="true" onclick="window.scrollTo(0,0);return false;"></a></div>
</body>
```

除了网页的头部、正文最顶部及最底部这些相对重要的位置外,在网页中左上区域的关键词词频要比右下区域的关键词词频大；对应在 HTML 源代码中，顶部的关键词词频比中下部的关键词词频大。

3.4.2 关键词描述

关键词描述指在页面中通过多种方式表达关键词，以达到合理增加关键词的词频及控制关键词密度的目的。关键词和标题一样，一般不超过 50 个字，一般是 3～5 个词语，通常情况下可以和标题一样，如果是二级页面，2～3 个关键词就可以了。比如你的网站标题是：重庆旅行社|重庆旅游线路|重庆旅游报价|重庆旅游指南|重庆海外旅行社，那你的关键词也可以设置成"重庆旅行社|重庆旅游线路|重庆旅游报价|重庆旅游指南"，当然你的公司名称就不需要出现在关键词里了。标题在搜索引擎关键词权重中分配的比例最大。网站标题的字数一般在 25 个字、50 个字节以内，超过 25 个字在搜索引擎搜索结果中是显示不出来的。

描述是一段话，可以合理地包含关键词，一般不超过 200 个字符。而且描述是会出现在搜索结果中的，搜索结果第一行是你的标题，下面两行是描述的内容，所以一定要认真填写描述，让用户看了网页上的描述就能打开你的网站。还是以上一段中的标题和关键词为例，关于重庆旅游的描述可以这样设置：重庆海外旅行社连续 3 年零投诉，品质保障，我们为您提供重庆旅游线路、重庆酒店预订、重庆会议接待、重庆租车等重庆旅游服务，服务电话 023-6266××××。这样客户在不打开网站的情况下，在描述中就能看到联系方式，就可直接打电话咨询。网站的描述字数尽量控制在 100 个汉字以内，200 个字符之间，描述中尽量包含关键词，并且切忌堆砌关键词。

在中文里，我们可以使用结构短语对关键词进行描述，例如对于关键词"旅游"，我们可以通过"重庆旅游""成都旅游"等短语来增加关键词词频及控制关键词密度。在英文中，表达一个关键词有多种方法，例如对于关键词 camcorder battery，可以通过以下两种方法进行表达：

battery for camcorder
battery of camcorder

这样就可以合理增加词组关键词 camcorder battery 中各单词的词频，从而使得组成词组的各单词的关键词密度更加合理。

【课堂练习】请为"手机小游戏"写一段能吸引用户浏览网站的描述，字数控制在 100 个汉字以内。

3.4.3 关键词评估

关键词评估是指对关键词进行详细的评估，以便评测关键词是否具备优化的可行性。评测一个关键词是否具备优化可行性，首先需要对该关键词进行综合的评估，包括关键词的搜索量、商业价值及竞争程度，然后从中筛选出高搜索量、高相关性、低竞争的关键词，简称"二高一低"关键词。

1. 搜索量评估

搜索量就是指关键词在某个搜索引擎上的检索量，高搜索量的关键词通常也伴随着高竞争。尽管如此，我们还是应该优先选择高搜索量的关键词，因为只有这样才有可能从中筛选出"二高一低"的关键词。

利用搜索引擎提供的工具，我们可以查看相关关键词的大概搜索量。检查某个关键词的搜索量常用的工具有百度指数、Google Adwords 关键词工具、Yahoo!关键词选择工具。例如对于简体中文，我们可以使用百度指数及 Google Adwords 关键词工具；对于繁体中文，则可以使用 Yahoo!奇摩的关键词选择工具；而对于英文，则可以使用 Google Adwords 关键词工具及 Yahoo!的关键词选择工具。

图 3-10 为使用百度指数搜索关键词"空气净化器"的搜索结果，百度指数默认显示最近 7 天的日均搜索量，同时可以看到整体的日均搜索量及移动端的日均搜索量。

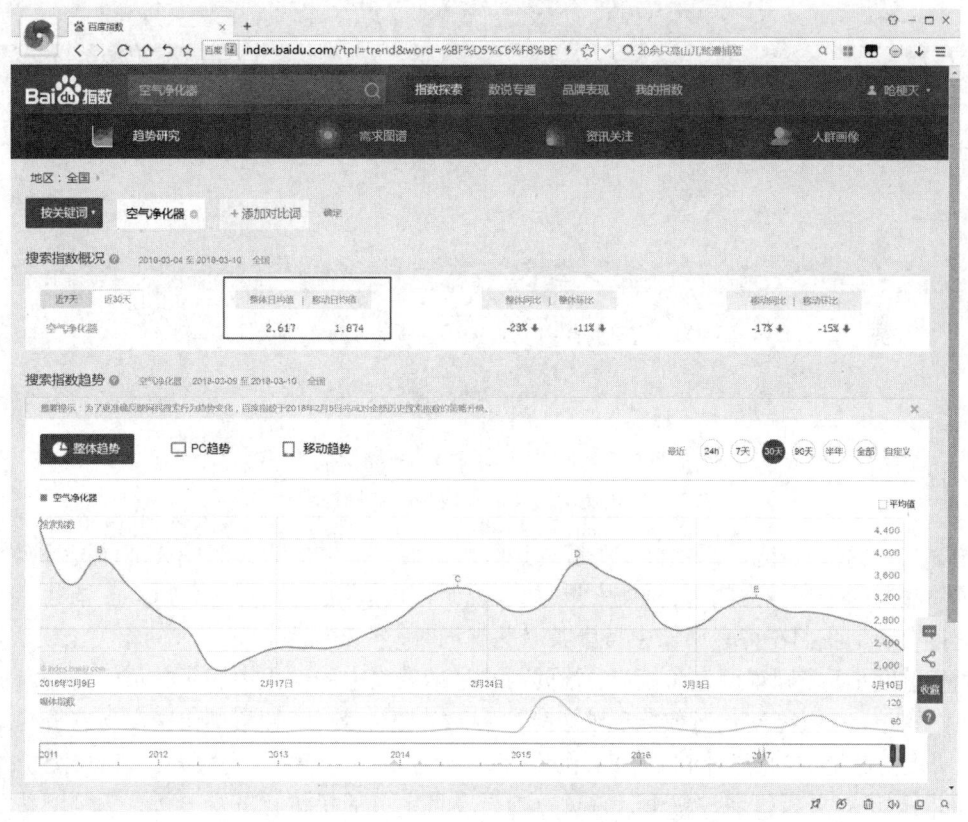

图 3-10　关键词"空气净化器"日均搜索量示意图

关键词查询工具里的数据反映了关键词在某特定搜索引擎中的搜索量。要寻找出更有价值的关键词，我们需要综合两个或者多个搜索引擎的搜索量数据。建议在对简体中文关键词进行搜索量评估时，最好使用 Google 及百度提供的关键词工具，因为在简体中文搜索里，百度及 Google 的用户是最多的，得到的数据误差会更小；同样的道理，在评估英文关键词搜索量时，则可以使用 Google 及 Yahoo!提供的关键词工具；而评估繁体中文关键词搜索量时则应该选择 Yahoo!奇摩提供的关键词工具。

2．商业价值评估

关键词商业价值主要是以关键词在行业中的地位，以及能给商家带来的回报作为衡量标准，通常体现在该关键词的竞价价格上。例如，对于简体中文可以参考百度及 Google 的相关数据；对于繁体中文则可以参考 Yahoo!奇摩的相关数据；而对于英文则优先参考 Google 的相关数据。

某些行业关键词，尽管搜索量不大，但却可以为商家带来可观的回报，也是商家必争之地。

如图3-11为对"佳能数码相机"关键词进行百度关键词挖掘，得到该关键词在过去30天内的网络曝光率及用户关注度情况示意图，同时给出了与"佳能数码相机"关键词相关联的其他40个关键词的情况。

图3-11　关键词"佳能数码相机"挖掘示意图

图3-12为对"佳能数码相机"关键词进行分析后显示的结果，其中关键词搜索次数数值反映了关键词的用户搜索频率，日搜索量越大，说明该词的商业价值越高（以百度指数为参考）；关键词搜索量是我们在搜索引擎中搜索某个关键词时，搜索引擎搜索出来的相关结果数量，少则说明竞争度小，多则说明竞争度高；首页网站是指查出来的结果中属于首页的而非内页或者目录页的网站，首页网站数量数值反映了竞争网站的整体实力，搜索结果中出现首页网站量越多，说明优化这个词的竞争网站越多，优化难度就越大；百度第一页竞争对手网站分析对排名前10的网站进行分析，通过权重、首页、内页及目录页的量进行综合分析；竞价网站数量可以反映出该词商业价值度的高低，竞争者越多商业价值越高，相对应的难度也会更大。

3．关键词的竞争

关键词竞争是指在搜索结果中参与该关键词优化的页面的多少。通常人们会以关键词的相关搜索结果数来衡量该关键词的竞争程度。但是，这样认为是比较片面的。关键词的相关搜索结果数只能反映与该关键词相关的页面有多少，并不能说明参与优化该关键词的页面的多少，一般真正参与竞争的只有前10~20个页面。对于一些极度热门的关键词，也有可能会超过50个。因此，我们只要分析、评估搜索结果的前10个页面就可以了解某一关键词的竞争情况。

对于关键词的竞争，主要包括搜索结果评估和页面评估这两个方面。

（1）搜索结果评估。

搜索结果评估就是对搜索结果中每个网页的摘要信息进行评估，包括网页的标题、描述内容及URL类型等。通过对搜索结果进行评估，我们就可以从中筛选出潜在的竞争对手。

图 3-12　关键词"佳能数码相机"分析示意图

1）标题。

对页面标题的评估主要是查看页面的标题内容中是否包括主关键词，且主关键词是否出现在标题的最前面。例如，在关键词"手游"的搜索结果中排名前几位的页面的标题有一个共同点，那就是标题中都包括主关键词"手游"，而且都出现在最前面。尽管这并不能说明这些页面就具备很强的竞争力，但至少说明该页面存在参与竞争的意识，如图 3-13 所示为关键词"手游"的搜索结果示意图。

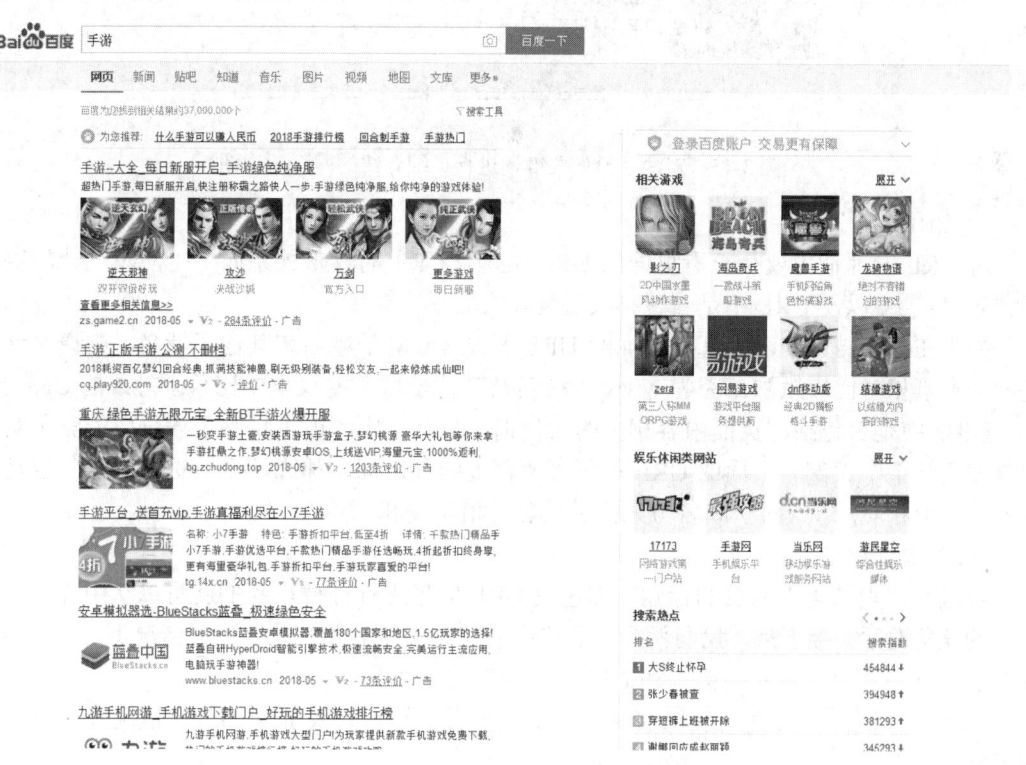

图 3-13　关键词"手游"搜索结果示意图

2）描述信息。

页面描述信息评估主要是查看摘要信息中的描述内容，是以填充关键词为目的还是以介绍页面为主。那些在描述中简单填充关键词的网页，除非得到异常多的外部链接支持，否则竞争力是非常有限的，如图3-14所示为简单填充"手游"关键词的网页示意图。

图3-14 简单填充"手游"关键词的网页示意图

而有的页面描述则是对本页面进行详细的介绍，这不管对于普通用户还是搜索引擎都是非常友好的。这类网页就带着非常明显的优化目的，对搜索引擎优化也有相当的了解，如图3-15所示为对"手游"关键词进行详细介绍的网页示意图。

图3-15 对"手游"关键词进行详细介绍的网页示意图

3）URL。

对URL的评估主要是查看页面的URL类型（URL的权重关系如下：www子域名>其他子域名>目录）以及URL中是否包括关键词。

如果在搜索结果中，大部分页面的URL都是www子域名或其他子域名，则说明这个关键词的竞争相对比较激烈。因为www子域名及其他子域名的权重要比目录形式的URL高。

URL中是否包括与页面内容相关的关键词，也从一定程度上反映了该页面的竞争实力。如果搜索结果中大部分页面的URL都包含所查询的关键词，那么这个关键词的竞争也是比较激烈的（但相对于www子域名与其他子域名就稍微缓和一点）。

（2）页面评估。

经过对搜索结果中网页的标题、描述及URL信息进行评估，我们就可以从中筛选出部分潜在的竞争对手。接下来，我们就要评估这些潜在对手的竞争实力。一般情况下，我们会根据页面的关键词表现、页面结构等评估每一个潜在竞争对手的竞争实力。

关键词表现：对关键词表现的评估主要是查看关键词在页面中的分布情况及权重标签的使用情况。

1）查看关键词是否出现在页面的最前面（即最接近<body>标签），不管是以文本还是图片 alt 属性值的形式。如下面代码所示，关键词"手游"就出现在最接近<body>标签处。
<body>
<a href="/main.shtml" class="logo p1" onclick="PTTSendClick('link','logo','主 LOGO')"><h1 class="seo">新剑侠情缘手游-官方网站-与赵丽颖、林更新一起穿越江湖邂逅情缘</h1></a>

2）页面中的关键词是否合理地结合标题（即<h1>标记）、加粗、斜体、颜色属性等权重标签，从而突出关键词的重要性，提高页面的相关性，如图 3-16 所示为腾讯手游网站首页关键词分布示意图，其中突出的关键词用蓝色标识。

图 3-16　腾讯手游网站首页关键词分布示意图

3）评估页面结构是否合理主要从页面内容的分布合理性、页面所使用的元素及展示内容的技术这三方面进行衡量。页面中的重要内容是否出现在相对重要的位置上，即页面中关键词出现的频率是否是上>下、左>右等。

3.4.4　关键词制定

为网站制定符合实际的关键词，从而提高网站在搜索引擎中的表现，好的关键词可以给网站带来更多的流量、更高的转化率，这样的关键词便是我们所需要的。

1. 熟悉网站所在的行业

在为网站制定关键词前，必须对网站所处的行业有清楚的认识。熟悉一个网站所在的行业，通常从了解竞争对手的网站开始。

下面以京东网的"手机频道"为例介绍关键词制定的步骤及方法。

首先，查询京东网的"手机频道"网页从而得到"手机"分类、频道（栏目）设置等重要信息。

分类方法：

（1）按热门推荐分类："三星 S9""荣耀""小米""华为""vivo""OPPO"等。

（2）按热门分类："全部手机""游戏手机""老人机""拍照神器""全面屏""女性手机"等。

（3）按运营商分类："营业厅""选号码""4G 套餐""买手机""装宽带""三星合约"等。

频道或栏目可分为"手机好店""营业厅""新 Phone 尚""游戏手机""企业购""以旧换新""配件选购"等。

如图 3-17 所示为京东网"手机频道"界面示意图。

图 3-17　京东网"手机频道"界面示意图

2. 关键词寻找

制定关键词首先要寻找与页面主题相关的关键词，然后根据实际情况从中筛选出一部分合适的关键词。利用搜索引擎的搜索功能，我们可以轻松地找到与页面主题相关的关键词。具体操作如下：以页面主题名称作为关键词在搜索引擎中进行搜索，这样在搜索结果页面的底部就会展示出与该主题名称相关的关键词。

例如京东的手机频道是以"手机"为主题的网站，我们以其中的热门推荐分类中的"华为手机"作为关键词进行搜索。在搜索结果页面的底部就会展示出与"华为手机"相关联的关键词，包括"华为手机价格表 2017""华为新款手机价格""华为手机价格 1000 左右""华为手机哪一款最好用"等，如图 3-18 所示为用百度搜索"华为手机"显示的关联关键词结果示意图。

3. 用户搜索习惯分析

用户搜索习惯是指用户在搜索引擎中寻找相关信息时所使用的关键词形式，对于不同类别的产品，用户的搜索习惯会存在一定的差别，我们应该优先选择那些符合大部分用户搜索习惯的关键词形式。

用户在搜索时使用不同的关键词会返回截然不同的搜索结果。对于同样的内容，如果页面中的关键词表达形式与用户的搜索习惯存在差异，则页面相关性就会大大降低，甚至会被排除在搜索结果以外，因为大部分的用户是在寻找 A 产品，而你提供的却是 B 产品的查找。

图 3-18　搜索"华为手机"显示的关联关键词结果示意图

我们可以通过统计用户在寻找同类产品时所使用的关键词形式，分析用户的搜索习惯，但是这样得到的关键词只适用于同类产品。

例如，要分析用户在寻找与"华为手机"相关的华为产品时的搜索习惯，我们可以在百度指数中搜索关键词"华为手机"，查看"华为手机"关键词的需求图谱，其结果如图 3-19 所示。

图 3-19　"华为手机"关键词需求图谱

其中，华为手机中的 mate 关键词是与"华为手机"关键词关联性最强的关键词之一。从需求图谱分析用户搜索习惯可知，用户习惯使用"型号"对手机产品进行搜索，例如对 mate 这种关键词进行搜索。由此推测，用户在寻找手机产品时，习惯以手机产品的系列名称作为搜索的关键词。因此，我们在为华为手机产品制定关键词时，应该优先使用包含品牌和型号的关键词形式，即"华为+型号"这种形式。

4. 关键词制定技巧

经过熟悉网站所在的行业、关键词寻找、用户搜索习惯分析等前续准备工作，我们已经掌握了网站以及网站关键词的基本情况，接下来就是根据实际情况从中筛选制定出适合该网站的关键词。

（1）次关键词法。

在选择关键词时，我们通常只会关注那些搜索量最大的关键词，而忽略一些搜索量接近、但竞争却相对较小的关键词（即二高一低关键词）。

次关键词法就是优先选择那些搜索量比较少，但竞争却远没那么激烈的关键词，这样就可以避免与实力强大的网站直接竞争，从而降低网站优化的成本，提高网站的投资回报率。前面内容介绍了怎样评估一个关键词的竞争程度，接下来要做的就是怎样在搜索量与竞争程度这两者中找到平衡点，选择适合本网站的关键词。这就要求我们能准确地把握网站目前的情况，包括网站内外部资源及自身的网站所处行业的水平等。

例如对"华为手机"关键词进行百度关键词挖掘，如表 3-1 所示。我们发现除了"华为手机"的搜索量很大以外，排名第二和第三的关联关键词是"华为手机官网"和"华为手机大全"。如果我们没有足够的链接资源，那么只好退而求其次，选择"华为手机官网"和"华为手机大全"甚至同类中搜索量更低、竞争却少得多的关键词。

表 3-1 "华为手机"关键词百度关键词挖掘表

关键词	网址	百度指数	百度移动指数	360 指数	百度收录
华为手机	www.vmall.com	28901	27497	4980	15800000
华为手机官网	www.vmall.com	3753	2964	77287	1040000
华为手机大全	product.cnmo.com	2245	2072	284	1960000
华为手机官网商城	www.vmall.com	1468	833	23035	2560000
华为手机怎么样	www.zhihu.com	961	831	661	5450000
华为手机管家	baike.baidu.com	721	583	41	222000
华为手机报价	detail.zol.com.cn	499	430	414	1710000
华为手机解锁	www.emui.com	375	200	122	423000
华为手机怎么连接电脑	jingyan.baidu.com	295	194	58	414000
华为手机官网首页	www.huawei.com	237	166	1133	853000
华为手机官方网站	www.vmall.com	212	133	210	537000
华为手机论坛	club.huawei.com	196	103	73	1220000
华为手机开不了机	zhidao.baidu.com	194	125	24	870000
华为手机驱动	driver.zol.com.cn	190	37	70	174000

续表

关键词	网址	百度指数	百度移动指数	360 指数	百度收录
华为手机软件下载	pc.qq.com	112	67	0	342000
华为手机游戏	app.hicloud.com	99	73	0	852000
华为手机售后服务	nourl.ubs.baidu.com	74	65	25	758000
华为手机查真伪	nourl.ubs.baidu.com	36	36	0	552000
华为手机 u8860	www.huangye88.com	26	0	0	101000
华为手机游戏 免费下载	appstore.huawei.com	8	8	0	1390000
360 华为手机	product.pchome.net	4	0	0	25300000
华为手机 2012 新款	www.958shop.com	1	0	0	164000
华为手机 c5600	detail.zol.com.cn	1	0	0	7480
华为手机 c8650	detail.zol.com.cn	1	0	0	145000
华为手机 c8812	detail.zol.com.cn	1	0	0	135000
华为手机 g330	detail.zol.com.cn	1	0	0	42500
华为手机游戏免费下载	www.9game.cn	1	0	0	1000000

（2）长尾理论法。

长尾理论这个概念来自于克里斯·安德森的《长尾理论》一书，其含义为："只要存储和流通的渠道足够大，所有需求不旺或销量不佳的产品所占据的市场份额可以和那些少数热销产品所占据的市场份额相匹敌甚至更大，即众多小市场汇聚成可与主流大市场相匹敌的市场能量。"

长尾理论应用在关键词制定方面就是极大限度地集中非热门关键词（以下简称为"长尾关键词"）带来的流量，以达到从搜索引擎获取流量最大化的目的。

1）原理。

如果为网站中的每一个页面都制定合适的关键词，则会形成巨大的关键词集合。尽管在这个关键词集合里，关键词之间的搜索量会存在很大的差异。但是，这大量的关键词最终也能形成巨额的流量来源。

例如一个网站中有 600 个页面，如果我们能为每个页面制定 3 个合适的关键词，则至少会产生 1800 个与网站内容相关的关键词。如果每个关键词平均每天能从搜索引擎上引导过来一个用户，则该网站每天从搜索引擎中获取到的流量是相当可观的。

2）实施。

要实施长尾关键词策略，必须建立足够多的页面来承载这些相关的关键词，或者在同一页面上制定多个相关的关键词。也就是说，实施长尾关键词策略的主要任务就是在合理的范围内为每一个页面制定尽可能多的合适的关键词。

例如在京东手机频道网站中存在十多个品牌上万个产品，这样就产生了巨大的页面数量。只要我们为这些页面制定合适的主辅关键词，那么就会形成大量的关键词，从而形成长尾关键词。

对于承载长尾关键词的页面，优化的重点在于页面的内容，例如页面的头部，即标题（Title）、描述（Description）、关键词（Keywords）标签及页面的主体内容（前提条件是这些关键词与页面内容是相关的，而非外部链接关系）。

在对页面的头部进行优化时，为了能在页面的标题及描述内容中表达多个相关的关键词，我们通常采用以分隔符对相关关键词进行组合的方式来实现。

例如，我们要在某个页面的标题中表达关键词"华为 mate"及与其相关的关键词"华为 mate 手机""华为 mate 图片""华为 mate 报价""华为 mate 参数"，则可以把该页面的标题形式制定为："华为 mate 手机|图片|报价|参数"。

如图 3-20 所示为"华为 mate 手机"长尾关键词挖掘的结果示意图。

图 3-20　对"华为 mate 手机"长尾关键词挖掘的结果示意图

【课堂练习】请问关键词的制定需要考虑哪些方面的因素？

3.5　本章小结

（1）关键词又称保留字（Keywords）是指用户在使用搜索引擎时，输入的能够最大程度概括用户所要查找的信息内容的字或者词。

（2）关键词密度主要是由"关键词词频"及"总词汇量"两个因素决定，三者之间的关系为：关键词密度=关键词词频/总词汇量。

（3）关键词分布是指这些关键词在网页上的位置，这个位置可以是 title 标签、链接、headings、文本主体或任何有文字出现的地方。

（4）关键词描述指在页面中通过多种方式表达关键词，以达到合理增加关键词的词频及控制关键词密度的目的。

(5)关键词评估是指对关键词进行详细的评估,以便评测关键词是否具备优化的可行性,包括对关键词的搜索量、商业价值及竞争程度的评估,再从中筛选出高搜索量、高相关性、低竞争的关键词,简称"二高一低"关键词。

(6)关键词的制定是为了提高网站在搜索引擎中的表现,从而给网站带来更多的流量、更高的转化率。

3.6 实训

1. 实训目的

通过本节实训掌握关键词的概念,能够为网站制定高质量的关键词。

2. 实训内容

为网站制定符合实际的关键词,从而进一步提高网站在搜索引擎中的表现。

(1)熟悉网站所在的行业,为网站制定关键词。

在为网站制定关键词策略前,必须对网站所处的行业有清楚的认识。本实训中以苏宁易购网站的"手机通讯"为例,介绍关键词制定的步骤及方法。

首先打开苏宁易购网站 https://www.suning.com 的首页,如图 3-21 所示。

图 3-21 苏宁易购网站首页

查看首页左侧的"全部商品分类"导航栏,如图 3-22 所示。

进入苏宁易购的"手机馆"页面,如图 3-23 所示。

通过左边的"全部商品分类"可以了解苏宁易购网站的"手机馆"对手机商品的分类方式和分类情况。

1)按热门品牌分类:"Apple""小米""荣耀""华为""魅族"等。

2)按热门机型分类:"iPhone X""华为 Mate10""诺基亚 7plus""三星 S9|S9+"等。

3)按价格预算分类:"1-499""500-999""1000-1999""2000-2999"等。

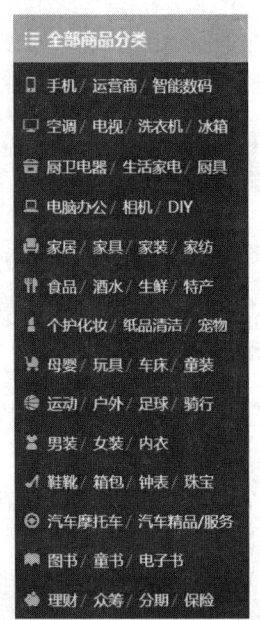

图 3-22　苏宁易购"全部商品分类"导航栏

图 3-23　苏宁易购"手机馆"页面

在了解苏宁易购"手机馆"的分类及栏目设置后,接下来就要为手机频道的各级页面寻找合适的关键词,主要包括手机品牌、手机机型相关的关键词。

1)手机品牌关键词。

如图 3-24 所示,通过 360 搜索"手机"关键词,得到推荐的手机品牌热门关键词有"oppo""华为手机""vivo"等。

第 3 章 网站关键词优化

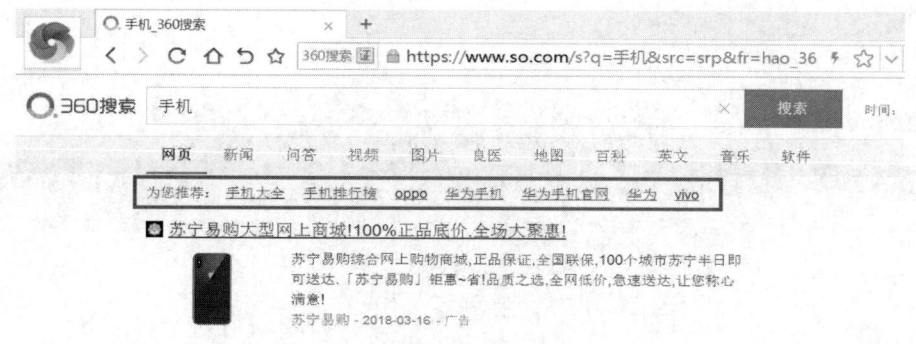

图 3-24 "手机"关键词搜索结果示意图

此外，还可以通过关键词挖掘来分析用户在寻找与热门品牌相关信息时的搜索习惯。例如，通过关键词"华为手机"找到与"华为"品牌相关的关键词，包括"华为手机官网""华为手机大全""华为手机报价""华为手机官网商城""华为最新款手机""华为荣耀手机"等，如图 3-25 所示。

图 3-25 "华为手机"关键词挖掘结果

关键词挖掘结果在一定程度上反映了用户寻找与手机品牌相关信息时的搜索习惯，即用户在寻找与手机品牌相关的信息时，常使用"品牌+手机+官网""品牌+手机+大全""品牌+手机+报价"及"品牌+手机+型号"等关键词短语。

2）型号关键词。

经过上述操作，已经得到了手机品牌相关的关键词。接下来，寻找与手机型号相关的关键词。

例如，通过"华为荣耀手机"关键词的挖掘，可以得到该手机品牌下的一些热门型号，如图 3-26 所示。

图3-26 "华为荣耀手机"关键词挖掘结果

此外，还可以通过与热门型号相关的关键词，分析用户在寻找与手机型号相关信息时的搜索习惯。例如，与"华为荣耀手机"相关的关键词包括"华为荣耀4c手机""华为手机官网荣耀7""华为荣耀x6手机""华为荣耀v8手机"等，即用户在寻找与手机型号相关的信息时，常使用"品牌+型号+手机"等关键词短语。

至此，我们已经完成了与"手机"产品列表页面相关的品牌关键词，以及与产品展示页面相关的型号关键词的制定方法。

3）用户搜索习惯。

通过分析以上的搜索结果，发现用户在寻找不同手机品牌的产品时，搜索习惯会存在一定的差别。因此，还需要分析用户在寻找不同手机品牌产品时的搜索习惯。例如，要分析用户寻找"华为"手机相关产品时的搜索习惯，则在百度指数中输入关键词"华为"，返回的搜索结果如图3-27所示。

从需求图谱中可知华为手机的其中一个型号"p10"，用户在搜索时习惯使用"p10"作为关键词，而不是官方命名的"华为 p10"。由此得知，用户在寻找"华为"手机相关产品时，习惯使用关键词"型号"，而不是"华为+型号"。因此，应该优先选择"型号"作为关键词，这样才能有效提高网页的相关性。

关键词是否存在空格，返回的结果也会存在一定的差异。在此建议，如果关键词短语中相邻的两个关键词的属性是不一致的，不管搜索引擎展示出用户的搜索习惯如何，最好还是用空格进行分离。例如，在"华为 p10"这个关键词短语中，"华为"是手机品牌的名称，而"p10"是手机型号的名称，这两者的属性是不一致的，因而应该以空格进行分隔，即"华为+空格+p10"。

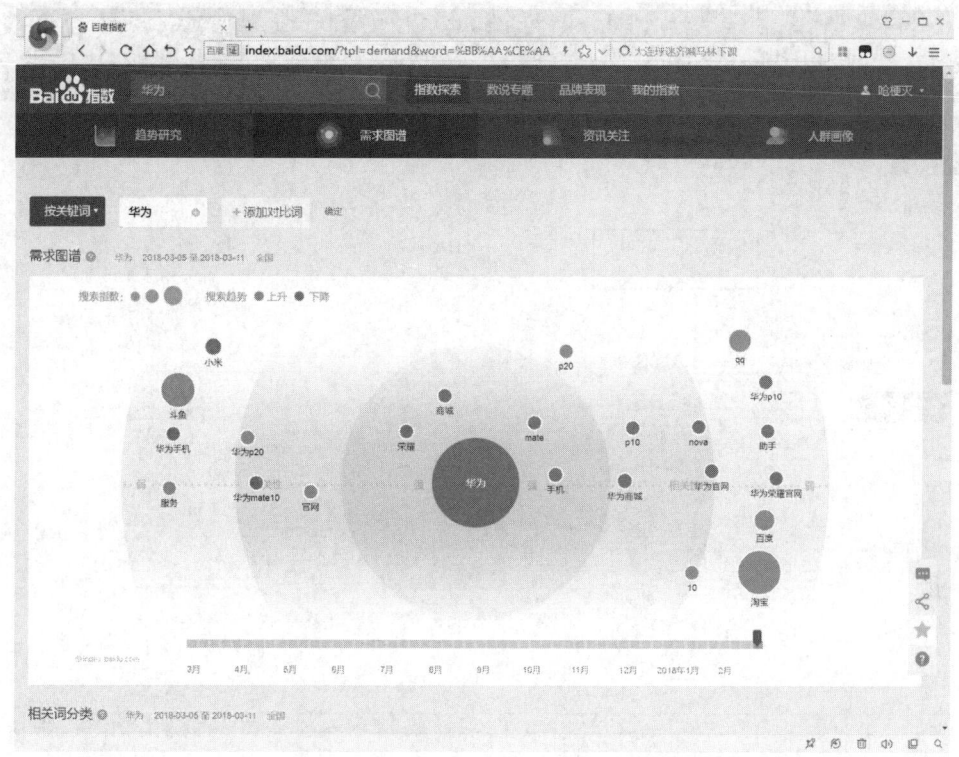

图 3-27　关键词"华为"的需求图谱示意图

（2）评估网站中的关键词。

1）搜索量。

通过百度指数对关键词的搜索量进行评估。例如，查询"华为手机"的搜索量情况，结果是"日搜索量：50000 以上"，如图 3-28 所示。

2）竞争程度。

关键词竞争程度的评估主要从竞争对手网站的 PR 值、URL 类型、页面包含数及页面优化情况这几方面入手。

- PR 值：即 Google PageRank 值。其中，"1~3"为较差、"4"为普通、"5"为较好、"6 及以上"为优秀。
- URL 类型：www 子域名>其他子域名>目录>多级目录，即搜索结果中如果大部分页面的 URL 是"www 子域名"，则该关键词的竞争最激烈；而如果是"多级目录"，则竞争就很小。
- 页面包含数：一般是千级，如果是万级甚至十万级，则表示该网站得到的外部支持是十分强劲的。

一般情况下，只需对搜索结果中的前几个网站进行评估即可掌握某一关键词的竞争情况。例如，以下是对"手机"搜索结果的其中一个网站 mobile.163.com 的评估结果。

- PR 值是 5。

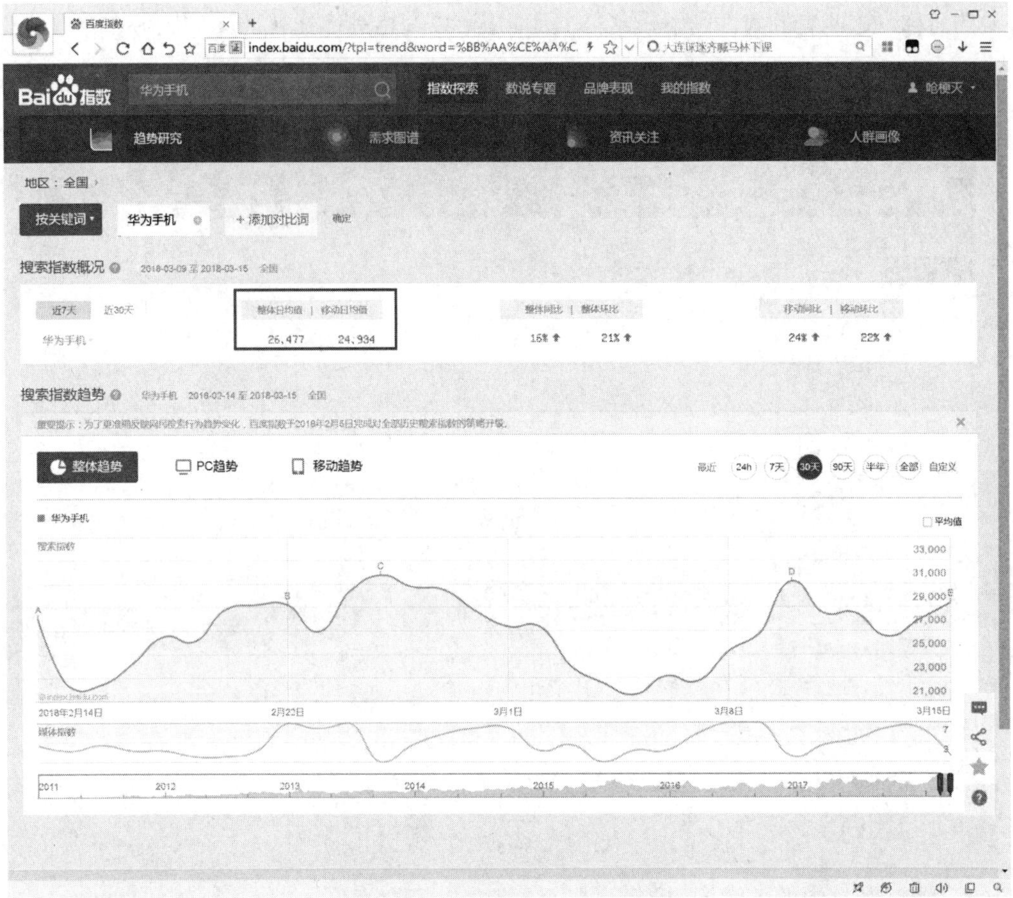

图3-28 "华为手机"日搜索量图

- URL 类型：其他子域名。
- 页面包含数：137000，属十万级，外部支持十分强劲。

如图 3-29 所示为苏宁易购网站的竞争程度情况。

图3-29 苏宁易购网站的竞争程度示意图

可知该网站的竞争力相当强。

综上所述，"华为手机"关键词在苏宁易购网站中是具有相当竞争力的关键词。

（3）描述网站的关键词。

经过（1）和（2）之后能够对关键词进行制定和评估，因此得到了适合苏宁易购"手机馆"页面的一些关键词。

- "手机馆"页面的关键词："手机""手机报价"等。
- "手机馆"热门品牌列表页面的关键词："手机品牌""品牌"等。

- "手机馆"热门机型列表页面的关键词:"品牌+型号名称""品牌名称+手机""品牌名称+手机大全""品牌名称+手机报价""品牌+型号名称""英文品牌+型号名称""品牌+型号名称+报价""品牌+型号名称+图片"等。

(4) 推广网站的关键词。

为了让搜索引擎能优先抓取到网站中相对重要的页面,我们除了建立合理的网站结构外,还需要推广网站的关键词以期达到提高网站访问量的目的。

头部优化主要是对页面标题、描述及关键词标签内容的拟写。

以"华为p10"的产品展示页面为例,介绍头部优化的技巧及方法。

1) 标题标签。

根据前面为产品展示页面筛选出来的关键词,"华为 p10"的产品展示页面标题中需要表达以下关键词:"华为p10""华为p10图片""华为p10报价"及"华为p10评测"。

综合考虑标题长度及关键词词频等因素,应使用以分隔符对标题中的关键词进行组合的方法来表达这些关键词,形式为:"华为p10 报价|图片|评测"。即手机馆的产品展示页面标题形式为"品牌名称+产品型号+图片|报价|评测"。

2) 描述标签。

描述标签内容应该围绕描述主关键词"华为p10"而进行,同时覆盖了所有被选择的辅关键词,即"华为p10图片""华为p10报价"及"华为p10评测",如下所示:

<meta name="description" content="华为p10:提供华为p10手机图片、评论、详细参数等信息;收集了来自全国30多个城市地区经销商提供的华为p10报价信息以及我们团队对华为p10评测详细数据。">

3) 关键词标签。

关键词标签中的内容要按照关键词的重要性进行排列:主关键词"华为p10"出现在最前面,其次是辅关键词"华为p10图片""华为p10报价"及"华为p10评测",如下所示:

<meta content="华为p10, 华为p10图片, 华为p10报价, 华为p10评测" name="keywords">

3.7 习题

1. 选择题

(1) 关键词排名跟以下哪个因素最没有关系( )。

    A. 匹配   B. 相关性

    C. 垃圾外链   D. 域名年龄

(2) 关于百度关键词排名,下面哪个说法最准确( )。

    A. 收录多排名越好   B. 快照快排名越好

    C. PR越高排名越好   D. 权重高排名越好

(3) 一个网页要有排名,必须先被搜索引擎( )。

    A. 收录   B. 认为是原创文章

    C. 检测该页面有大量的反链   D. 检测页面没有flash

(4) 我要做一个网站,主要做重庆租车服务,一般会选择哪个关键词做主关键词( )。

    A. 租车   B. 重庆租车

    C. 重庆南岸区租车   D. 重庆最好的租车公司

（5）在百度搜索一个关键词，相关搜索一般显示（ ）个。

    A．10个   B．8个   C．9个   D．20个

（6）PR值是_____搜索引擎对网页级别的一种评测方法，共分为_____个级别。（ ）

    A．百度、100   B．百度、10   C．Google、100   D．Google、10

2．简答题

（1）简述关键词。

（2）简述关键词密度。

（3）简述关键词密度与页面的关系。

（4）简述关键词的评估原则。

（5）简述关键词的制定过程。

第 4 章
网站页面制作与优化

【本章导读】

本章首先介绍了网站中页面的组成；然后详细介绍了页面中需要优化的各个部分，具体包括标题的优化、导航栏目的优化、内容的优化、图片的优化、代码的优化、布局的优化、音频与视频的优化及页脚的优化。

【本章要点】

- 网站页面的认识
- 网站标题的优化
- 网站导航栏目的优化
- 网站内容的优化
- 网站图片的优化
- 网站代码的优化
- 网站布局的优化
- 网站音频与视频的优化
- 网站页脚的优化

4.1 网站页面的组成

4.1.1 网站页面的认识

扫码看视频

1. 网站首页与分支页面

网站页面的优化是 SEO 的重要部分。一般而言，一个网站由一个首页页面和多个分支页面组成，其中首页页面的制作与优化至关重要。

图 4-1、图 4-2 分别显示了搜狐网站的首页页面和分支新闻页面。

图 4-1 网站的首页

搜狐网站的首页地址为：http://www.sohu.com/。其他分支页面的地址为：新闻 http://news.sohu.com/，时政 http://www.sohu.com/c/8/1460，体育 http://sports.sohu.com/等。点击该首页中的超链接，可以跳转到对应的无数多的分支页面。

2. 页面中内容的组成

从页面结构上讲，一个网页主要由以下几部分组成：

（1）页面的标题部分。页面的标题部分一般放在页面的最前方，能够最精确地总结该页面的内容，如"百度""搜狐""淘宝""清华大学"等，并且在一个页面中只能出现一个标题。

（2）页面的导航栏目部分。页面的导航栏目部分主要用于引导浏览者对页面的继续访问，在一个页面中可以出现多个导航区域，如标题区域的导航和正文部分的导航等。

（3）页面的正文部分。正文部分是页面的主体，用于描述该页面的主要信息。

第 4 章 网站页面制作与优化

图 4-2 网站的分支页面

（4）页面的页脚部分。页脚部分总是出现在页面的最下方，用于记录该页面的制作者信息、联系方式、广告以及附加信息等。

其中页面的正文部分又包含文字内容、图片内容、音频与视频部分等，对网站页面的优化主要围绕以上几部分展开。

图 4-3 至图 4-6 分别显示了该页面中的标题部分、导航栏目部分、正文部分与页脚部分。

图 4-3 网站的标题部分

新闻	军事	社会	体育	NBA	CBA	娱乐	视频	美剧
财经	宏观	理财	房产	二手房	家居	汽车	车贷	车型

图 4-4 网站的导航栏目部分

71

图 4-5　网站的正文部分

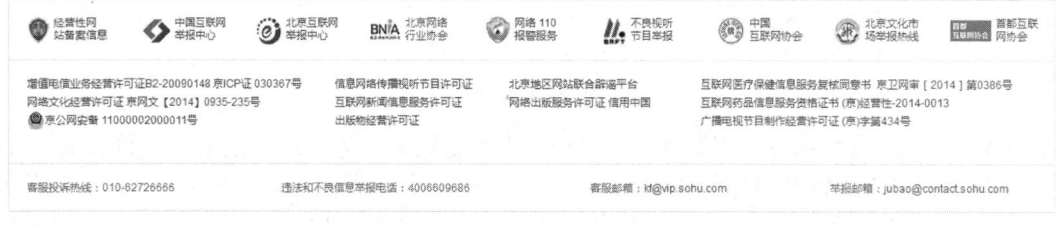

图 4-6　网站的页脚部分

【课堂练习】用浏览器打开一个网站，查看首页的页面结构，并点击超链接访问其他页面。

4.1.2　网站页面制作的基本方式

要优化网站页面，必须要了解目前制作页面的基本方式，会动手制作简单的主页，否则很难深入地掌握 SEO。

（1）网页的制作语言。

制作 Web 中的页面一般使用 HTML 标记语言，再配合 CSS 样式表文件或者 JSP 语言共同完成。HTML 标记语言用于描述网页中的标记组成及页面结构等，目前常用 HTML5 来实现网站的制作。HTML5 制作的网页代码如下：

```
<!DOCTYPE html>
<html lang="zh">
<head>
<title>我的网页</title>
</head>
```

```
<body>
<h1>这是我的第一个标题</h1>
<p>这是我的第一个段落。</p>
</body>
</html>
```

在该页面中，标记<head>表示页面的头部，标记<title>表示页面的标题，<body>表示页面的主体，标记<h1>表示正文中的标题部分，标记<p>表示正文中的其他段落。该页面运行结果如图 4-7 所示。

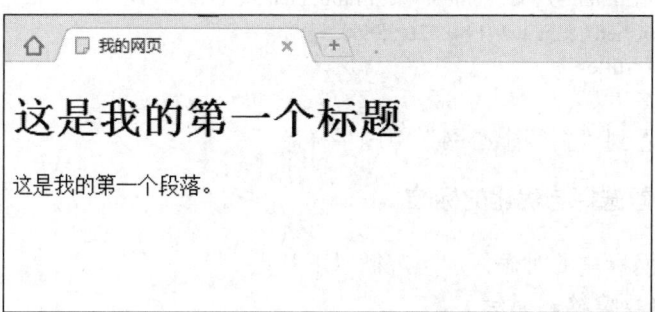

图 4-7　HTML5 制作的页面

（2）网页的制作工具。

目前市场上制作与编辑网页的工具较多，如 Microsoft FrontPage、Dreamweaver、Notepad++、Jbuilder、Microsoft Visual Studio 等，甚至最简单的 Windows 记事本也一样可以制作页面。对于初学者可以使用 Dreamweaver 编辑网页或者练习用记事本来书写网页代码，高级开发者可以使用 Microsoft Visual Studio 编辑网页。

（3）网页的运行。

在完成网页的制作后，将页面另存为"*.html"，即可用浏览器打开运行。文件类型如图 4-8 所示。

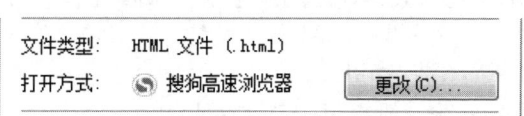

图 4-8　HTML5 文件的保存格式

【课堂练习】用 HTML5 标记语言制作一个网页，书写相关的内容后保存并运行。

4.2　网站标题的优化

扫码看视频

4.2.1　网站标题的意义与书写

网站的标题是对该网站的高度概括，应该精确、简洁。一般来讲，每一个页面都应该有独立的标题，用于对该页面的描述和便于在网络中的搜索。当浏览者打开该网页时，位于浏览器顶端的显示条中显示的就是该页面的标题。图 4-9 显示了清华大学网站首页中的标题。

图 4-9　页面中的标题

在制作 Web 页面的时候，可用标记<title>来描述标题。

下列代码描述了页面中的标题：

<head>
<meta http-equiv="Content-Type" content="text/html; charset=UTF-8" />
<meta name="published" content="1148026.0.99.0" />
<title>新闻中心网</title>
</head>

运行该页面会看到"新闻中心网"标题字样。

4.2.2　网站标题选择与优化的标准

在选择网站页面标题的时候，应当遵循以下几点：

1. 标题的选择要准确、简洁

对每一个页面，首先标题和页面的内容要高度一致、清晰明了，不能节外生枝、含糊不清。对于商业网站来讲，公司的名称或是主要业务可以浓缩为网站的标题。如 IBM 公司网站使用的标题如下：

<title>IBM </title>

该标题清晰易懂，突出地介绍 IBM 的公司名称。

2. 可以使用标题中的关键词组合

为了更加吸引浏览者，网站标题也可以使用关键词的组合。对于关键词的组合，可通过分隔符对 URL 中组成部分的名称进行分割，具体定义如下：

（1）空格" "分隔符。

空格" "分隔符表示在几个关键词之间用空格符来隔开。书写如下：

<title>A B C </title>

例如：<title>男装　女装　童装 </title>

值得注意的是：空格分隔符一般常用在英文站点中。

（2）逗号","分隔符。

逗号","分隔符表示在几个关键词之间用逗号来隔开。在标题中如果包含多个关键词，可使用逗号","分隔符来分隔。书写如下：

<title>A，B，C </title>

例如：<title>男装，女装，童装 </title>

（3）竖线"|"分隔符。

竖线"|"分隔符表示在几个关键词之间用竖线来隔开。在标题中如果仅仅是简单的排列关键词可用竖线"|"分隔符来连接。书写如下：

<title>A| B| C </title>

例如：<title>男装|女装|童装 </title>

(4) 短横线"-"分隔符。

短横线"-"分隔符表示在几个关键词之间用短横线来隔开。在标题中如果几个关键词呈现递进关系的时候，可用短横线"-" 分隔符来连接。书写如下：

<title>A-B-C </title>

例如：<title>男装-苹果服饰 </title>

(5) 下划线"_"分隔符。

下划线"_"分隔符主要用于对国内的百度等搜索引擎进行优化，特别是新手常常使用该符号来组合关键词。书写如下：

<title>视频_ 全集在线观看_完整版视频</title>

在使用标题中的关键词组合时，要正确地运用上述符号。

【课堂练习】请分析下列的网站标题分隔符的不同含义。

- <title>百度一下，你就知道 </title>
- <title>IBM-中国 </title>
- <title>台式机|笔记本|品牌机</title>

【案例分析】请分析该厂商对于网站标题的书写是否合适，如有不合适，请加以优化并说明理由。

重庆老字号食品厂是重庆老字号投资控股集团公司直属企业，2007 年 12 月由重庆老字号宏光食品有限公司出资购买后更名为重庆老字号宏光食品有限公司。该公司经过不断发展，现在已经成为了集饲养、开发、生产、销售及配送各种特色食品为一体的现代化企业。为了更好地扩展互联网业务，该公司打造了自己的网站，并命名为"重庆老字号集团重庆老字号宏光食品有限公司"。<title>标记使用如下：

<title>重庆老字号集团重庆老字号宏光食品有限公司</title>

3. 标题中应包含关键词，并把最重要的内容放在标题的最前面，且不能重复

对于中小企业而言，因为知名度往往不高，因此更应当注重网站标题的命名。使用的标题应当尽可能多地包含公司的主要业务范围，并且尽量避免标题中的关键词堆砌。例如一个从事手机销售与维修的公司制作的公司网站标题，内容如下：

<title>手机|手机报价|手机评估|手机维修|手机大全|手机团购|手机购买</title>

该公司为了提高网站的知名度，便于检索，在标题中堆砌了大量关键词，不妥当，在优化后可以修改为如下内容：

<title>手机|手机报价|手机评估与维修</title>

【课堂练习】有一家公司为了推广视频节目，对该网站的标题进行如下的命名，请问合适吗？

<title>卧虎藏龙视频_卧虎藏龙完整_卧虎藏龙全集在线观看_卧虎藏龙完整版视频</title>

【课堂练习】青岛海尔公司有一个专门的支持售后服务与自助服务的网站，网站的首页如图 4-10 所示，请为该网站命名。

提示：根据公司性质及特征，可以使用的名称为"<title>海尔售后服务与支持-自助服务|海尔官网</title>"。该页面的标题组合了多个关键词，并出现了"海尔官网"的字样，可以给消费者带来一定积极的信息。

图 4-10　售后服务网站首页

4．如果一个网站包含多个页面，则每个页面应当有独立的标题

如果一个综合性的网站中包含多个页面，那么每个页面的名称应当不一样。如淘宝网的首页使用的标题为"<title>淘宝网 - 淘！我喜欢</title>"，在该网站中的淘宝女装页面使用的标题为"<title>淘宝女装</title>"，而该网站的男装页面使用的标题为"<title>iFashion 男装</title>"。从该例可以看出，如果是优化综合性的网站，应当为其中的每一页面设置不同的标题内容，便于搜索引擎的检索。

【课堂练习】有一家名为"鸿运电子有限公司"的电子数码公司。该公司的业务包括手机、智能家电、二手数码、计算机硬件等。请为该公司的首页和其业务的分支页面分别命名。

4.2.3　网站标题优化注意事项

网站的标题都是由关键词组成，因此优化网站的标题就是优化关键词。目前优化网站标题中的关键词需要注意以下几点：

（1）标题字数的长度。整个<title>标题中的内容的长度最好不要超过 30 个字，如在百度搜索引擎中摘要信息的标题长度一般在 56B 左右，超出范围的将会被忽略。因此在制作标题时，一般只放入最关键的内容或是公司名称即可。对有些容易引起歧义的名称，可使用关键词组合来实现。

（2）标题要能满足用户的查询。如果一件商品有不同的称呼，可以使用搜索引擎最常用的称呼，这样最容易被检索到。例如一家种植番茄的公司可在公司网站的标题中注明"西红柿"，这个标题比"番茄"更容易检索出结果。在百度指数里可以对比这两个关键词的检索状况。图 4-11 显示了百度指数里"番茄"和"西红柿"的检索。

从图 4-11 中可以看出，"西红柿"的检索状况要明显好于"番茄"。

（3）避免欺骗用户与搜索引擎行为。对网站标题的命名一定要真实可靠，不能随意夸大或是造假，否则很容易受到搜索引擎的惩罚。例如一家经销电子产品的厂商就不能在标题中随意使用"服饰""运动"等字样。

图 4-11 关键词的百度指数对比

【课堂练习】在百度指数中查询"计算机"和"PC 机"的指数对比。
【课堂练习】在百度指数中查询"重庆"和"渝"的指数对比。

4.3 网站导航栏目的优化

4.3.1 网站导航栏目的认识

网站的导航栏目是网站页面的重要组成部分，它把相同性质的内容放在同一个区域中，以方便用户对该网站的快速浏览。它相当于网站的菜单或是书的目录，主要用来引导用户对该网站的快速浏览。导航栏目根据其所在不同位置可分为页面的频道导航栏目和正文中的内容导航栏目。图 4-12 显示了网易首页中的频道导航栏目，图 4-13、图 4-14 分别显示了正文中的内容导航栏目。

图 4-12 网易首页的频道导航栏目

财经 | 中国在2018年将维持稳健中性的货币政策
福布斯发布2017最能赚钱TOP10 许家印第二
科技 | 数十亿年不晒阳光:地球深层的生命仍然美妙
18岁开始创业，他想用互联网去改变中国人的居住
体育 | 2块钱奇迹!人工智能投足彩22连红狂赚10万倍
香港球迷再嘘国歌 香港足总被亚足联罚款3000美元

娱乐 | 钟铉生前唯一公开的前女友申世景现身灵堂
谢娜织围巾为张杰庆生 甜喊：我最爱的少年
女人 | 专访范雨素：用文学思考命运的女工
张雨绮造型精致复古 率性大方首曝宝宝名字
网易号 | 他一点点地搜集着，世界上最悲伤的地方
关于维也纳新年音乐会，你必须知道的事

图 4-13 网易首页正文中的财经、娱乐版导航栏目

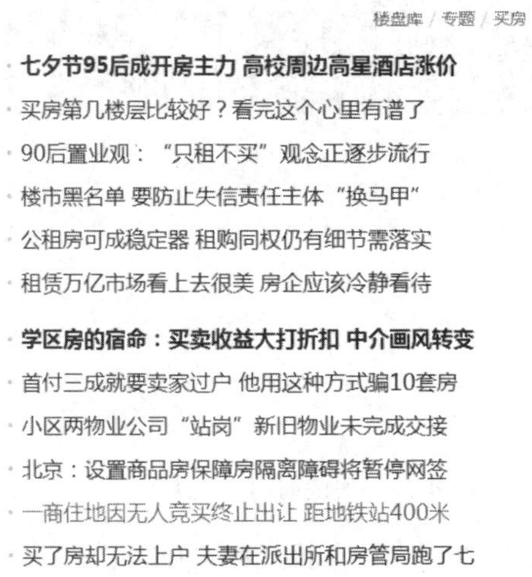

楼盘库 / 专题 / 买房

七夕节95后成开房主力 高校周边高星酒店涨价
· 买房第几楼层比较好？看完这个心里有谱了
· 90后置业观："只租不买"观念正逐步流行
· 楼市黑名单 要防止失信责任主体"换马甲"
· 公租房可成稳定器 租购同权仍有细节需落实
· 租赁万亿市场看上去很美 房企应该冷静看待

学区房的宿命：买卖收益大打折扣 中介画风转变
· 首付三成就要卖家过户 他用这种方式骗10套房
· 小区两物业公司"站岗" 新旧物业未完成交接
· 北京：设置商品房保障房隔离障碍将暂停网签
· 一商住地因无人竞买终止出让 距地铁站400米
· 买了房却无法上户 夫妻在派出所和房管局跑了七

图 4-14　网易首页正文中的房产版导航栏目

对比两种导航栏目，可以发现两者的区别如下：

（1）数量不同。

频道导航栏目一般在网页中只能出现一次，而正文中的内容导航栏目可出现多次。

（2）出现的位置不同。

频道导航栏目一般出现在网页的最前端，引导浏览者对网页的分支页面或是其他区域的访问。而正文中的内容导航栏目一般出现在网页正文主体中，用于引导浏览者对该部分页面的访问。

（3）作用不同。

频道导航栏目用于网页结构中的全局导航，而正文中的内容导航栏目用于网页局部的导航。

【课堂练习】在不同的门户网站中查找导航栏目的设置。

4.3.2　网站导航栏目的优化

1. 导航栏目的页面实现

（1）页面导航的制作。

页面中的导航栏目不管是频道导航或是正文部分的内容导航，目前一般都是用标记<nav>来实现的，具体代码如下：

```
<nav>
  <ul>
  <li class="dao "><h3><a href="#">首页</a></h3></li>
  <li class="dao "><h3><a href="#">机票</a></h3></li>
  <li class="dao "><h3><a href="#">酒店</a></h3></li>
  <li class="dao "><h3><a href="#">旅游</a></h3></li>
  <li class="dao "><h3><a href="#">门票</a></h3></li>
  <li class="dao "><h3><a href="#">团购</a></h3></li>
  <li class="dao "><h3><a href="#">国外团</a></h3></li>
  <li class="dao "><h3><a href="#">联系电话</a></h3></li>
  </ul>
</nav>
```

再通过样式表修饰后，在网页中形成横向或是纵向的导航栏目排列。图4-15、图4-16分别显示了导航栏目的不同排列方式。

| 权威推荐 | 人民网 | 新华网 | 央视网 | 中国网 | 国际在线 | 中国日报网 | 中国经济网 | 光明网 | 央广网 | 求是网 | 中青网 | 网信网 |

图4-15　导航栏目的横向排列

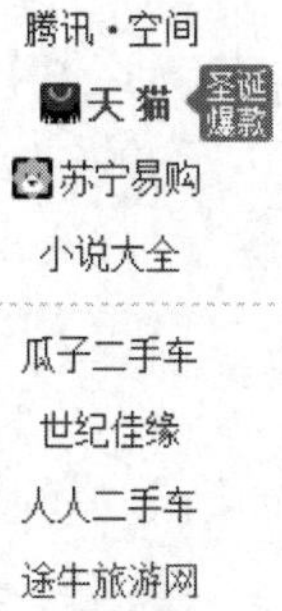

腾讯·空间
天猫　圣诞爆款
苏宁易购
小说大全
瓜子二手车
世纪佳缘
人人二手车
途牛旅游网

图4-16　导航栏目的纵向排列

（2）导航栏目的内容排列。

在搜索网页内容的时候，搜索引擎总是从页面的顶端开始，因此越靠近页面顶部的代码越重要。在设计网站导航栏目时，需要按照导航列表中内容的重要程度或是浏览者关心程度依次罗列出对应的导航名称并加入相应的链接即可实现。

以搜狐网站为例，在制作新闻频道的导航栏目时，依次出现的内容如图4-17所示。

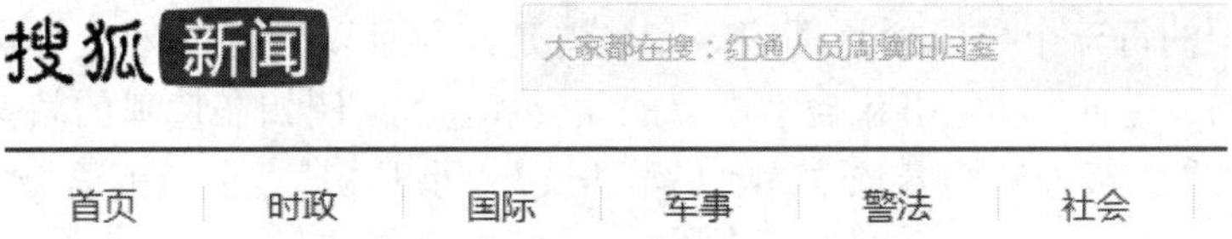

搜狐新闻　　大家都在搜：红通人员周骥阳归案

| 首页 | 时政 | 国际 | 军事 | 警法 | 社会 |

图4-17　新闻频道出现的导航内容

从图4-17可以看出，在新闻频道中从左至右依次出现的导航内容为：首页－时政－国际－军事－警法－社会等栏目。

同样的，在正文中的导航栏目设置上，一般也以时事新闻为主依次出现，对于一些不是特别重要的内容，可以以"更多"方式来形成超链接。图4-18显示了搜狐财经栏目中股票版块的导航栏目。

此外，在制作视频内容的导航时，一般也以社会热点依次排列导航内容。图4-19显示了搜狐新闻中的热点视频导航。

2. 导航栏目的优化方式

在优化导航栏目时，需要注意以下几点：

（1）明确导航栏目的含义，正确划分一级目录和二级目录。

每一个网站首页的主导航栏目都应该设置为该网站的一级目录，导航中尽量使用文字，为了不增加网页的负载最好不要出现图片或者动画。同时在一级目录下适当地设置二级目录，使浏览者的访问更加方便。图4-20显示了在搜狐网站的体育页面中出现的二级导航栏目。

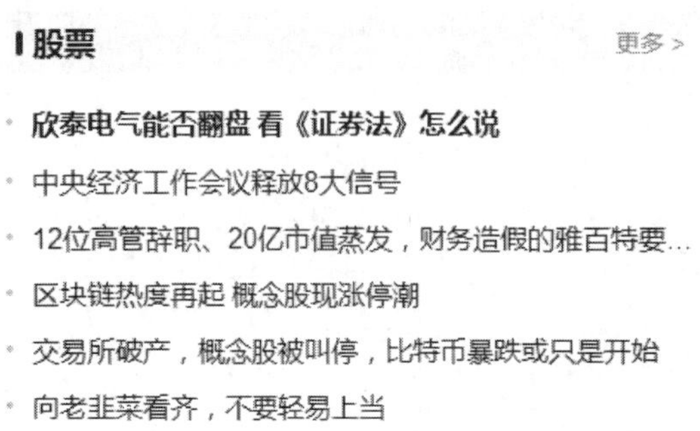

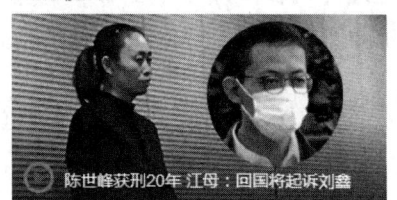

图 4-18　正文部分出现的导航内容　　　图 4-19　正文部分出现的热点视频导航

图 4-20　搜狐网站的体育页面中出现的二级导航栏目

（2）导航栏目中应该以关键词为主，名称清楚。

对于网页中的每一个导航栏目都应该命名清楚，并且以关键词为主。同时为了简洁，不可在导航中堆砌关键词，以免引起搜索引擎的误会和惩罚。例如在搜狐的教育频道中出现的小学栏目，可以设置三级导航内容依次为"小学语文""小升初""小学英语""小学数学"即可，如图 4-21 所示。

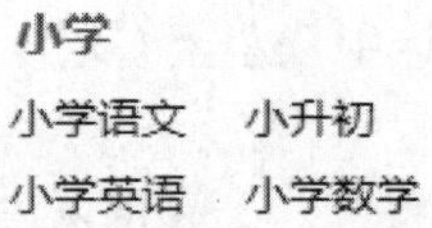

图 4-21　导航栏目的命名

（3）在分支页面中应有导航与主页面的导航对应。

对于在网站中首页所链接的分支页面，应该设置返回首页的导航或是跳转到其他分支页面的导航，以方便浏览者的操作，如图 4-22 所示。

图 4-22　导航栏目的返回及跳转

从图 4-20 可以看出，在搜狐网页中的体育栏目里，可以轻松点击"首页""新闻""军事"

"文化"等不同导航栏目以方便浏览者在网页中自由地切换。

【课堂练习】小明制作了一个体育网站，其中有一个分支页面主题是"乒乓球"，其中包含"乒乓球动态""乒乓球图片""乒乓球明星""乒乓球视频""乒乓球学堂"等栏目，请为他合理地设计该页面的导航栏目。

4.4 网站内容的制作与优化

扫码看视频

4.4.1 网站内容的组成

网站内容是衡量一个网站质量的最重要标准，在 SEO 有一种说法"内容为王"，也表明了搜索引擎对于网站内容的重视程度。目前普遍认为基于网站内容的优化是 SEO 的核心。如果一个网站页面内容较差、原创文章太少、垃圾广告过多的话是很难被浏览者检索到的。因此，做好网站页面内容直接关系到该网站的生存与发展。

目前常见网站的页面内容大致包含以下三类：

（1）标题与文章。网站的内容主要是以文章或者文本方式来传递信息。内容通常由字母、单词、句子、短文及评论组成。

（2）图片及音频视频。随着互联网的不断发展，在网页中可出现少量的图片及音频视频来表达情感，传递信息。

（3）广告。为了盈利，几乎绝大多数的商业网站中都会出现少量的广告内容，广告属于网络营销的一种，在商业网站中出现广告是不可避免的。

【学习导读】百度如何评价网站内容质量。

百度作为最大的中文搜索引擎，对评价一个网站内容的质量有自己的评估机制，并且通过评估把网站内容分为以下五个等级：

- 优秀。主题鲜明，观点正确，内容质量能极好地满足用户需求，编辑制作水平高，编者经验丰富；内容完整而丰富；内容更新速度快而且质量高；信息真实有效而且大量属于原创；安全无毒；广告适中；不含作弊行为和意图。
- 良好。主题鲜明，观点正确，内容质量能较好地满足用户需求，编辑制作水平较高，编者经验较丰富；内容完整丰富；内容更新速度快而且质量较高；信息真实有效而且大量属于原创；安全无毒；广告适中；不含作弊行为和意图。
- 中等。主题较鲜明，观点正确，内容质量能满足用户需求，但制作编辑水平一般，编者经验和专业知识一般；内容较完整但并不丰富；内容更新速度一般，质量一般；信息虽真实有效但属采集得来，转载较多；安全无毒；广告适中；不含作弊行为和意图。
- 合格。主题基本鲜明，观点基本正确，内容质量基本能满足用户需求，但制作编辑水平一般，不能体现出编者的经验和专业知识；内容基本完整但并不丰富；内容更新速度较慢，质量基本合格；信息基本真实有效但属采集得来，转载较多；安全无毒；广告较多；基本不含作弊行为和意图。

图 4-23 显示了搜狐网站中页面内容的组成。

图 4-23　页面内容的组成

从图 4-23 中可以看出，此页面的组成包含了前面提到的三个方面：标题与文章、图片与视频、少量广告。在该页面中文章基本是原创内容，而且主题鲜明，积极向上，因此在百度评估中属于"优等"。但是值得注意的是：由于我国现阶段网站太多，而且制作者水平参差不齐，因此大量的网站内容都属于"中等"或者"合格"。

【课堂练习】小明为一家生产家具的厂商进行网站优化，请你为他选择网站中"产品展示"页面的内容。

- 厂商介绍的文章。
- 厨房设计展示的文章。
- 软体沙发类展示的文章。
- 实木类展示的文章。
- 人气商品的文章。
- 大量产品展示的图片。
- 商品定制的文章。
- 少量产品展示的视频。
- 转载的其他厂商产品的文章。
- 转载的其他厂商产品的视频。

4.4.2　网站文章内容的制作与优化方式

目前，在 SEO 中对网站文章内容的制作与优化主要包含以下几个方面：

（1）网站主题鲜明，内容积极、质量高，浏览者体验好。

主题鲜明是对一个网站页面内容的基本要求，也是最低要求。所谓主题是指网站建设要达成的目标，在页面的设计中要始终围绕这一目标来实施。例如一家旅游公司制作了公司网站，在页面内容的选择中就应该牢牢围绕旅游做文章，针对消费者在旅游中最关心的几个问题进行详细的介绍，页面可包含如下内容：
- 旅游游记分享。
- 自由行攻略。
- 旅游定制及配套服务。

与旅游攻略及旅游服务不相关的内容最好就不要放在页面中，以免引起消费者的反感。图 4-24 显示了蚂蜂窝旅游网站的页面内容导航。

图 4-24　旅游网站内容的主题选择

该网站的首页就紧紧围绕上述三个方面来进行介绍，主题鲜明，值得推广。

网站内容积极、质量高是指该页面能够带给浏览者想要的东西，并把网站中最有特点的一面主动地展示在浏览者面前，整个页面的内容客观、公正、真实，有正能量。在页面中不能有大面积的广告出现及强行浏览者下载 APP 的恶劣行为。例如在综合性的门户网站中，其页面内容的选择都是紧密地围绕着热点新闻、时事新闻来展开，且不得有影响浏览者阅读的广告出现。图 4-25 显示了在新浪首页中的新闻栏目中的内容选取。

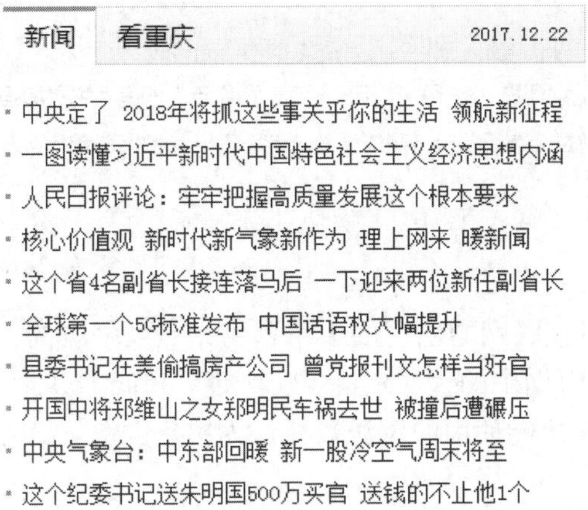

图 4-25　新闻网站内容的展示

在进入到相应的页面时，该页面的内容应当紧密围绕中心论点，用语准确、简练、突出重点。图 4-26 显示了新闻中与明年"楼市"调控相关的文章。

阅读该文章可以发现，文章观点鲜明，内容积极、准确；用语简洁，中心突出；原创性高，并显示了较高的编辑制作水平。

【学习导读】软文。

软文是相对于硬性广告而言，它将宣传内容与文章内容结合在一起，让浏览者在阅读文章的同时不知不觉地就接受了宣传的观点。软文一般由网站中专门的产品营销策划人员书写。

【学习导读】百度蓝天算法。

百度团队对网络新闻类站点中一系列贩卖软文、发布低劣内容、影响浏览者阅读体验的网站进行打击,此举意在还用户一片搜索蓝天,故称为"蓝天算法"。百度蓝天算法使互联网中的大量新闻类站点纷纷改进了网站内容,页面内容真实、客观,易于浏览者的阅读和理解。

一年250余次密集调控后 明年楼市或迎新一轮调整期和降温期

【编者按】在经历了2017年力度空前的强调控之后,各线城市去库存成效明显,作为楼市风向标的北上广深等四大一线城市房价得到有效扼制,涨幅连续14个月回落。20日闭幕的中央经济工作会议明确了2018年房地产重点"加快建立多主体供应、多渠道保障、租购并举的住房制度"。

面对即将到来的2018年,"因城施策"的房地产差异化调控还会频频出台吗?在"租购并举"背景下,"租购同权"会大范围落地吗?土地市场是否会出现新变化?库存相对充足的三四线城市是否会成为楼市新一轮热点?随着2017房企"5000亿"时代的到来,以及千亿房企扩容,房企的并购潮是否会在2018集中上演?这是所有关注中国楼市的人心中揣着的疑问。

每经记者 舒曼曼 每经编辑 魏文艺

12月20日闭幕的中央经济工作会议定调2018年房地产重点工作之一是"加快建立租购并举的住房制度",并有详细表述,意味着明年我国在落实"住有所居"目标上将迈出实质性步伐。

2017年,在密集的强调控背景下,市场对明年的政策走向的追问也更加强烈。2018年的调控力度是继续加强还是会有所放松?明年房地产市场还会有哪些政策出台?

图 4-26 页面对应的文章

【学习导读】百度冰桶算法。

百度移动搜索引擎针对互联网中出现的大量低劣站点及网页的一系列调整办法。在该算法中以用户为中心,调整了页面中的优质资源推广力度,降低了页面中的广告植入频率,减少了用户必须下载相应的 APP 才能使用的资源数量,为用户创造了良好的搜索环境。

(2)制作原创内容。

历来搜索引擎都比较偏爱网站中的原创性内容,在搜索引擎的评估中,原创性文章的权重远大于转载其他网站文章的权重。对于网站内容的原创性应当引起每一个制作者的高度重视。对于原创内容的书写应做到以下几点:

- 站在浏览者的角度思考问题。网站内容的优化永远要站在浏览者的角度来实施。在制作内容时要充分考虑浏览者的阅读体验,文章朴实而生动,具有吸引力和感染力;正确地使用关键词,语句流畅,容易理解。例如在蚂蜂窝网站中有一篇介绍自由行的文章,文章文笔轻松,娓娓道来,详细地介绍在自由行旅途中的见闻,并对浏览者所关心的内容作了细致的说明,因此具有较高的搜索率。
- 对不同的文章类型应区别对待。例如书写技术类的文章和书写新闻时政类的文章就是完全不同的写法,在书写技术类的文章时应当针对浏览者常见的问题作全面的解答,文章应有实用性,介绍全面、具体;而在书写新闻时政类的文章时应当准确、简洁、不拖泥带水，对政策性的语句应准确无误。例如在搜狐科技网页中，有一篇介绍波音无人机的文章，其中有如下的段落：

2015 年，是无人机飞速发展的一年，上线了第一个无人机在线社区飞兽社区，同年美国高通公司也开始发力无人机领域，在 2 月份的时候收购了无人飞行器研发公司 KMel Robotics，同月月底，领投了大疆原消费领域的劲敌 3D Robotics 5000 万美元的 C 轮融资，之后又在 9 月份推出了无人机设计平台 Snapdragon Flight。

Snapdragon Flight 由高端手机处理器 Snapdragon 801、无人机控制板、飞控软件等构成。其功能十分丰富，通过这一个模块就能实现无人机实时飞行控制、4K 视频拍摄、基于 Wi-Fi 和蓝牙的无线通信、基于全球导航卫星系统（GNSS）的位置信息管理等。高通指出，无人机厂商采用该产品之后，可以大大缩短无人机的开发时间，降低制造成本。

阅读后用户可以清楚地理解文章中无人机平台 Snapdragon Flight 的组成及基本特点。

【学习导读】百度星火计划。

2013 年百度搜索与国内几家综合性网站建立联盟，为其提供更好的发展环境和优待政策。该计划中百度所扶持的网站大多数为原创类网站，如人民网、新华网、新浪网、搜狐网、网易网、凤凰网等。对上述网站中的原创性内容给予更高的搜索排序，以展示给用户。

【课堂练习】小明为重庆一家旅游企业进行网站优化，请你为他书写名为"重庆九月自助游"的页面的原创内容，内容包含以下几点：

- 重庆景点介绍。
- 重庆九月天气、气候介绍。
- 出行时间及价格。
- 出行注意事项。

（3）制作转载内容。

在网站中除了可以制作原创内容外，也可以制作转载文章和评论。转载内容是指网站中引用了其他站点内的内容，并得到了一定的许可。

网站内容的转载方式主要是通过对文章的复制、粘贴而实现。但是值得注意是如果一个网站长期大量地转载内容而且缺乏自己的原创性文章，搜索引擎会降低该网站的评级。

在网站内容的转载中，应当坚守网络道德，遵守相关法律，对于转载的内容应指明源网站的名称，并联系作者取得授权。图 4-27 显示了源网站对文章内容转载的要求。

codepen.io

本文仅代表作者观点，不代表百度立场。本文系作者授权百家号发表，未经许可，不得转载。

图 4-27　网站转载内容的授权

从图 4-27 可以看出，如果贸然地复制粘贴其他网站的原创性文章，是一种极不负责任的做法，容易引起纠纷。

因此在制作转载内容时应该注意以下几点：

- 对一个新的网站，或是名气不大的网站，应尽量使用原创性内容，获得搜索引擎的青睐。在搜索引擎评级提高后，再逐渐引用转载的内容。

- 对转载的内容，应尽量使用质量高的文章，或是有价值的、可以吸引浏览者注意的文章。
- 对转载文章应当做一些必要的编辑与处理工作，尽量不要直接复制粘贴。例如要转载一篇文章，标题是"暑假旺季出行指南"，在编辑时可以对标题作适当的修改，将其改为"暑假放假，旺季如何出行？"。该篇文章的标题在不影响内容的基础上，通过各种修饰及润色，可以更好地吸引浏览者。

表 4-1 显示了原创内容与转载内容的主要区别。

表 4-1 原创内容与转载内容的主要区别

	原创内容	转载内容
搜索引擎关注度	高	低
制作过程复杂度	高	低
制作方式	原始创作	编辑修改
网站是否需要	必不可少	需要
内容多少	大量	适量

从表 4-1 可以看出，越是原创性的内容越能引起搜索引擎关注，而适量地转载高质量内容也是网站生存发展的必要手段之一。

【学习导读】百度甄别原创与转载文章的过程。

由于在网络中常常出现大量相似的内容，因此如何在互联网中挖掘原创性内容是目前搜索引擎工作的难点。其算法的基本步骤如下：

- 收集大量内容相似网页进行聚合。
- 对网页中相似内容的作者、发布时间、评论、链接指向、站点原创情况、站点评级情况等方面进行综合评价。
- 通过价值分析系统判断原创内容的价值高低进而最终排序。

（4）及时更新内容。

一个网站不管内容的原创性有多大，文章内容写得质量有多高，对内容的及时更新也是必不可少的。无论是用户还是搜索引擎都不会对一个长期不更新内容的站点产生兴趣，在网站建设中内容更新越快的越能得到搜索引擎的关注。

目前搜索引擎的算法中对站点页面的访问主要是通过 Spider 来获取。如果页面内容更新越快，Spider 对页面的爬行周期就会越短，搜索引擎收录该页面信息就会越及时。

对于大型综合性网站来说至少要一天更新一次页面内容，一般的中小型网站至少要一周更新一次页面内容，如果一个月以上都没有更新站点页面内容的话，以后用户来光顾的频率会大大降低。

图 4-28 显示了搜狐网站页面内容更新的日期和时间信息。

图 4-29 显示了中小型企业网站页面更新的日期和时间信息。

全国教育经费5年投入近17万亿元

2017年12月24日 03:27:33
来源：北京日报 　　　　　　　　　　7人参与　1评论

原标题：全国教育经费5年投入近17万亿元

图 4-28　搜狐网站页面内容的更新日期

广州本地宝 > 广州旅游 > 周边游玩 > 周边游记 > 2017年12月旅游价格指数：年底冰雪游升温

2017年12月旅游价格指数：年底冰雪游升温

发布时间：2017-12-11 11:52　　作者：腹黑帝王攻　　　　　分享到：

【导语】：2017年12月旅游度假价格指数公布，12月全国绝大部分景区都开始执行淡季门票，最高比旺季便宜70%。

图 4-29　中小企业网站页面内容的更新日期

从图 4-28 和图 4-29 可以看出，在同一天打开不同的网站浏览内容时，综合性网站页面内容的更新速度明显更快。

4.5　网站图片优化

4.5.1　网站中的图片描述

图片是网页中的基本组成元素之一，在任何站点的制作中都不可能缺少图片。为了增加网页的视觉效果，一般可以在页面醒目的位置放置图片来更好地吸引浏览者的目光。

在网页中加入图片的代码如下所示：

`<img src="" alt="" width="" height="">`

其中 img 表示图片的 HTML 标记；src 表示图片的链接地址；alt 表示图片的显示属性，当网络不好或者无法显示该图片时，在图片的位置上会出现该图片的描述；width 表示图片的宽度；height 表示图片的高度。如下列语句表示引用了名称为 "4.jpg" 的图片：

`<img src="images/4.jpg" alt=""/>`

（1）图片的命名。

图片的命名一般可以采用中文、英文或者数字，例如梅花图.jpg、photo.jpg、1.jpg 等都是可以运行的。

（2）图片的小大及格式。

在桌面选中图片后我们可以查看该图片的属性。图 4-30 至图 4-33 分别显示了不同图片的大小及尺寸。

图 4-30　3.59kB jpg 格式图片

图 4-31　44.9kB jpeg 格式图片

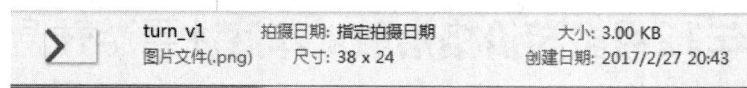

图 4-32　3kB png 格式图片

图 4-33　375kB gif 格式图片

从图 4-30 至图 4-33 可以看出，网络中的图片在格式上、大小上及尺寸上都有区别，下面分别介绍。

- 图片格式。网络中的图片常见格式有 jpeg、png 和 gif，jpg 是 jpeg 格式在媒体中的封存形式。其中 jpeg 是最常用的图片压缩格式，它是第一个国际图像压缩标准，文件体积小并且兼容性好，目前广泛地应用于网络传输中。png 是一种无损压缩的图片格式，它压缩比高，生成文件的体积比 jpeg 更小。gif 是一种网络中常见的用于存储动态图的图片格式，它体积较大。
- 图片大小。图片大小也是指图片的体积，一般来说 png 体积最小，而 gif 体积最大，jpeg 位于二者中间。为了便于图片在网络中的显示及运行，一般应当将图片的大小控制在 600kB 以内。如果图片太大，打开速度会变慢，会影响到用户的体验。
- 图片尺寸。图片的尺寸是指图片的长度和宽度，一般是以像素作单位，如图 4-29 的 300×225 表示该图片的横向为 300 个像素，纵向为 225 个像素。图片的像素越大，分辨率就越高，显示就越清晰，当然所需的体积就会越大。

在网络站点中的图片一般需要使用软件编辑才能更好地满足人们的需要，因此我们可以通过 Photoshop 等软件来进行图片编辑，图 4-34 显示了在 Photoshop 中进行编辑的图片。

在 Photoshop 进行图片编辑时，可以对其大小、尺寸等属性进行改变。图 4-35 显示了使用 Photoshop 设置图片的大小、尺寸。

4.5.2　图片优化主要方式

在网站中对图片优化除了设置图片的大小与尺寸外，主要还是通过设置图片的 img 标记来实现。

（1）SEO 对图片的理解。

图 4-34 Photoshop 编辑图片

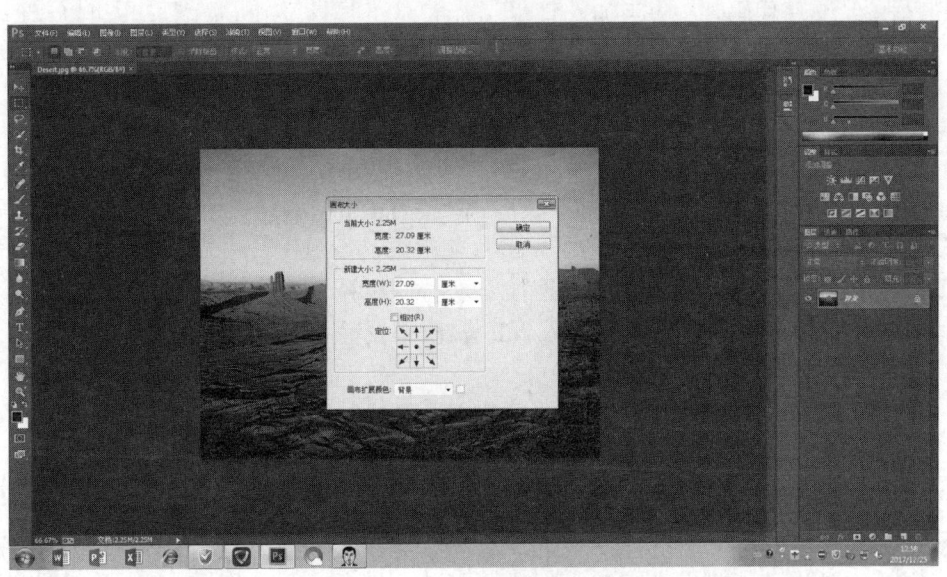

图 4-35 Photoshop 编辑图片尺寸

- 图片类型与大小。
- 图片文件的名称。
- 图片的数量。
- 图片的排列方式。
- 图片的 alt 属性。
- 图片版权。

在 SEO 中主要是通过以上几点来判断网站中图片的价值和搜索的顺序，其中图片文件的名称以及图片的 alt 属性至关重要。

（2）如何优化图片 img 标记。

在站点中对图片的优化除了要选择大小合适的图片外，主要要做到以下两点：

1）准确选择站点中的图片，并且图片与网站主题要吻合。

在选择网站中的图片时，必须要为页面中的不同区域选择不同类型及大小的图片。如在首页最前方应选用公司或厂商的 LOGO 标志图，作为网站的标志性识别图标。图 4-36 显示了联想的 LOGO 图。

图 4-36　LOGO 图

每个企业都应有自己的 LOGO 图标。此外，在页面中的不同位置，应选择不同大小的图片进行产品的说明，或是内容的介绍。

2）正确的使用图片文件中的属性。

在书写图片文件代码时，应当加入对图片描述的 alt 属性及 title 属性，也可以根据情况加上图片的 height 和 weight 属性。

例如在页面中有一个图片描述如下：

\<img src="0012.jpeg"/\>

这样的图片代码是不完整、不清楚的，应当为它加上必要的图片属性。书写如下：

\<img src="0012.jpeg" alt="black-bag" title="men's bag" height="200" weight="150"/\>

在这里加入了 alt 属性来增加搜索引擎的优化效果，当图片无法显示时，会返回一个文字说明"black-bag"，因为图片不能直接被搜索引擎的蜘蛛所识别，必须要加入 alt 属性，才能清楚地让爬行的蜘蛛了解图片的含义；加入 title 属性来设置图片的名称；加入 height 与 weight 属性来设置图片的大小。

【课堂练习】小明为一家生产服饰的厂商进行网站优化，请你为他优化网站中"女装产品展示"页面的图片。img 代码如下：

\<img src="images/女装 01.jpeg"/\>

4.6　网站代码优化

扫码看视频

4.6.1　网站代码优化的意义

在制作网站时，现在一般使用 HTML5+CSS3 以及 Javascript 等语言书写源代码。对于初学者来讲可以利用一些可视化网页开发工具来帮助设计网页内容，如 Dreamweaver、FrontPage 等；而有经验的开发者可以直接使用书写代码的方式来完成网页的开发。在网站制作完成并在互联空间中运行时，由于搜索引擎访问页面的时候主要针对的是网页的源代码，因此为了更好地提高页面的运行速度，加快页面被搜索引擎搜索，需要对页面中的源代码进行优化。

网站源代码的优化工作主要包含以下四点：

（1）网站内容的书写。

（2）简化、合并代码，精简程序。

（3）对网页中的样式表文件的外部调用。

（4）对网页布局中的布局优化。

其中第二步对网页中代码的精简是最重要的一步，下面对这几步作详细的阐述。

4.6.2 网站内容的书写

1. 软件制作和手动书写的区别

目前网页中出现的内容可以通过两种方式来实现：

（1）网页开发软件实现。

（2）直接书写代码实现。

其中第一种方法在制作网页时，由于软件设计工具更加注重结果而不是网页的质量，因此在制作后在页面中会产生大量的垃圾代码，需要设计人员对多余的代码重新整理。例如要将Dreamweaver 中的一个文字的样式加粗，Dreamweaver 很难精确地领会到开发者到底是想使用标记<b>还是使用标记<strong>或是<em>，因此在开发中难免会出现代码多余的现象。这种现象可以通过手动书写代码来清除。因此，如果开发者对网站制作语言熟悉，可以直接书写相关代码来描述网站内容。

2. HTML5 与 HTML4 的区别

在制作与优化网站的时候，应当掌握最新的标记语言 HTML5 及动态网站开发技术，如 jsp、php 等。鉴于目前国内各大门户网站已经开始使用 HTML5 来设计页面，因此制作者应了解 HTML5 与 HTML4 的几大不同点：

（1）网页定义的区别。

HTML5 制作网页的原理与 HTML4 有所区别，HTML5 对标记的定义更加明确，如 HTML5 在网页最开始定义使用如下语句：

`<!DOCTYPE html>`

而 HTML4 定义语句如下：

`<!DOCTYPE html PUBLIC "-//W3C//DTD HTML 4.01//EN" "http://www.w3.org/TR/html4/strict.dtd">`

比较两段代码可以发现，HTML5 的书写更加简洁。

（2）网页编码书写的区别。

HTML5 网页中的编码可使用以下书写方式：

`<meta charset="utf-8">`

而 HTML4 的书写则更加复杂：

`<meta http-equiv="content-type"content="text/html;charset=UTF-8">`

（3）网页中样式表的引入的区别。

HTML5 网页中样式表的引入方式：

`<link href="css/main.css" rel="stylesheet" />`

HTML4 网页中样式表的引入方式：

`<link type="text/css" rel="stylesheet" href="main.css">`

（4）网页中语义的标记的区别。

HTML5 页面布局与传统的 Web 页面有所区别，HTML5 页面布局方式如图 4-37 所示。

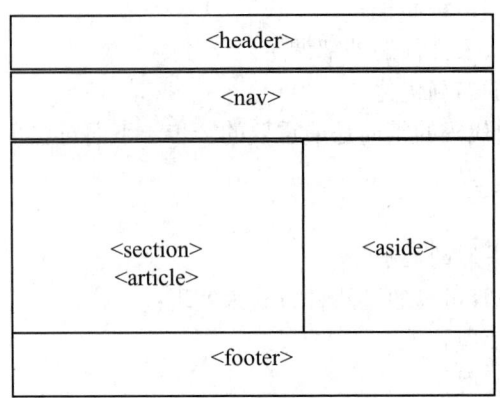

图 4-37 HTML5 的语义标记

在 HTML5 中，在页面布局中的每个标记都有明确的含义，如<header>表示网页的头部区域，<nav>表示网页的导航区域，<section>和<article>标记表示网页的主内容区域，<aside>表示网页的附加内容区域，<footer>表示网页的页脚区域，如果用文字描述，如图 4-38 所示。

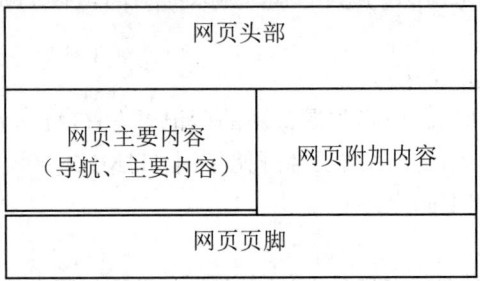

图 4-38 HTML5 的明确语义标记

对比 HTML4 制作的网页，如图 4-39 所示。

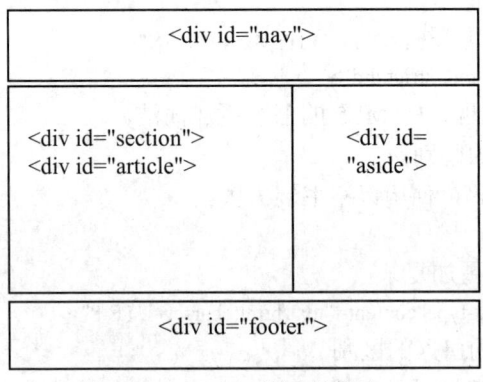

图 4-39 HTML4 的网页书写

可以看出，使用 HTML5 制作的网页因为具有明确的含义，因此在互联网中可以更好地被搜索引擎检索，其标记的主要特点如下：

<header>：搜索引擎更容易识别站点的类型。

<nav>：搜索引擎可以更好地了解网站的信息架构与分类组成。

<section>：搜索引擎更好地了解网页的结构是如何划分的。
<article>：搜索引擎更方便地识别网页的内容以及判断相关性。
<aside>：搜索引擎更容易识别网页中的主要内容区域与次要内容区域。
<footer>：搜索引擎更容易识别网页中的页脚信息和站点的版权信息。

此外，在 HTML5 中，还引入了<audio>音频标记和<video>视频标记，可以让搜索引擎更好地检索网站资源中的音频与视频。

4.6.3　网站 CSS 代码的精简与重组

CSS 样式表主要用来设置网页中的格式，在页面中增加 CSS 可以对页面中的布局、字体、颜色、文本样式、背景等进行精确的控制，以便让网页更好地展示在浏览器中。在本节中主要从 CSS 的书写位置、CSS 代码的命名、CSS 代码的合并、CSS 代码的规范化等多方面介绍网页中的 CSS 优化。

（1）CSS 的书写位置。

CSS 在网页中的链接主要有两种方式：内部 CSS 文档和外部 CSS 文档。

1）内部 CSS 的书写与优化。

内部 CSS 的书写是指把 CSS 样式内容直接放在页面的头部，用标记<style>来标明，例如：

```
<!DOCTYPE html>
<head>
<meta charset="utf-8">
<title>最美山村</title>
<style>
#alex
{
    text-align:center;
    color:red;
}
</style>
</head>
<body>
<p id=" alex ">中国最美的山村 1</p>
<p>中国最美的山村 2</p>
</body>
</html>
```

值得注意的是：如果把样式表内容直接写在网页的头部，会使得该页面体积变大，并使页面中的重要信息变得不利于检索，因此一般不提倡把 CSS 内容直接放在网页头部。

2）外部 CSS 的链接与优化。

外部 CSS 的书写是指在网页中引入外部的 CSS 文档，并将引入的代码写在网页的<head>部，用标记<link>来链接，例如：

```
<!DOCTYPE html>
<html>
<head>
<meta http-equiv="Content-Type" content="text/html; charset=UTF-8" />
```

```
<title>出行指南</title>
<meta charset="UTF-8" />
<meta name="apple-mobile-web-app-capable" content="yes" />
<meta name="apple-mobile-web-app-status-bar-style" content="black" />
<meta content="telephone=no" name="format-detection" />
<meta name="viewport" content="width=device-width,initial-scale=1.0,minimum-scale=1.0,maximum-scale=1.0,user-scalable=no" />
<meta name="keywords" content="景点门票，特价机票，酒店预订，出境度假，自助游" />
<meta name="description" content="同程旅游是中国领先的手机一站式旅游预订平台" />
<!-- 公共样式表 -->
<link rel="stylesheet" href="css/common.css" />
<link rel="stylesheet" href="css/main.css" />
</head>
```

值得注意的是：在链接外部 CSS 文件的时候，可以在头部放入多个 CSS 文件，用来存储不同的样式表信息，如 common.css 样式表为基本样式表，主要存储网页中的基本样式设置，包含网页基本字体、背景颜色、超链接样式等。而 main.css 样式表为核心样式表，主要存储网页中的核心元素设置，包含网页中的各种元素位置、大小、浮动、颜色、链接方式等。如果该网站比较复杂，还可以增加另外的 CSS 样式表，图 4-40 显示了在一个网站页面中链接的多个 CSS 样式表。

名称	修改日期	类型	大小
base	2014/5/22 12:12	层叠样式表文档	1 KB
common	2014/6/15 14:24	层叠样式表文档	2 KB
hea	2014/5/22 12:17	层叠样式表文档	1 KB
main	2017/3/28 10:42	层叠样式表文档	1 KB
sho	2014/5/22 11:58	层叠样式表文档	2 KB

图 4-40　页面中链接的样式表文件

在优化 CSS 样式表的时候，一定要根据不同表的功能分别书写，切记不要把所有的样式内容全部写在一张表中。

（2）CSS 文件及样式的命名与优化。

在进行站点中页面的 CSS 文件及样式优化时，需要做到以下几点：

- CSS 文件统一地放在根目录中的 CSS 文件夹里，并将该文件夹命名为 css。图 4-41 显示了 CSS 样式表的目录文件。

名称	修改日期	类型	大小
css	2017/4/18 0:51	文件夹	
images	2017/4/18 0:51	文件夹	
0312	2017/4/18 9:13	HTML 文件	3 KB

图 4-41　站点中的样式表文件

- 根据不同的样式表文件书写对应的样式文档，如在 common 表中可设置网页中最基本的元素样式，如下所示：

```
html {
    color: #333;
    background: #fff;
    -webkit-text-size-adjust: 100%;
    -ms-text-size-adjust: 100%;
    -webkit-tap-highlight-color: rgba(0,0,0,0)
}
body,dl,dd,div,ul,ol,h1,h2,h3,h4,h5,h6,form, p,blockquote, form{
    margin: 0;
    padding: 0
}
```

值得注意的是：对网页中具体元素的样式设置一般不要直接放在 common 表中，而是书写在 main 表中，如图 4-42 所示。

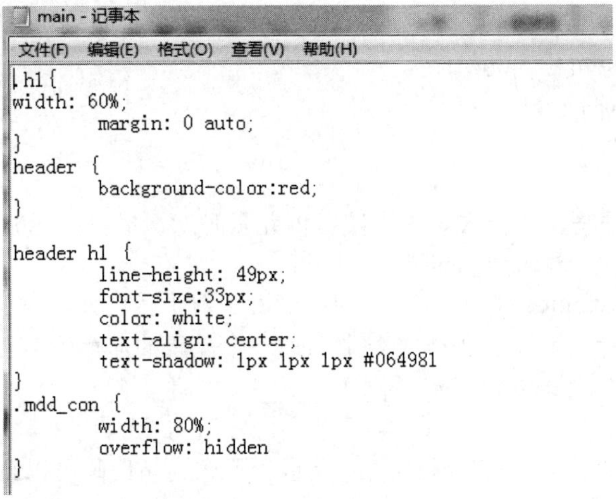

图 4-42 main 表中的 CSS 书写

- 为了便于优化，在 HTML5 中的标记在命名时应当由字母、字母+数字、_字母、字母-字母、字母_字母等方式组成，例如：<header class="h1">；<section class="mdd_con">；<div class="slider-wrapper">；<div class="list">；<ul class="mdd_silde">等。

值得注意的是：在标记命名时不能使用纯数字的命名，例如<section class="123">。

（3）CSS 代码的合并与缩写。

在书写 CSS 样式表的时候，为了节约字节空间，通常应采取代码合并的方式，基本书写方式如下所示：

- 将不同的选取器中的相同代码提取出来并写进一个新的选取器中，例如：
  .al{border:1px solid black;padding-left:435px; margin-bottom:1px; background:yellow;}
  .bl{ border:1px solid black;padding-left:435px; margin-bottom:1px; background:red;}
  .cl{ border:1px solid black;padding-left:435px; margin-bottom:1px; background:pink;}
  可以简写为：
  .al, .bl, .cl{ border:1px solid black; padding-left:435px; margin-bottom:1px;}
  .al{ background:yellow;}

.bl{ background:red;}
.cl{ background:pink;}

- 颜色的缩写，16进制的色彩值，如果每两位的值相同，可以缩写一半，例如：
  #000000
  可以缩写为：
  #000
- 盒模型的缩写，16进制的色彩值，如果每两位的值相同，一般可以缩写，例如：
  mrgin-top:30px; mrgin-right:20px; mrgin-bottomp:10px; mrgin-left:30px;
  可以缩写为：
  margin：30px 20px 10px 30px
- 字体的优化，在设置字体样式的时候也可以采用缩写的方式来实现，例如：
  font-style:normal;font-size:33px; font-weight:bolder; font-family:sans-serif
  可以缩写为：
  font: normal 33px bolder sans-serif
- 元素边距与高度的缩写，在样式表最开始设置元素的边距和高度时，可以将元素的边距和高度一起缩写，例如：
  p{widtg:auto;height:auto}
  可以缩写为：
  p{widtg:auto; }
- 行内元素的缩写，在样式表中设置行内元素时默认值可以忽略不写，例如：
  span{display:inline};a{ display:inline }
  可以将 display:inline 代码去掉，因为在 CSS 中对于行内元素默认的就是 display:inline。
- 清除浮动元素的干扰，在样式表中如果一个元素的前后没有浮动元素的干扰，那么 clear:both 语句可以忽略不写，例如：
  #footer{clear:both}
  如果#footer 的前后没有出现浮动的元素，那么这句代码可以删掉。

【课堂练习】小明为重庆一家旅游企业进行网站优化，请你为他优化以下的 CSS 代码。
```
body,ul,p,h1,h2,h3,dl,dt,dd,li,input,textarea,button ,table,p,form{
    margin: 0;
    padding: 0;
    word-break: break-all
}
.b{
    padding-right:110px; border:1px solid black;
}
.c{
padding-right:110px; border:1px solid black;
}
.d{
padding-right:110px; border:1px solid black;
}
.e{
padding-right:110px; border:1px solid black;
}
```

4.6.4 Javascript 的优化

在站点前端的页面设计中，常常需要书写 Javascript 代码来增加网页的互动性，但是到目前为止搜索引擎对 Javascript 代码的处理还不是特别理想，因此为了提高网页的运行速度和被检索的速度，应当尽量减少对 Javascript 代码的使用。特别是在百度搜索引擎中，大量使用 Javascript 代码会对网页产生以下负面影响：

- 干扰搜索引擎中的蜘蛛爬行算法，影响蜘蛛对网页内容的分析。
- 影响网页的权重，对排名不利。

因此，为了网页更好地被搜索引擎所检索，应当在页面中尽量少使用 Javascript 代码，如果非用不可，需要注意以下几点：

（1）将 Javascript 代码内容保存到外面的文件中，在页面中调用，这样会精简代码，加快页面的运行速度，例如：

```
<script src="js/jquery-1.8.3.min.js"></script>
```

（2）如果 Javascript 代码较少，也可以直接放在页面中，但是最好不要放在页面头部，可以放在页脚靠上的位置，例如：

```
<script type="text/javascript">
            $(".btn").mouseenter(function(){
                //2.离开 bun 时还原属性
//              $(".btn").removeClass('bottom','left');
//              $(".btn").css({right: "0"});
              $('.imgShow').css('display','block');
              $(".trueshow").css('display','none');
//            $(".btn").css(",");
            })
//          $(".btn").mouseleave(function(){
//              $(".btn").css({background:'rgb(74,179,68)',color:'white'});
//          });
            $(".bun").mouseenter(function(){
                //1.进入 bun 时添加属性到 btn
                $(".imgShow").css('display','none');
                $(".trueshow").css('display','block');
            });
        </script>
        <!--控制按钮 end-->
            <div class="footer">
        <div class="footer_content">
                <li><div class="img"><img src="img/address.jpg" /></div>
                    <span>邮箱地址：XXXXXXXXXXX</span>
                </li>
                <li><div class="img"><img src="img/place.jpg" /></div>
                    <span>地址：XXX 市 XXX 区\镇 XXX 街 XXX 号</span>
                </li>
                <li><div class="img"><img src="img/phone.jpg" /></div>
                    <span>电话：XXXXXXXXXXX</span>
```

```
                </li>
            </div>
            <div class="footer_nav">
                    <li>首页 |</li>
                    <li>关于我们 |</li>
                    <li>景观工程 |</li>
                    <li>创新艺术 |</li>
                    <li>新闻中心 |</li>
            </div>
```

4.7 网站布局优化

4.7.1 网站布局优化的意义

网站布局设计是网站设计中的重要环节,它不仅要实现网站的功能性和实用性,还要满足浏览者的审美需求。在网站的布局设计中,制作者应当提供给浏览者视觉上的享受和对网站美的欣赏。一般来讲,网站布局主要包含以下几个方面:

(1)页面整体结构排列及页面大小设置。
(2)页面颜色及字体设置。
(3)页面文字、图片及多媒体的放置效果。

其中页面整体结构排列是最重要的网站布局,也是最值得优化的部分。

4.7.2 网站布局优化的实现

(1)网站布局步骤。

一般来讲,网站布局的实现主要分为以下三个步骤:

- 网站主题的分析、网站风格的确认以及网站架构的设计。对于每个网站都要首先确定该网站的类型和风格,如科技类网站、旅游类网站、新闻类网站等。再根据不同网站的类型设计不同的页面架构,并简单地描述出来。
- 草案(粗略的布局与设计)。这一步骤主要是在软件上搭建网站布局并用浏览器实现。在设计实施中,制作者要把握网站的整体风格,从宏观上设计网站,要做到实用性与美观性的统一。
- 页面后期的美化。在网站布局实施以后,接下来要进行对网站页面的美化。要对页面中的字体、边框、区域颜色、段落间距、图片大小等进行美化,以达到较好的显示效果。

(2)网站布局类型。

网站中常用的页面布局方式主要有以下四种:

- 上中下结构布局。上中下结构布局简单实用,主要用在新闻页面或是商品信息网站页面等。该布局方法分为头部标题内容、中部正文内容和底部页脚信息内容。用HTML5代码描述如下:头部,<header>;中部,<section>;底部,<footer>。也可以用 div 描述:头部,<div id="header">;中部,<div id="main">;底部,<div id="footer">。图 4-43 显示了上中下结构布局。

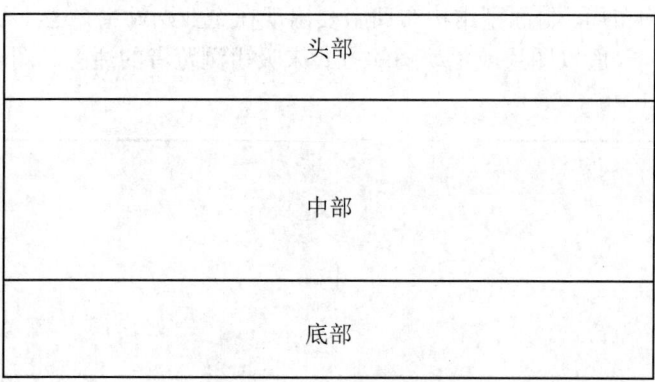

图 4-43 上中下结构布局

- 左中右结构布局。左中右结构布局是把页面从左到右分为多个区域,每个区域描述不同的信息,左中右结构布局主要用于商品的展示及新闻类页面中。图 4-44 显示了左中右布局。

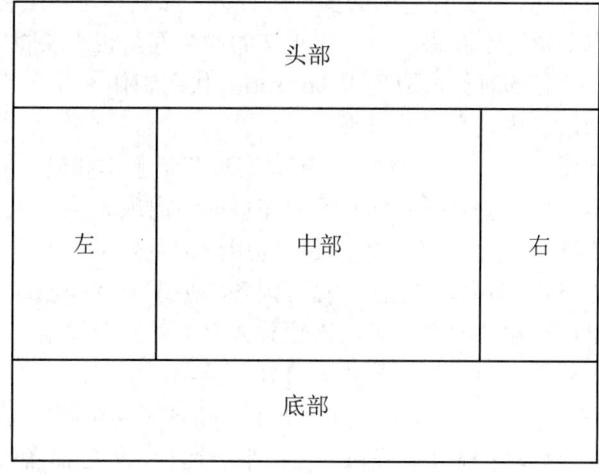

图 4-44 左中右结构布局

- "国"字形结构布局。"国"字形结构布局是综合网站常用的一种布局方式,它结合了前两种布局的优点,在该种布局结构中页面内容的表现显得多样化。图 4-45 显示了"国"字形结构布局。

图 4-45 "国"字形结构布局

- 封面型结构布局。封面型结构布局主要出现在企业网站中，这种布局结构简单，页面美观大方，一般以图片或是动画的方式来吸引浏览者的注意。图 4-46 显示了封面型结构布局。

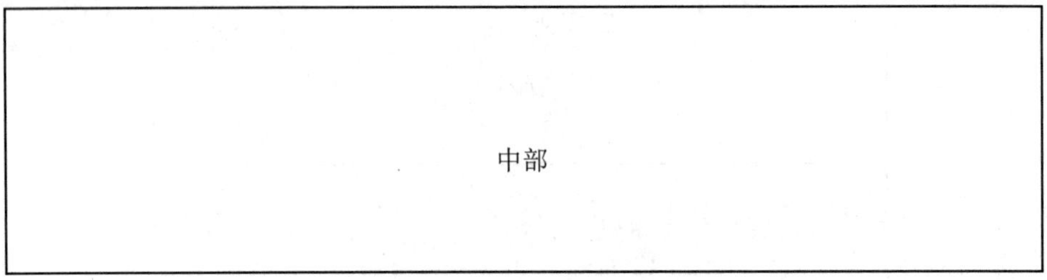

中部

图 4-46　封面型结构布局

【课堂练习】请思考上中下结构布局与左中右结构布局的主要区别。

【课堂练习】请上网查找封面型结构布局的网站并记录。

（3）网站布局优化方式。

在网站布局完成后，应当从网站风格、图文搭配、段落排版等方面对网站进行布局结构的优化，一般主要有以下几步：

- 网站风格与颜色的搭配。对于不同类型的网站，应当有不同的颜色来显示出其不同的风格。如科技类网站的页面布局主要由蓝色和黑色组成，教育类网站主要由白色和蓝色组成，新闻类网站主要由红色和白色组成等。
- 图文搭配。图文搭配是指在网站布局中，对页面中的重要内容应当配上必要的图片加以说明，如产品的图示、公司的 LOGO 图标、图书的出版信息等。在图文排列时，一般应将图片放在较为醒目的位置，如页面最上方或左侧。对图文搭配部分的文字内容，应尽量使文字部分的字体与图片内容相吻合，易于浏览。
- 段落排版。在页面文字的排版中，应当充分考虑浏览者的视觉感受，对标题部分、小标题部分一定要突出效果。对于较长的段落应当适当地分行显示，以降低浏览者的视觉疲劳度。
- 广告与内容的搭配。对页面中的必要广告部分，应当尽量将广告放在页面的四周，如右上角或是右下角，不要将广告放在正文的最中间，也不要将广告放在网站标题旁。此外，在制作广告的时候，应使用 Javascript 代码制作，并将其设置为浏览者可以通过点击来关闭，以达到良好的效果。
- 页面功能的优化。网站中每个页面一定要实现其最基本和最主要的功能，如返回按钮一定要醒目，可跳转到相应的页面；不要在页面中出现无法打开或是无法浏览的字样。

【课堂练习】请为下列的文字部分设置较好的用户浏览效果。

证券时报 01 月 11 日讯 据中国政府网消息,国务院总理李克强当地时间 1 月 10 日下午在金边和平大厦出席澜沧江－湄公河合作第二次领导人会议并发表讲话。李克强指出,过去一年,中国经济延续了稳中向好的发展态势，整体形势好于预期。全年国内生产总值预计增长 6.9% 左右；大城市城镇调查失业率创多年来的最低；进出口扭转了连续两年下降的局面；财政收入、居民收入和企业效益明显好转；债市、股市、房市平稳运行，外汇储备持续增加，企业杠杆率稳中有降。中国经济之所以能有这样良好的表现，关键就在于我们坚持不搞"大水漫灌"式强刺激，着力推进供给侧结构性改革，不断创新和完善宏观调控，大力培育发展新动能。当前中国经济已由高速增长阶段转向高质量发展阶段，创新引领作用进一步增强，消费结构、产业结构加快升级，城乡、区域协调发展，全面开放新格局加快构建，蕴藏着巨大的市场、增长、投资、合作机遇。

提示：将段落分行，加入标题并设置不同的文字大小。

【课堂练习】请为下列页面内容在合适的位置加入广告。页面如图 4-47 所示。

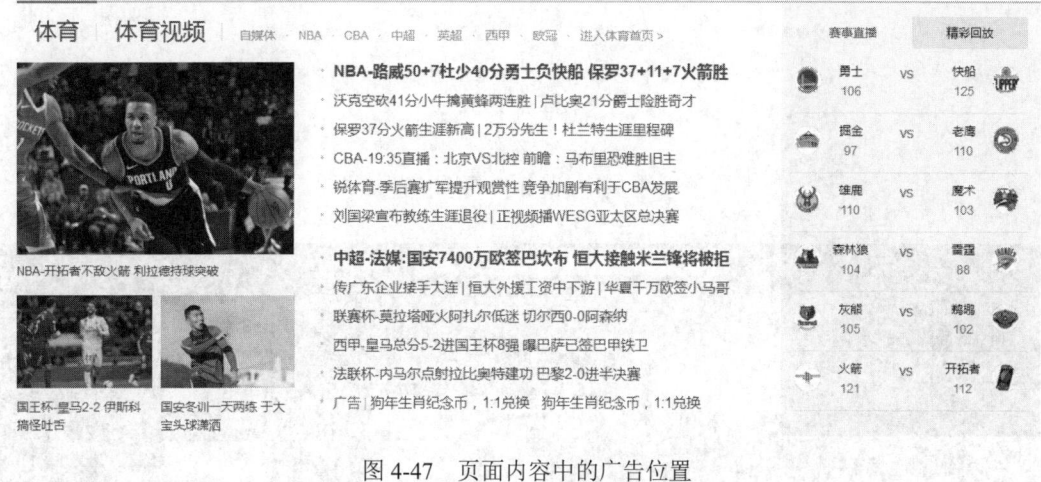

图 4-47　页面内容中的广告位置

4.8　网站中的视频优化

4.8.1　网站中的视频介绍

随着互联网的不断发展，网站中的音频与视频技术也越来越受到用户的欢迎。在制作页面中的音频与视频时，首先要认识到其主要有以下两个优点：

（1）浏览者易于接受，感兴趣。与传统的文字显示方式相比，视频的使用使页面更加生动、活泼，更能让人对该网站的内容产生兴趣。

（2）符合时代的发展，是面向未来的搜索引擎的工作目标之一。虽然目前各大搜索引擎还是将文字信息的搜索放在首位，但是随着移动互联网的不断发展，语音搜索必将取代文字搜索，成为人机交互的重点。

图 4-48 显示了目前在百度搜索中出现的主流视频网站。

图 4-49 显示了爱奇艺中的大学英语视频。

从图 4-48 和图 4-49 可以看出，目前在互联网中的视频播放主要还是要借助第三方视频网站来进行，例如腾讯视频、爱奇艺视频、土豆视频、百度视频等。因此企业要想自己的视频吸引浏览者就必须要将视频文件上传到以上的第三方网站中，并进行必要的优化，才能被浏览、被分享，从而获得广告，为企业带来利润。

图 4-48　主流的视频网站

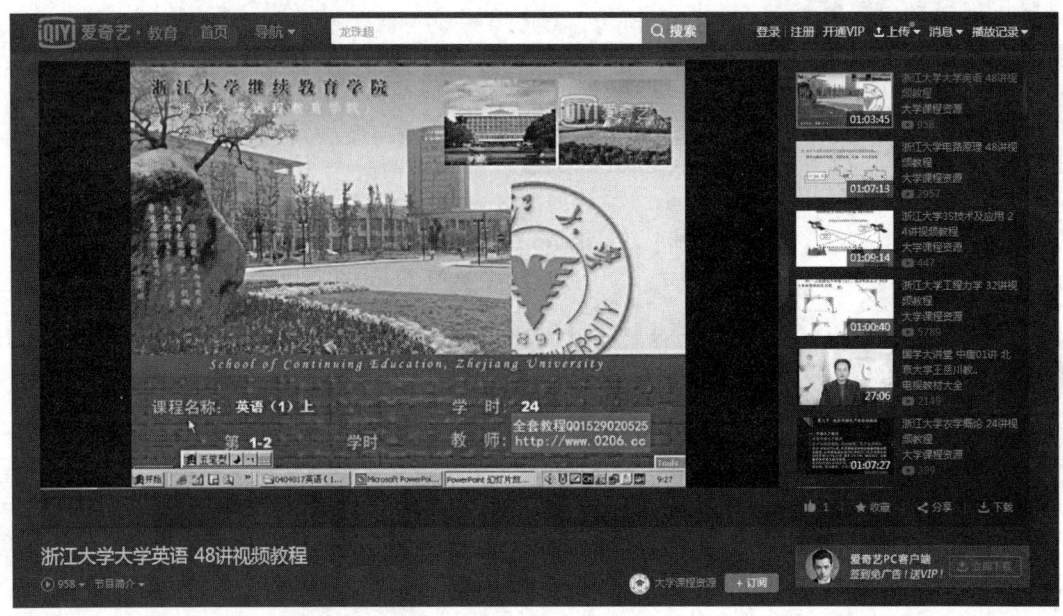

图 4-49　爱奇艺网站的视频内容

4.8.2　网站中的视频优化方式

要优化网站中的视频，首先要了解视频文件的基本信息。在计算机中选择一个视频文件，名称是"旅游网站的制作"，如图 4-50 所示。

单击该文件，会发现该视频存在如下信息，如图 4-51 所示。

从图 4-51 可以看出，视频文件的基本信息主要有：

- 视频名称。
- 视频类型。
- 视频长度。
- 视频大小。

- 视频帧宽度。
- 视频帧高度。
- 视频分级。
- 视频创建日期及修改日期。

图 4-50　计算机中的视频文件

图 4-51　视频文件的基本信息

对于视频文件的优化主要从以下几方面进行：

（1）标题及视频标签。

在搜索引擎优化中，视频的标题非常重要，要有技巧性的给视频文件命名。对于有可能在网络中出现重名的视频名称，应当加上后缀或是特有的标签，以示区分。如命名视频文件为"高等数学"，在网络中搜索会出现无数多的重名，因此需要在标题中加上标签："高等数学_公共课程视频教程_第一视频教程网"，这样可以便于搜索引擎的搜索。

（2）点击次数。

点击次数是指该视频文件在网络中被打开并运行的次数，一般来讲视频的点击次数直接反映了该视频受欢迎的程度，搜索引擎也会对点击率高的视频更加重视，并给出较高的排名。图 4-52 显示了视频文件在网络中的点击次数。

从图 4-52 可以看出，不同的视频文件被浏览者点击的次数是不同的。越是受欢迎的视频，被搜索出来的频率也越高。

（3）发布的场合。

受到欢迎的视频网站一般来讲视频文件都极为丰富。因此要想让搜索认可网站中的视频文件，需要不断提升该视频的知名度，如在不同的网站中发布不同的视频文件，在网站中制作大量的视频文件等，以引起搜索引擎的关注和认可。在发布中，可以大量地转载其他网站制作的原创视频，以吸引浏览者的观看。

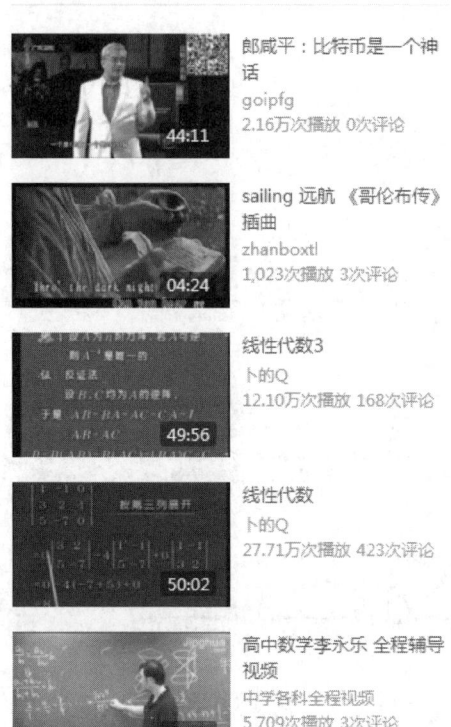

图 4-52 视频的点击次数

（4）视频文件制作的质量。

视频文件制作的质量与用户的点击率和排名密切相关。要想让网站中的视频文件受欢迎，一个最关键的做法就是不断提升视频的质量。视频质量的好坏主要由以下两点决定：视频的录制清晰程度和视频的内容相关性。在制作视频时，需要尽量录制画面质量好、内容完整且丰富的视频。

（5）视频文件的格式

为了更好地在网站中运行视频文件，在制作完视频文件后，应当尽量多地使用不同的浏览器来运行，查看该视频文件在网页中运行的质量。一般来讲，目前常用的视频文件有 AVI、FLV、WAV、MP4、WMV、OGG 等多种格式。值得注意的是：如果要在移动端运行视频，必须要使用 ogg 或者 mp4 格式的文件。

【课堂练习】张明老师在校园网站录制了几个学习的视频，课程名称是"HTML5 编程技术"，请为他制作该视频文件的标题及标签，并为他选择合适的视频格式，以便于学生在手机中浏览。

4.9 网站页脚的优化

4.9.1 网站中的页脚意义

页脚一般位于一个网站的最底端位置，也是制作者在优化页面内容时最容易忽略的地方。

在页脚中能显示大量对网站有用的信息,如公司简介、联系方式、公司版权等,以及少量的外部链接。掌握网站中页脚的优化能够为网站带来诸多好处。

4.9.2 网站中的页脚优化方式

对网站中页脚部分的优化主要从以下几方面进行:

(1)页脚部分的排版及显示效果。

网页页脚内容一般不需要设计得太过于复杂,与网页的导航及标题部分不同,在页脚部分只要包括该页面的基本信息即可。如图 4-53 所示为腾讯网的页脚部分。

关于腾讯 | About Tencent | 服务协议 | 隐私政策 | 开放平台 | 广告服务 | 商务洽谈 | 腾讯招聘 | 腾讯公益 | 客服中心 | 网站导航 | 客户端下载 | 版权所有
深圳举报中心 | 深圳公安局 | 抵制违法广告承诺书 | 阳光·绿色网络工程 | 版权保护投诉指引 | 广东省通管局
粤网文[2017]6138-1456号 新出网证(粤)字010号 网络视听许可证1904073号 增值电信业务经营许可证:粤B2-20090059 B2-20090028
新闻信息服务许可证 粤府新函[2001]87号 违法和不良信息举报电话:0755-83765566-9 粤公网安备 44030002000001号
Copyright 1998 - 2018 Tencent. All Rights Reserved

图 4-53 腾讯网的页脚

在页脚部分的代码书写中,可以使用与网页导航栏相似的结构,代码如下所示:

```
<footer class="Foot">
<ul class="link">
<li><a href="#">关于我们</a></li>
<li><a href="#">联系我们</a></li>
<li><a href="#">联系客服</a></li>
<li><a href="#">合作招商</a></li>
<li><a href="#">营销中心</a></li>
<li><a href="#">手机服务</a></li>
<li><a href="#">友情链接</a></li>
<li><a href="#">客户端下载</a></li>
<li><a href="#">版权所有</a></li>
<li><a href="#">社区服务</a></li>
</ul>
</footer>
```

在排版中,只需将页脚的文本部分整齐地排列在页面中间即可。值得注意的是:如果是企业的网站,在页脚部分的锚文本不要写太多,应当自然。

(2)页脚部分链接的安排。

在页脚部分的链接使用中,一般是将文字以关键词的方式进行链接,以方便用户在浏览中随时可以跳转到对应的页面。此外在链接的制作中应仔细检查所有的链接,以防出现死链或者空链。

(3)页脚部分图片的放置。

在页面的页脚部分最好不要插入图片,如果非要使用图片的话,数量最好不要超过三幅。此外插入图片的大小也不宜过大。

4.10 本章小结

（1）网站页面的优化是 SEO 的重要部分。一般而言，一个网站由一个首页页面和多个分支页面组成，其中首页页面的制作与优化至关重要。

（2）从页面结构上讲，一个网页主要由以下几部分组成：页面的标题部分、页面的导航部分、页面的正文部分、页面的页脚部分。

（3）网站的标题是对该网站的高度概括，应该精确、简洁。一般来讲，每一个页面都应该有独立的标题，用于对该页面的描述和便于在网络中的搜索。优化网站标题中的关键词需要注意以下几点：标题字数的长度、标题要能满足用户的查询需求、避免欺骗用户与搜索引擎行为。

（4）网站的导航栏目是网站页面的重要组成部分，它把相同性质的内容放在同一个区域中，以方便用户对该网站的快速浏览。一般都是用标记<nav>来实现的，在优化导航栏目时，需要注意以下几点：明确导航栏目的含义，正确划分一级目录和二级目录；导航栏目中应该以关键词为主，名称要清楚；在分支页面中应有导航与主页面的导航对应。

（5）网站内容的好坏是衡量一个网站质量的最重要标准，在 SEO 中有一种说法"内容为王"，在 SEO 中对网站文章内容的制作与优化主要包含以下几个方面：网站主题鲜明，内容积极、质量高，浏览者体验好；制作原创内容；制作转载内容；及时更新内容。

（6）图片是网页中的基本组成元素之一，在任何站点的制作中都不可缺少图片。在站点中对图片的优化除了要选择大小合适的图片外，主要要做到以下两点：正确选择站点中的图片，并且图片与网站主题要吻合；正确地使用图片文件中的属性。

（7）网站源代码的优化工作主要包含以下四点：网站内容的书写；简化、合并代码，精简程序；对网页中的样式表文件的外部调用；对网页布局的优化。

（8）网站布局设计是网站设计中的重要环节，它不仅要实现网站的功能性和实用性，还要满足浏览者的审美需求。在网站布局设计完成后，应当从网站风格、图文搭配、段落排版等方面对网站进行布局结构的优化。

（9）随着互联网的不断发展，在网站中的音频与视频技术也越来越受到用户的欢迎。对于视频文件的优化主要从以下几方面进行：标题及视频标签、点击次数、发布的场合、视频文件制作的质量、视频文件的格式。

（10）页脚一般位于一个网站的最底端位置，也是制作者在优化页面内容时容易忽略的地方。对网站中页脚部分的优化主要从以下几方面进行：页脚部分的排版及显示效果、页脚部分链接的安排、页脚部分图片的放置。

4.11 实训

1. 实训目的

通过本章实训了解网站中页面内容的制作与优化方式，能够对网站中的网页内容实施相应的优化。

2. 实训内容

（1）张先生为一家销售电子产品的企业优化网站，请为他书写该网站中导航部分（图4-54）的HTML5代码。

| 网站首页 | 关于我们 | 企业动态 | 产品中心 | 合作伙伴 | 代理产品 | 技术支持 | 招贤纳士 | 联系我们 |

图4-54 导航部分

（2）一家销售家电的企业，由于缺乏懂SEO的专业技术人员，因此一直以来在百度搜索中排名靠后。为了改变这一局面，该企业请来您负责优化网站。请结合本章所学内容，从网站标题、导航、图片、页脚等几方面进行SEO，并写出详细的方案。

（3）张先生应邀为一家制作食品等的企业进行网站优化，该网站在页面内容中存在的问题描述如下：
- 网站标题为公司名称。
- 在页面中存在大量图片，但是没有加上alt说明。
- 页面中内容更新较慢，并且原创文章较少。
- 在代码中将CSS样式表放在了页面的底部。
- 视频文件的格式全部为AVI。
- 页脚部分存在打不开的链接。
- 网站文章的标题没有使用标签。

请您为张先生写出该网站优化的具体内容。

（4）新浪页脚部分内容如图4-55所示，请对此页脚从内容、排版、字体、图片等多方面进行分析。

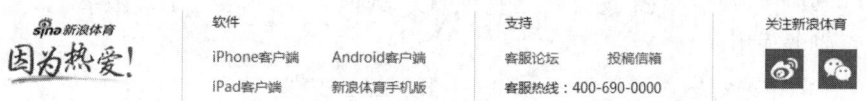

图4-55 页脚部分

（5）申请一个新浪微博，并执行以下操作，图5-56显示了微博的界面：
- 在微博中添加关注和粉丝。
- 在微博中放入内容，如自己的照片、文章等。
- 记录微博的网址。
- 查看微博的关键词。
- 查看微博中出现的文章的关键词。
- 写一篇新的文章，内容要新颖，观点要正确，标题要有创意，要能吸引人的眼球，并且在标题中要包含热门关键词。
- 请思考该微博中的关键词是否可以再优化。

图 4-56 微博的界面

4.12 习题

1. 填空题

（1）页面标题的标签代码为（　　）。

　　A．title　　　　　B．meta　　　　　C．total　　　　　D．words

（2）短横线 "-" 分隔符表示在几个关键词之间（　　）。

　　A．关键词呈现简单排列关系　　　　B．关键词呈现递进关系

　　C．关键词呈现对齐关系　　　　　　D．关键词呈现缩进关系

（3）整个<title>标题中的内容的长度最好不要超过（　　）个字。

　　A．10　　　　　　B．20　　　　　　C．30　　　　　　D．40

（4）在图片代码的书写中，alt 表示图片的（　　）。

　　A．文本属性　　　B 显示属性　　　　C．大小属性　　　D．链接属性

（5）在企业网站首页的广告制作中，一般使用（　　）布局。

　　A．上中下　　　　B．左右　　　　　C．封面　　　　　D．国字

（6）页脚的作用（　　）。

　　A．显示相关信息　　　　　　　　　B．显示主题

　　C．显示视频　　　　　　　　　　　D．显示主要内容

2. 简答题

（1）简述如何优化网站标题。

（2）简述如何优化网站代码。

（3）简述如何优化网站视频。

（4）简述网站内容的评价标准。

（5）简述在制作网站时，页面导航与页脚部分的相同点与不同点。

（6）要制作一个旅游网站，如何设计主页面的相关内容。

第 5 章
网站结构优化

【本章导读】

本章首先介绍了网站结构的定义及基本概念；然后介绍了网站结构的常用术语，主要讲述了网站物理结构和网站逻辑结构的含义及优化方式，并分析了网站 URL 结构的含义和优化；最后通过一个案例解释了如何优化网站结构。

【本章要点】

- 网站结构介绍
- 网站物理结构定义及优化
- 网站逻辑结构定义及优化
- 网站 URL 结构定义及优化
- 网站的理想结构与合理结构
- 网站结构中 robots.txt 优化方式

5.1 网站结构分类

扫码看视频

5.1.1 网站结构介绍

网站结构是指在网站中页面之间的相互关系,一般来讲具有较好网站结构的页面会向用户提供良好的浏览体验。网站结构会给搜索引擎带来如下好处:

(1)提升页面权重。网站结构的合理优化可以为迎合搜索引擎带来极大的好处,从而促进网站排名。

(2)帮助用户快速地查询到需要的页面。网站结构的优化能够让用户在网站中不至于迷失方向,并且快速地找到所需的页面进行访问。

(3)利于网站收录。网站结构的优化可以吸引网络蜘蛛的频繁光顾,从而抓取到更多更有价值的页面。图 5-1 显示了网路蜘蛛对重要页面的抓取过程。

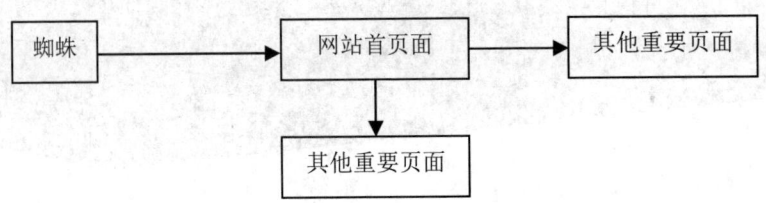

图 5-1 蜘蛛的抓取过程

从图 5-1 可以看出,网站结构越合理对于网络蜘蛛来讲抓取其中页面的时间就越短。

网站结构优化主要围绕两个方面进行:网站的物理结构和网站的逻辑结构,下面进行详细的介绍。

5.1.2 物理结构

网站的物理结构是指网站中存储文件的真实位置所决定的结构,网站物理结构反映了在网站中页面文件的存储方式。图 5-2 显示了网站中的物理结构。

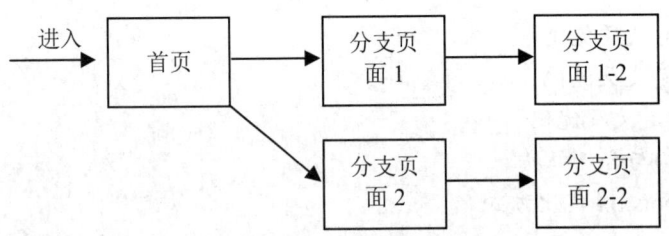

图 5-2 网站的物理结构

从图 5-2 可以看出,当用户访问网站时,首先从首页进入,再跳转到对应的各个分支页面,如页面 1-2、页面 2-2,最终实现对该网站的浏览。

物理结构一般包含两种不同的存储方式:扁平物理结构和树形物理结构。

1. 扁平物理结构

扁平物理结构是指把所有的页面文件都存储在网站根目录下,如图 5-3 所示。

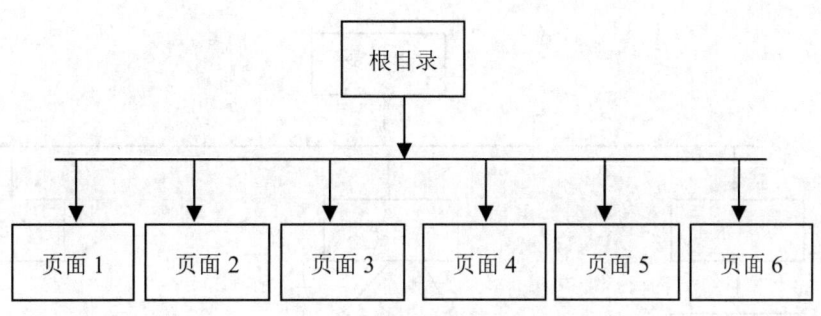

图 5-3　扁平物理结构

从图 5-3 可以看出，这种由扁平结构形成的网站结构简单，对于搜索引擎来讲是最为理想的，因为蜘蛛只需极少的时间就可以遍历整个网站。但是值得注意是，如果网站规模较大的话，使用扁平物理结构会使页面文件的查找变得复杂，网站的维护变得困难。因此一般来讲扁平物理结构只适用于小型网站或是微型网站。

在具体实现中扁平物理结构的体现方式为：

http://www.abc.com/pageA.html

http://www.abc.com/pageB.html

http://www.abc.com/pageC.html

http://www.abc.com/pageD.html

图 5-4 显示了扁平物理结构的实现。

名称	修改日期	类型	大小
data_select.aspx	2015/12/9 15:24	ASPX 文件	27 KB
delete_file.aspx	2015/2/9 22:27	ASPX 文件	4 KB
detail.aspx	2015/2/9 22:27	ASPX 文件	2 KB
file_list.aspx	2015/11/2 9:24	ASPX 文件	14 KB
file_select.aspx	2015/10/10 16:23	ASPX 文件	10 KB
get_comments.aspx	2015/2/9 22:29	ASPX 文件	15 KB
get_info.aspx	2015/2/9 22:29	ASPX 文件	2 KB
get_sort.aspx	2013/3/27 17:49	ASPX 文件	1 KB
link.aspx	2015/2/9 22:30	ASPX 文件	3 KB
load_ajaxdata.aspx	2015/11/28 15:52	ASPX 文件	16 KB
loginbox.aspx	2015/7/9 17:15	ASPX 文件	8 KB
member_select.aspx	2015/12/18 10:19	ASPX 文件	12 KB

图 5-4　扁平物理结构的实现

2. 树形物理结构

树形物理结构是指在页面中存在多层对应的关系结构，与扁平结构相比，树形结构在根目录下又可分为多个子目录，在子目录中存储不同的页面，从而形成一种较为复杂的结构关系。图 5-5 显示了树形物理结构。

从图 5-5 可以看出，树形物理结构识别度高，网站结构清晰，层次分明，维护容易，较适用于大型网站和商业网站的制作。但是值得注意的是，树形结构形成的网站由于分支较多，结构较复杂，因此搜索引擎蜘蛛的抓取会显得困难一点，对网站的技术实现也提出了更高的要求。综合考虑，目前在互联网中的绝大多数商业网站因为内容丰富，因此都是使用树形结构来实现网站的存储和访问。

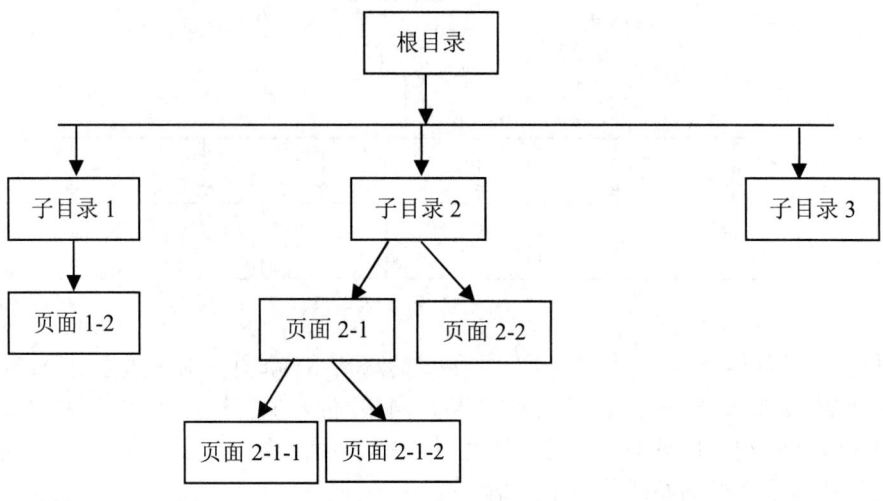

图 5-5　树形物理结构

在具体实现中树形物理结构的体现方式为：

http://www.abc.com/pageA/page1.html
http://www.abc.com/pageB/page2.html
http://www.abc.com/pageC/page3.html
http://www.abc.com/pageC/page4.html
http://www.abc.com/pageD/page5.html
http://www.abc.com/pageD/page6.html
http://www.abc.com/pageE/page7.html
http://www.abc.com/pageF/page8.html

图 5-6 显示了树形物理结构的实现。

名称	修改日期	类型	大小
aspx	2017/11/16 22:45	文件夹	
backup	2013/4/4 9:12	文件夹	
css	2017/11/16 22:45	文件夹	
d	2017/11/16 23:07	文件夹	
database	2018/1/8 21:41	文件夹	
images	2017/11/16 22:45	文件夹	
incs	2017/11/16 22:45	文件夹	
info	2017/11/16 22:45	文件夹	
install	2017/11/16 23:07	文件夹	
js	2017/11/16 22:45	文件夹	
master	2017/11/16 22:45	文件夹	

图 5-6　树形物理结构的实现

【课堂练习】有一个树形物理结构的网站如图 5-7 所示，请用路径写出该网站的具体体现方式。该网站根目录页面为 A。

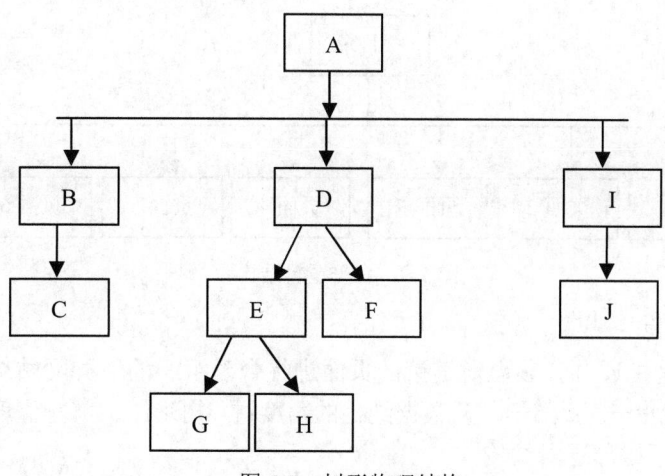

图 5-7 树形物理结构

5.1.3 逻辑结构

网站逻辑结构也叫做链接结构，是指由网页内部链接所形成的逻辑结构。与网站物理结构不同，逻辑结构主要用于描述网站中页面的相互链接关系。在网站的逻辑结构中，通常用"链接深度"来反映从源页面到目标页面所经过的路径长度。链接深度反映了网站被搜索引擎抓取的概率大小，一般而言，页面深度越小越容易被抓取；页面深度越大越难被抓取。图 5-8 显示了页面链接深度示意图。

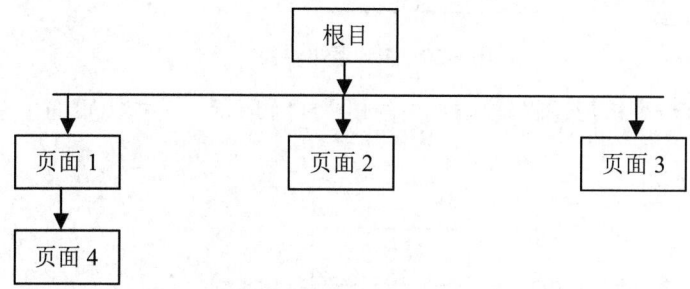

图 5-8 链接深度示意图

从图 5-8 可以看出，根目录到页面 1 的链接深度是 1，而根目录到页面 4 的链接深度是 2。对于一些复杂的网站链接，搜索引擎蜘蛛必须要通过层层爬行才能抓取相应的页面内容。在网站中逻辑结构一般包含两种不同的存储方式：扁平逻辑结构和树形逻辑结构。

1. 扁平逻辑结构

扁平逻辑结构是指在网站中任意两个页面之间都是互相链接的结构类型。在该种类型中，页面之间相互的链接深度都是 1，即页面之间可以相互直接访问，如图 5-9 所示。

从图 5-9 可以看出，由扁平逻辑结构构成的网站链接深度小，易于访问，结构简单，对于搜索引擎来讲是最为理想的，因为蜘蛛只需极少的时间就可以遍历整个网站。但是值得注意是，如果网站规模较大的话，使用扁平逻辑结构会使页面文件的查找变得复杂，网站的维护变得困难。因此一般来讲扁平逻辑结构只适用于小型网站或是微型网站。

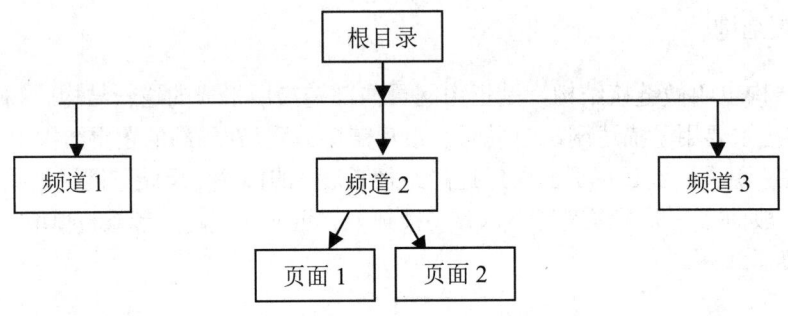

图 5-9　扁平逻辑结构

2. 树形逻辑结构

树形逻辑结构是指通过分频道对链接的页面进行合理组织的一种网站结构。在树形逻辑结构网站，链接的深度一般大于 1。从数据结构的角度讲，树形结构就是深度>n，节点数>n+1 的树。图 5-10 显示了树形逻辑结构。

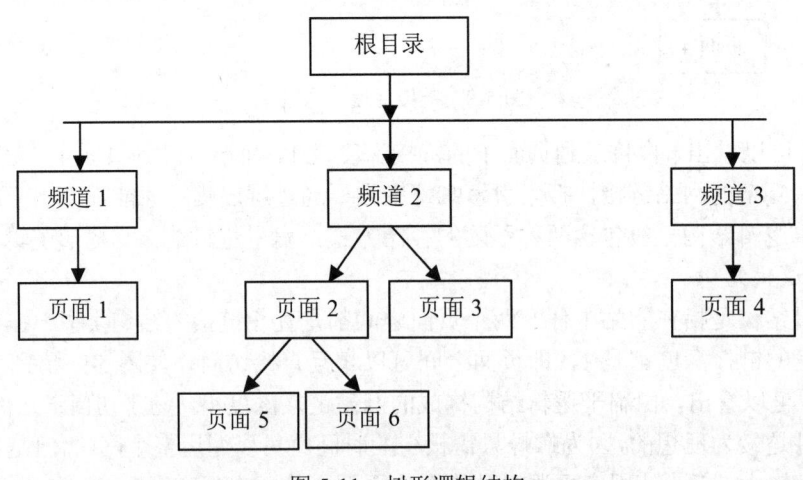

图 5-10　树形逻辑结构

【课堂练习】有一个树形逻辑结构的网站如图 5-11 所示，请指出页面 1 至页面 6 到根目录的链接深度。

5.2 网站结构的优化

5.2.1 物理结构的优化

网站物理结构优化的基本要求就是要让网站结构层次分明，目录清晰，易于搜索引擎的搜索，易于管理人员的后期维护。一般来讲网站目录结构越简单就越容易引起搜索引擎的关注，因此在物理结构优化中最主要的工作就是减少页面的目录层次，在构建一个网站的目录层次时最好不要超过三层，以便于搜索引擎的快速搜索，通常在网站结构中包含一级目录和二级目录。对于网站设计者而言在物理结构优化中最关键的就是网站目录层次的优化，图 5-12 所示为某精品网站的文件目录层次。

名称	修改日期	类型	大小
_notes	2017/6/17 18:57	文件夹	
admin	2017/6/17 18:57	文件夹	
aspnet_client	2017/6/17 18:57	文件夹	
css	2017/6/17 18:57	文件夹	
database	2017/6/17 18:57	文件夹	
eWebEditor	2017/6/17 18:57	文件夹	
image	2017/6/17 18:57	文件夹	
index	2017/6/17 18:57	文件夹	
res	2017/6/17 18:57	文件夹	
Scripts	2017/6/17 18:57	文件夹	
sitebase	2017/6/17 18:57	文件夹	
Clear_Skin_1	2016/4/15 11:50	媒体文件(.swf)	4 KB
FLVPlayer_Progressive	2010/11/11 0:00	媒体文件(.swf)	9 KB
Halo_Skin_1	2010/11/11 0:00	媒体文件(.swf)	7 KB
index	2017/6/17 7:32	Active Server Pa...	24 KB

图 5-12　网站目录结构

在处理网站的目录结构时，需要对每级目录做不同的优化处理，具体方式如下：

（1）一级目录的处理。

一级目录在网站中也被称为根目录。图 5-12 中显示的即是一级目录文件，从图中可以看出，在一级目录下主要放置网站中的首页面、配置文件、网站下级目录文件夹和网站地图等。

值得注意的是：网站设计者在优化网站物理结构时，不能将所有的文件都存放在根目录下，而是应分类存放，一来方便管理，二来便于搜索和查找。如音频、视频文件都放置在 res 目录中。

（2）二级目录的处理。

二级目录主要是将各种文件分开，易于维护。一般在网站一级目录下都应当建立多个二级目录，用来存放不同的文件。值得注意的是：二级目录的命名最好不要使用中文，而且目录名称应当越短越好，这样便于搜索引擎的搜索，如 res、css、index 等。

在二级目录中不同的目录应分别对应不同的作用，如 admin 目录用来管理网站后台的文档和更新等；css 目录用来存放网站中应用的样式表文件；res 目录用来存放网站中的资源文件；Scripts 目录用来存放网站中的 JScript Script 文件。图 5-13 显示了在 css 目录中存放的文件。

名称	修改日期	类型	大小
content	2010/11/11 0:00	层叠样式表文档	1 KB

图 5-13　css 目录中存放的文件

（3）三级目录的处理。

三级目录是存放在二级目录下的各类文件。如在图 5-12 所示的网站目录结构中，在 image 目录下存放着所有的图像文件。

扫码看视频

5.2.2 逻辑结构的优化

网站逻辑结构优化主要是减少页面之间的链接深度，包括减少首页与分支页面、分支页面与分支页面之间的链接深度，以及为网站中的重要页面增加适量的链接入口。目前，网站逻辑结构优化的实现方式主要包含以下四种：

（1）牢记在网站的 PR 值里，首页的 PR 值最高，二级目录次之，三级目录以上较差。因此在制作网站时，应确保网站的逻辑结构在三级目录左右，并且页面之间能够通过链接相互跳转。对于一些较为重要的页面，如首页，应当在合理的范围内加上更多的指向其他页面的链接。

（2）在页面中使用面包屑导航，以方便浏览者在网站中的定位和返回。面包屑导航是优化网站逻辑结构的重要方式，它体现了网站的架构层次，能够帮助浏览者在该网站中轻松地找到自己的定位，从而不会迷失方向。

面包屑导航的制作常常使用水平排列或是简单样式来实现，不会占据网站页面大量的空间，以减少浏览者返回的操作。图 5-14 显示了在网站中常见的面包屑导航。

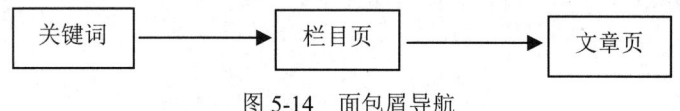

图 5-14　面包屑导航

面包屑导航可以让搜索引擎在抓取了网站中的一个页面后就可以顺着这个页面一直爬行，直到抓取所有的相关页面，实现对该网站的完全访问。此外，面包屑导航也是浏览者访问网站的标识，能够使浏览者快速找到所需栏目，从而进行访问。

值得注意的是：如果网站目录结构只有一级目录的话一般没必要使用面包屑导航，网站目录结构越深，使用面包屑导航效果越明显。

【课堂练习】请思考为什么网站要使用面包屑导航。

（3）网站地图页面的制作。网站地图页面又称为网站导航页面，该页面中包含了网站中最重要的页面，浏览者可以访问网站地图页面快速地获取该网站中的重要内容。特别是搜索引擎蜘蛛非常喜欢网站地图页面。

在实现网站地图页面的制作时应当明确以下三点：

- 网站地图的布局一定要简洁明了。在制作网站地图时，应当把网站中的重要信息，如产品分类页面、主要产品页面等放在网站地图上，以方便浏览。此外，在网站地图中尽量使用文本来描述，不要使用图片来制作链接。
- 确保网站地图中链接的真实有效性。在网站地图中出现的所有链接都应当是真实的，不能出现死链或是无法访问的说明文字。如果地图存在死链，会极大地影响该网站在搜索引擎中的权重。
- 制作不同的网站地图以迎合搜索引擎的搜索。目前在百度搜索引擎中较为偏爱 html 网站地图，而 Google 则喜欢 xml 网站地图。一般来讲，html 地图大多数是静态的，而 xml 网站地图大多是动态的。在具体的实现中大多数的网站里都应当有一个 html

网站地图，以吸引搜索引擎蜘蛛的光顾。图 5-15 显示了医院网站中的网站地图页面。

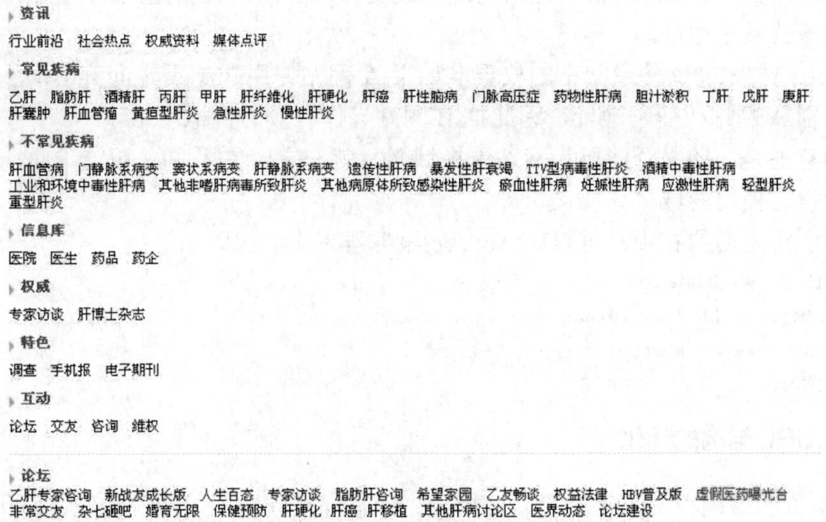

▸ 资讯
行业前沿　社会热点　权威资料　媒体点评
▸ 常见疾病
乙肝　脂肪肝　酒精肝　丙肝　甲肝　肝纤维化　肝硬化　肝癌　肝性脑病　门脉高压症　药物性肝病　胆计淤积　丁肝　戊肝　庚肝
肝囊肿　肝血管瘤　黄疸型肝炎　急性肝炎　慢性肝炎
▸ 不常见疾病
肝血管病　门静脉系病变　窦状系病变　肝静脉系病变　遗传性肝病　暴发性肝衰竭　TTV型病毒性肝炎　酒精中毒性肝病
工业和环境中毒性肝病　其他非嗜肝病毒所致肝炎　其他病原体所致感染性肝病　瘀血性肝病　妊娠性肝病　应激性肝病　轻型肝炎
重型肝炎
▸ 信息库
医院　医生　药品　药企
▸ 权威
专家访谈　肝博士杂志
▸ 特色
调查　手机报　电子期刊
▸ 互动
论坛　交友　咨询　维权
▸ 论坛
乙肝专家咨询　新战友成长版　人生百态　专家访谈　脂肪肝咨询　希望家园　乙友畅谈　权益法律　HBV普及版　虚假医药曝光台
非常交友　杂七砸吧　婚育无限　保健预防　肝硬化　肝癌　肝移植　其他肝病讨论区　医界动态　论坛建设

图 5-15　网站地图

不同类型的网站使用的网站地图有所差别，如政府机构中的网站地图如图 5-16 所示。

图 5-16　政府机构中的网站地图

（4）301 重定向技术的使用。301 重定向是在网站制作中的一种非常重要的"自动转向"技术，主要用于当网站结构调整或是网站地址改变时对页面的重新定向，该操作可以帮助搜索引擎快速地查找网站地址。

301 重定向技术能够传递网站的权重，如果 A 网站使用 301 重定向到 B 网站，那么搜索引擎可以识别 A 网站改变了地址，因此把 B 网站当作有效的目标网站。

值得注意的是：如果企业要为网站更换域名，就一定要使用 301 重定向技术将最初的域名重定向到现在使用的域名。

对于 301 重定向的实施，可以在 Apache 服务器完成，代码如下：

<VirtualHost www.baidu.com>
DocumentRoot usr/local/www/baidu
ServerName   www.baidu.com
</VirtualHost>

5.2.3　URL 结构的优化

URL 全称叫做统一资源定位符，它指一个网页在互联网中的唯一地址，可供用户获取特定的网络资源，例如 http://表示 WWW 服务器，ftp://表示 FTP 服务器等。在网站结构的优化中，URL 起到了重要的作用并占有重要地位。一个简单、明确、规范的 URL 能够让搜索引擎更加有效地抓取该网站页面。对 URL 的优化主要是通过以下几种方式来实现：

（1）URL 命名。URL 命名的关键在于为该网站选择合适的关键词。目前大多数网站的命名规则是"根域名+栏目名称"，在命名中应当把握以下三个原则：

- 名称应尽量使用英文，并且不要使用与页面内容无关的关键词。
- 如果名称较长，可以使用连接符"-"隔开其中的单词，这样有利于搜索引擎的检索。
- 对网站的命名应尽量简洁，一目了然。

例如对新浪网站中国际频道的 URL 可使用如下的表示方式：http://news.sina.com.cn/world/，表示该地址位于在新闻频道下的国际栏目。

值得注意的是：如果某一关键词在 URL 其他组成部分出现过，那么就不需要在路径中重复。

【课堂练习】在太平洋电脑网中，对于一个存放台式机的页面，将其命名为 http://desktops.pconline.com.cn/，请思考该 URL 是否合理。

【课堂练习】在太平洋电脑网中，对于一个存放平板电脑的页面，请思考应为其使用什么样的 URL。

（2）URL 的静态化。由于搜索引擎蜘蛛更加钟情于静态页面，因此在 URL 优化中一个重要的做法就是让 URL 实现静态化。

1）静态 URL。

静态 URL 是指不含任何参数的 URL，如"？""＝""@""%""&""+""$"等符号。静态 URL 也就是不带任何参数的 URL，如 https://www.taobao.com/、http://blog.csdn.net/、http://www.sina.com.cn/等。静态 URL 由于存在真实的文件和路径，并保存在 HTML 中，最主要的优点是访问速度快，用户体验好，因此有利于网络中搜索引擎蜘蛛的搜索。但是由于静态 URL 需要占用一定的空间，后期维护工作量较大，所以一般静态 URL 仅仅适用于小型网站。

2）动态 URL。

除了静态 URL 之外的就是动态 URL，也就是说动态 URL 是带有参数的 URL，如"？""＝""＠""％""＆""＋""＄"等符号。动态 URL 通常以 aspx、asp、jsp、php、perl、cgi 为后缀，如 https://www.taobao.com/markets/acg/yingshi?spm=a21bo.2、https://www.taobao.com/markets/nanzhuang/2017new?spm=a21bo.2017.201867-main.2.5af911d9laDPuN 等。与静态 URL 不同，动态 URL 的数据来自与网站相连接的后台数据库，因此访问速度较慢，不利于搜索引擎的抓取，也不能保证网站内容的稳定性和永久性。

【课堂练习】请思考静态 URL 和动态 URL 的区别。

【课堂练习】请分析以下 URL 是属于静态 URL 还是动态 URL。

https://s.taobao.com/search?spm=a21id.103458.512537.6.4daa0b56sZndLx&q=耐克+酷动城&imgfile=&js=1&style=grid&stats_click=search_radio_all%3A1&initiative_id=staobaoz_20160929&ie=utf8

http://sports.sina.com.cn/

3）URL 重写的实现。

URL 重写也叫做 URL 标准化，它是把浏览器端发出的请求自动定向到预设的 URL 上，并执行这一操作的过程。通过 URL 重写可以让动态页面以静态方式呈现给搜索引擎，商议达到优化的目的。

如浏览器中发出请求 https://www.seo.com/youhua.html，通过重写，将该请求自动地定向到 https://www.seo.com/search?id=1 上，这样用户就可以通过 https://www.seo.com/youhua.html 链接到资源 https://www.seo.com/search?id=1 中进行访问。因此重写 URL 是一个非常有用的功能，它可以提高搜索引擎阅读和检索网站的能力，经过 URL 重写后，网站中的动态页面不但没有改变原先的工作方式，还加入了 URL 定向的步骤，易于用户的记忆和键入，并极大地提升了该页面被搜索引擎检索的能力。但是 URL 重写会占用一定的服务器资源，从而影响网站的访问速度，这在大型商业网站中尤为明显。

值得注意是：不同的服务器会有不同的重写规则。

对于 URL 重写的实现，可以在 Apache 服务器完成，代码如下：

RewriteEngine on   #开户 mod_rewrite 模块功能
RewriteBase 路径   #基准 URL（使用 alias 设置别名则需要使用这个）
RewriteCond Teststring CondPattern[flags]   #重写条件（可以多个）
RewriteRule Pattern Substituation [flags]   #重写规则

在 httpd.conf 中使用 Alias 指令：Alias /newurl/www/htdocs/oldurl。

（3）URL 的目录结构优化。对于网站的 URL 结构，设计者应当在网站实现之前就给出较为清晰合理的思路，以方便浏览者浏览该网站。以太平洋电脑网为例，该网站的首页地址为 http://www.pconline.com.cn/。图 5-17 显示了网站的首页面。

从图 5-17 可以看出，在二级目录中还包括了资讯、直播、视频、图赏、专题、下载中心等栏目。此外，还有手机通讯、笔记本·平板、硬件·外设、家用电器等栏目。因此对应的 URL 如下：

资讯：http://news.pconline.com.cn/

直播：http://pclive.pcvideo.com.cn/

专题：http://www.pconline.com.cn/special/
手机通讯：http://mobile.pconline.com.cn/
硬件：http://diy.pconline.com.cn/
家用电器：http://family.pconline.com.cn/

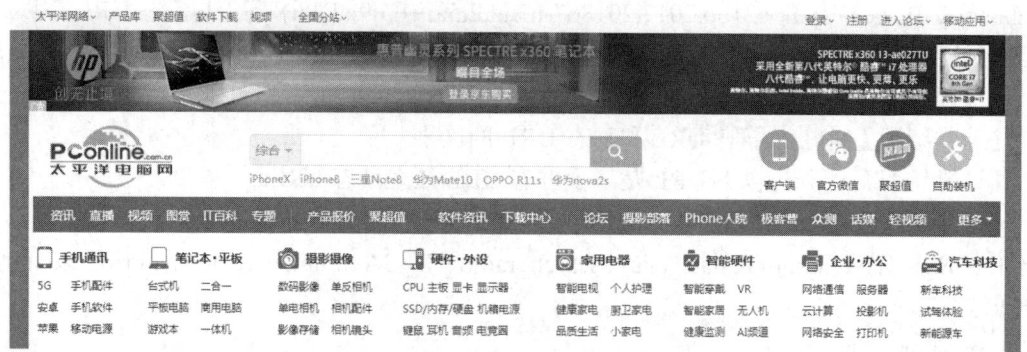

图 5-17　网站首页面

从中可以发现，专题栏目的 URL 和其他子栏目有区别，这是因为专题栏目中内容较为丰富，因此开辟了一个新的频道来描述。

当浏览者点击进入家用电器栏目时，页面如图 5-18 所示。

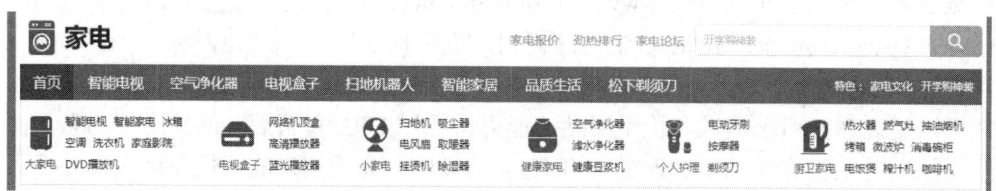

图 5-18　网站家用电器栏目页面

各栏目对应的 URL 如下：
智能电视：http://tv.pconline.com.cn/
空气净化器：http://ap.pconline.com.cn/
智能家居：http://family.pconline.com.cn/smart/

从中可以发现，对于智能家居栏目，由于其中内容丰富，因此也使用了新的频道来描述。该栏目页面如图 5-19 所示。

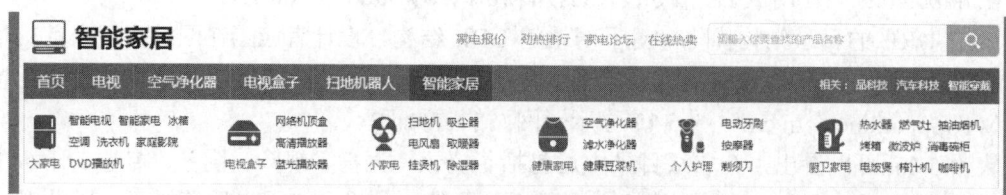

图 5-19　网站智能家居栏目页面

当点击智能家居中的子栏目时，出现的 URL 如下：
吸尘器：http://product.pconline.com.cn/vacuum_cleaner/

冰箱：http://fridge.pconline.com.cn/

电动牙刷：http://family.pconline.com.cn/szjtzt/ddyszq/

从中可以看出，该网站中的 URL 结构较为合理，没有出现超过三层的，这样既方便了用户浏览，也讨搜索引擎蜘蛛的喜欢。

【课堂练习】请思考 URL http://family.pconline.com.cn/1048/10482584.html 与对应的目录结构是否合理，页面结构如图 5-20 所示。

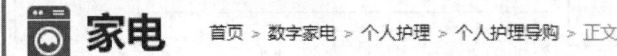

图 5-20　网站家电栏目子页面

5.2.4　网站的理想结构

网站的理想结构是在网站规划时提出的一个概念，它主要包含以下两点：

（1）网站页面 HTML 化、静态化。将网站中的页面用静态的地址来书写，如果网站中存在动态页面，也可以使用前面讲述的 URL 重写的方式来解决。在实现页面静态化后，可以提高网站的运行速度。

（2）网站目录层次扁平化。将网站中的所有网页全部保存在根目录下，并用逻辑的方式来安排目录，目录结构不超过三层，并保证所有页面的目录深度都为 1，如图 5-21、图 5-22 所示。

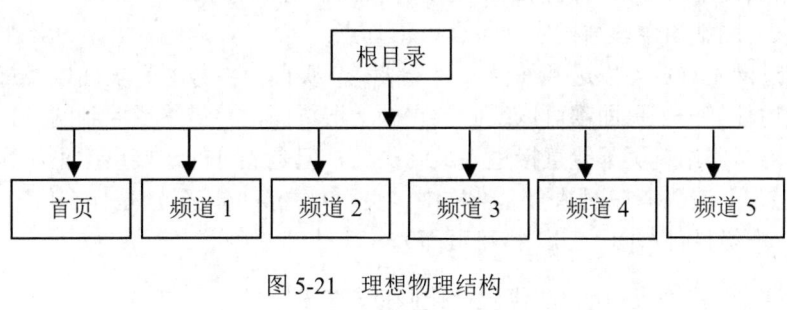

图 5-21　理想物理结构

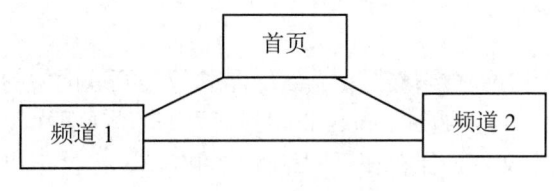

图 5-22　理想逻辑结构

但是，在实际的网站建设中，很少能够出现理想结构。也就是说大多数网站的页面的目录深度都不为 1，并且是以树形结构来实现的。

5.2.5　网站的合理结构

由于在实际开发中多数网站结构较复杂，因此一般来讲，网站合理的结构应当是树形结构。使用此种结构的网站，内容丰富，栏目众多，比较利于网络搜索蜘蛛爬行。

合理结构的网站组织形式如图 5-23 所示。

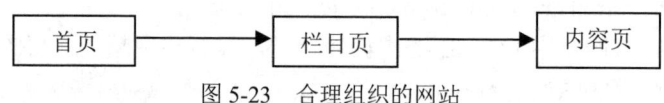

图 5-23 合理组织的网站

使用合理结构设计的网站如图 5-24 所示。

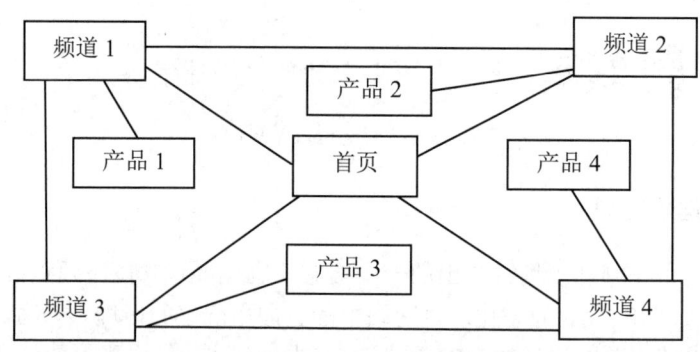

图 5-24 合理结构的网站

从图 5-24 可以看出，从网站首页可以访问该网站中任何一个页面，不管是频道页还是产品页，且层次不超过三层。而从子页面产品页可以返回到上层的频道页，再返回到最上层的首页。该合理结构使用树形来链接网站中的所有页面，清晰明了。

归纳起来，网站的合理结构应当包含以下几点：

（1）通过网站首页可以达到任何一个一级栏目页面、二级栏目页面以及最终的页面。

（2）通过任何一个页面都可以返回到它的上层页面，并最终返回到网站首页。

（3）虽然从网站首页不能直接进入最终页面，但是经过的链接层次不应当超过三层。

【课堂练习】请思考在网站合理结构中，页面目录深度应分别是什么值（包含首页、一级栏目页面、二级栏目页面）。

扫码看视频

5.2.6 网站结构中 robots.txt 代码优化原理与实现

（1）robots 原理。

robots 协议全称叫做"网络蜘蛛排除标准"，该协议是互联网中的道德规范，主要用于保护网站中的某些隐私。网站可以通过 robots 告诉搜索引擎哪些页面可以抓取，哪些页面不能抓取。robots.txt 是一个文本文件，保存在于网站的根目录下，当搜索引擎访问网站时第一个要读取的文件就是 robots.txt 文本。值得注意的是：任何网站都可以创建 robots.txt 文件，但是如果某个网站想所有的内容都被搜索引擎蜘蛛抓取的话，尽量不要使用 robots.txt。

robots.txt 在网站结构中位于网站的入口，它像提示牌一样告诉搜索引擎需要或者不需要抓取的内容。图 5-25 显示了蜘蛛对于网站目录结构的爬行过程。

（2）robots 语法与书写方式。

- 必须放在网站中的根目录下。
- 文件名必须全部小写。
- User-agent 该项定义域用来描述搜索引擎名称。其中 Baiduspider 代表百度搜索引擎，

Googlebot 代表 Google 搜索引擎。
- Disallow 该项定义域用来描述希望不被索引的 URL 路径。
- Allow 该项定义域用来描述可以被索引的 URL 路径。

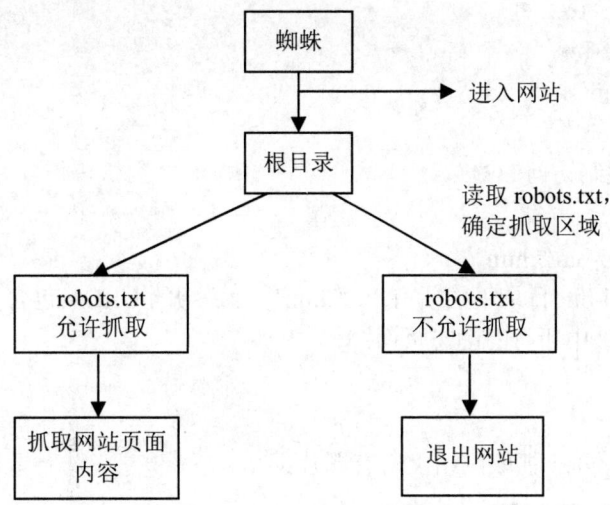

图 5-25　robots 的作用

其中 User-agent、Allow 以及 Disallow 是 robots 语法中的主要部分。

（3）robots 应用语句。
- 禁止所有搜索引擎访问网站：

  User-agent: *

  Disallow: /
- 允许所有的 robot 访问：

  User-agent: *

  Disallow:
- 禁止百度搜索引擎访问：

  User-agent: Baiduspider

  Disallow: /
- 禁止所有搜索引擎访问网站的几个部分（下例中的 cgi-bin、tmp、private 目录）：

  User-agent: *

  Disallow: /cgi-bin/

  Disallow: /tmp/

  Disallow: /private/
- 只允许百度搜索引擎访问：

  User-agent: Baiduspider

  Disallow:

  User-agent: *

  Disallow: /
- 允许访问特定目录中的部分 URL：

User-agent: *
Allow: /cgi-bin/see
Allow: /tmp/hi
Allow: /~joe/look
Disallow: /cgi-bin/
Disallow: /tmp/
Disallow: /~joe/

- 使用"*"限制访问 URL：

ser-agent: *
Disallow: /cgi-bin/*.htm

禁止访问/cgi-bin/目录下的所有以".htm"为后缀的 URL（包含子目录）。

- 禁止访问网站中所有的动态页面：

User-agent: *
Disallow: /*?*

- 禁止 Baiduspider 抓取网站上所有图片：

User-agent: Baiduspider
Disallow: .jpg$
Disallow: .jpeg$
Disallow: .gif$
Disallow: .png$
Disallow: .bmp$

仅允许抓取网页，禁止抓取任何图片。

（4）robots 应用实例。

在一些网站中，如果想要禁止网络蜘蛛，可以设置 robots，如淘宝，显示在浏览器中如图 5-26 所示。

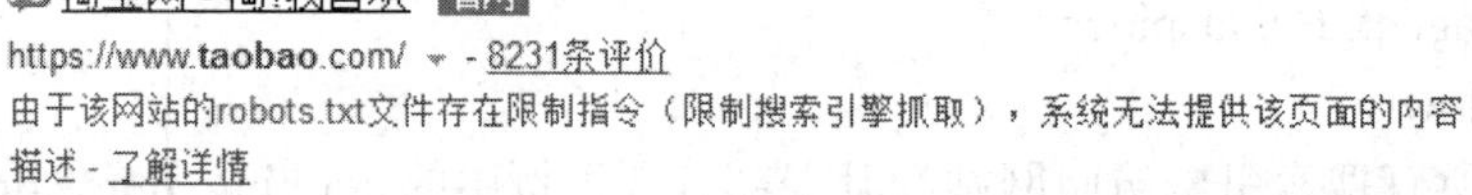

图 5-26　淘宝中的 robots

从图 5-26 可以看出，淘宝网站中对 robots 作了设置，使用了 Disallow: /语句来作了搜索引擎屏蔽收录设置。

【课堂练习】针对 http:// pconline.com.cn，请用 robots 书写禁止百度访问该网站的代码。

【课堂练习】请用 robots 书写禁止搜索引擎抓取根目录下 admin.php 文件的代码。

【课堂练习】请在网上查找使用了 robots 作了搜索引擎屏蔽收录设置的网站并记录。

（5）404 重定向页面。

当某个网站改版或是移动了之前网站的目录页面后，当搜索引擎再次访问该网页时，会出现"该网站页面无法找到，请重试"的字样，为了解决这个问题，可以使用 robots 来让搜索引擎禁止抓取错误页面。代码如下：

Disallow:/mynist/

该语句告诉搜索引擎禁止抓取此目录下的任何文件，由此一来就彻底解决了在浏览器中打不开网页的问题。

在 IIS/ASP.net 下设置 404 错误页面步骤如下：

- 打开 web.config 文件编辑，在其中加入如下内容：

```
<configuration>
    <system.web>
        <customErrors mode="On" defaultRedirect="error.asp">
            <error statusCode="404" redirect="notfound.asp" />
        </customErrors>
    </system.web>
</configuration>
```

- 在自定义的 404 页面 notfound.asp 中加入如下内容：

```
<%
Response.Status = "404 Not Found"
%>
```

5.3 网站结构优化实例

对于网站结构的优化主要是从物理结构和逻辑结构以及 URL 结构优化入手，下面就以企业网站——微标科技为例，具体地讲解构建网站合理结构的基本方式。该网站地址如下：http://www.cqrfid.cn/。

在构建网站之前，先了解一下该网站的情况，微标科技网主要是从事物联网核心技术——高速射频识别技术（RFID）研发及信息服务，围绕这一主题，该网站主要围绕企业服务及研发进行设计，网站首页如图 5-27 所示，二级目录如图 5-28 所示。

图 5-27 微标科技网站首页

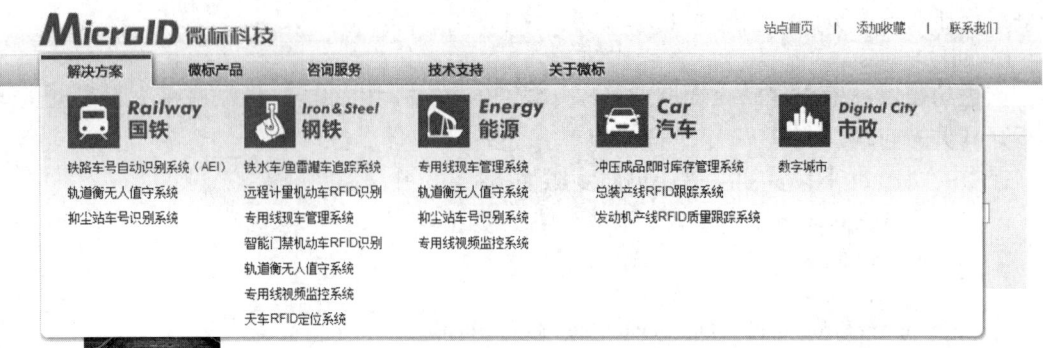

图 5-28　解决方案目录页

下面围绕该网站的物理结构和逻辑结构及 URL 结构优化进行介绍。

5.3.1　网站的物理结构

该网站的物理结构使用树形结构来设计，结构如图 5-29 所示。

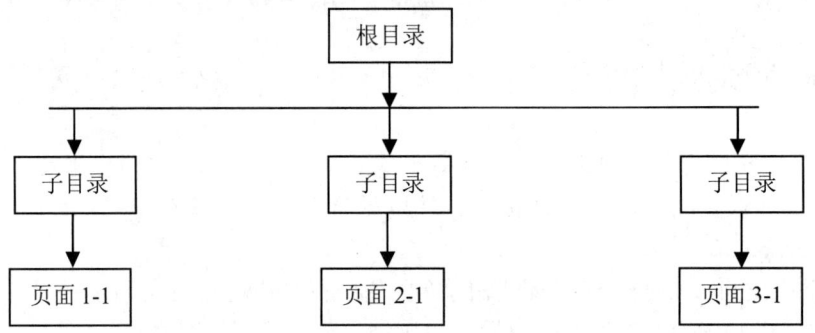

图 5-29　树形物理结构

5.3.2　网站的逻辑结构

该网站使用的逻辑结构较为合理，部分页面逻辑结构如图 5-30 所示。

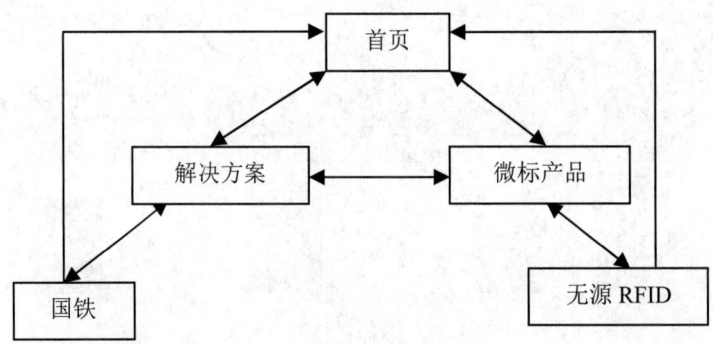

图 5-30　部分页面的逻辑结构

从图 5-30 可以看出，在该网站的逻辑结构中存在以下特点：

- 首页与网站中的任意页面可以相互访问。
- 网站中的一级栏目页面可以相互访问。
- 任意页面都可以直接返回首页。
- 内容页面可以直接返回首页以及栏目页面。
- 网站中不存在不能打开的链接。
- 网站中存在面包屑导航。
- 网站中所有页面都包含首页及一级栏目页的链接入口。

由此可以看出，该网站的逻辑结构设计了整个网站的合理链接方式，以保证该网站的顺利访问。

5.3.3 URL 结构优化

该网站由于数据量较大，因此在制作中使用了动态页面和静态页面，如页面解决方案 http://www.cqrfid.cn/News/solution.aspx 为动态页面。除此之外，该网站在页面的静态化上还可以继续优化，如部分子页面的 URL 如下：

服务：http://www.cqrfid.cn/News/InfoList.aspx?CategoryID=30

经典案例：http://www.cqrfid.cn/News/InfoList.aspx?CategoryID=34

微标简介：http://www.cqrfid.cn/Company/Company_Browse.aspx?id=4

合作伙伴：http://www.cqrfid.cn/Company/Company_Browse.aspx?id=11

为了该网站中的页面访问速度更快，可以将以上的页面实现静态化，以更好地吸引搜索蜘蛛的光顾。

5.4 本章小结

（1）网站结构是指在网站中页面之间的相互关系，网站结构越合理对于网络蜘蛛来讲抓取其中页面的时间就越短，在网站结构优化中主要围绕两个方面进行：网站的物理结构和网站的逻辑结构。

（2）网站物理结构优化的基本方式是：按照栏目建立不同的子目录；目录和对应文件的命名要规范，且越短越好；网站目录层次结构不要超过三层。

（3）网站逻辑结构优化的基本方式是：尽量减少页面之间的链接深度，包括减少首页与分支页面、分支页面与分支页面之间的链接深度，以及为网站中的重要页面增加适量的链接入口，还可以适当地使用面包屑导航。

（4）URL 结构优化主要是为网站的名称选择合适的关键词，并将动态的页面静态化。

（5）网站结构中存在着理想结构和合理结构，在实际开发中一般使用合理结构来实现。

（6）网站根目录下的 robots.txt 文件可以帮助搜索引擎蜘蛛选择在该网站中的抓取内容。

5.5 实训

1. 实训目的

通过本章实训了解网站结构优化方式，能够对网站结构进行优化。

2. 实训内容

（1）优化网站结构。张先生请您为他自己的网站优化网站结构，根据以下实际情况设计该网站子页面，并优化网站物理结构和逻辑结构及 URL 结构。

- 该网站由首页和五个分类目录页面组成，分类目录页面分别是：家具城、建材城、团购城、定制城和体验馆，在分类目录页面下还有产品页面，并且首页和分类目录页面可以直接相互连通。
- 首页：index.html。
- 分类目录页面互通。
- 同一目录下的产品页面与分类目录页面互通。
- 同类产品页面可以互通。
- 产品页面通首页。

存在问题：

- 不是全部产品页面都链接到首页下的分类目录页面。
- 不是全部的产品页面都是静态页面。
- 有的分类目录页面链接到了其他分类目录页面下的产品页。
- 没有面包屑导航。
- 在产品页面中没有相似产品介绍的链接。

（2）生成网站地图。进入 http://www.sitemap-xml.org/，在线网站地图生成工具使用该页面为自己选中的网站生成网站地图，如图 5-31 所示。

图 5-31　地图生成

如在网址中输入 www.cqepc.cn，再单击"生成"按钮即可查询该网站的网站地图，如图 5-32 所示。

（3）使用页面生成 robots.txt。进入 http://www.atool.org/robots.txt.php，在线网站 robots.txt 生成器使用该页面生成 robots.txt，如图 5-33 所示。

通过 Web 界面设置好要配置的数据，再单击"生成 Robots.txt"按钮，即可在最下方显示生成的 robots.txt，如图 5-34 所示。

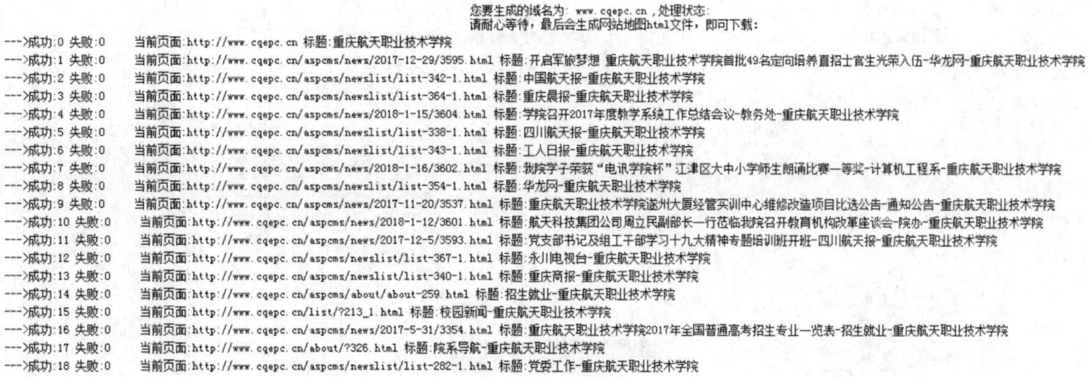
您要生成的域名为: www.cqepc.cn ,处理状态:
请耐心等待，最后会生成网站地图html文件，即可下载:
--->成功:0 失败:0 当前页面:http://www.cqepc.cn 标题:重庆航天职业技术学院
--->成功:1 失败:0 当前页面:http://www.cqepc.cn/aspcms/news/2017-12-29/3595.html 标题:开启军旅梦想 重庆航天职业技术学院首批49名定向培养直招士官生光荣入伍-华龙网-重庆航天职业技术学院
--->成功:2 失败:0 当前页面:http://www.cqepc.cn/aspcms/newslist/list-342-1.html 标题:中国航天报-重庆航天职业技术学院
--->成功:3 失败:0 当前页面:http://www.cqepc.cn/aspcms/newslist/list-364-1.html 标题:重庆晨报-重庆航天职业技术学院
--->成功:4 失败:0 当前页面:http://www.cqepc.cn/aspcms/news/2018-1-15/3604.html 标题:学院召开2017年度教学系统工作总结会议-教务处-重庆航天职业技术学院
--->成功:5 失败:0 当前页面:http://www.cqepc.cn/aspcms/newslist/list-338-1.html 标题:四川航天报-重庆航天职业技术学院
--->成功:6 失败:0 当前页面:http://www.cqepc.cn/aspcms/newslist/list-343-1.html 标题:工人日报-重庆航天职业技术学院
--->成功:7 失败:0 当前页面:http://www.cqepc.cn/aspcms/news/2018-1-16/3602.html 标题:我院学子荣获"电讯学院杯"江津区大中小学师生朗诵比赛一等奖-计算机工程系-重庆航天职业技术学院
--->成功:8 失败:0 当前页面:http://www.cqepc.cn/aspcms/newslist/list-354-1.html 标题:华龙网-重庆航天职业技术学院
--->成功:9 失败:0 当前页面:http://www.cqepc.cn/aspcms/news/2017-11-20/3537.html 标题:重庆航天职业技术学院遂州大厦经管实训中心维修改造项目比选公告-通知公告-重庆航天职业技术学院
--->成功:10 失败:0 当前页面:http://www.cqepc.cn/aspcms/news/2018-1-12/3601.html 标题:航天科技集团公司周立民副部长一行莅临我院召开教育机构改革座谈会-院办-重庆航天职业技术学院
--->成功:11 失败:0 当前页面:http://www.cqepc.cn/aspcms/news/2017-12-5/3593.html 标题:党支部书记及组工干部学习十九大精神专题培训班开班-四川航天报-重庆航天职业技术学院
--->成功:12 失败:0 当前页面:http://www.cqepc.cn/aspcms/newslist/list-367-1.html 标题:永川电视台-重庆航天职业技术学院
--->成功:13 失败:0 当前页面:http://www.cqepc.cn/aspcms/newslist/list-340-1.html 标题:重庆商报-重庆航天职业技术学院
--->成功:14 失败:0 当前页面:http://www.cqepc.cn/aspcms/about/about-259.html 标题:招生就业-重庆航天职业技术学院
--->成功:15 失败:0 当前页面:http://www.cqepc.cn/list/?213_1.html 标题:校园新闻-重庆航天职业技术学院
--->成功:16 失败:0 当前页面:http://www.cqepc.cn/aspcms/news/2017-5-31/3354.html 标题:重庆航天职业技术学院2017年全国普通高考招生专业一览表-招生就业-重庆航天职业技术学院
--->成功:17 失败:0 当前页面:http://www.cqepc.cn/about/?326.html 标题:院系导航-重庆航天职业技术学院
--->成功:18 失败:0 当前页面:http://www.cqepc.cn/aspcms/newslist/list-282-1.html 标题:党委工作-重庆航天职业技术学院

图 5-32　地图的查询结果

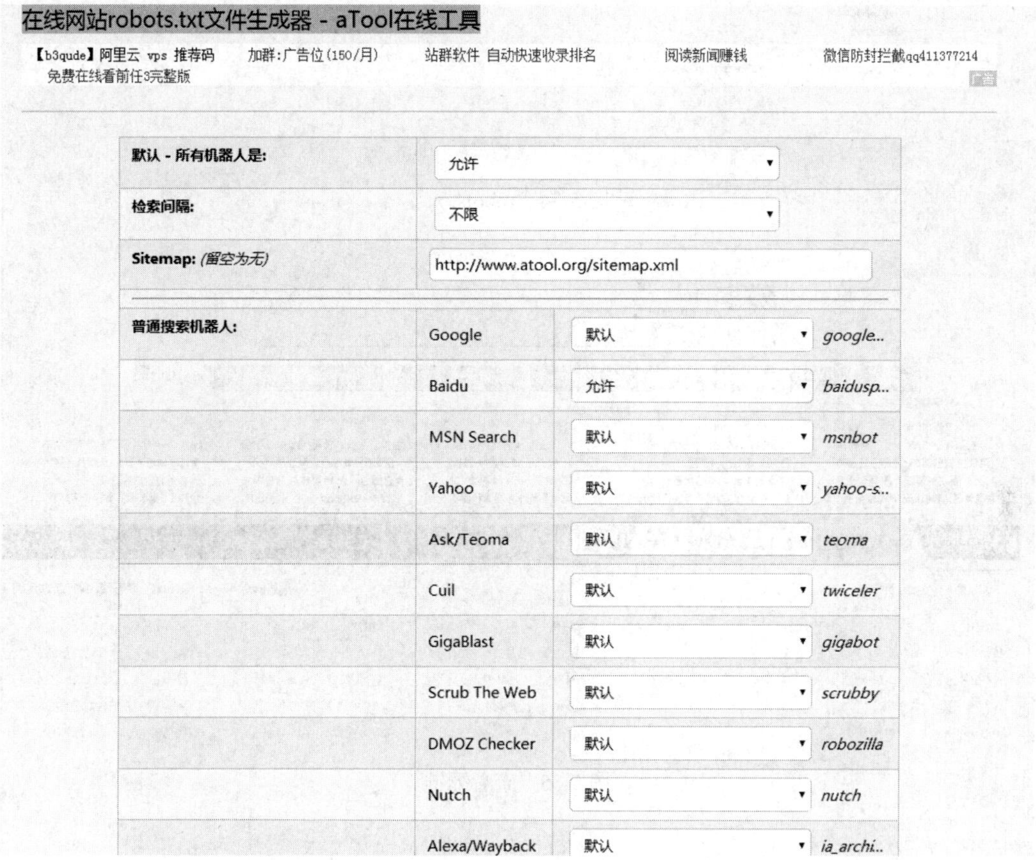
在线网站robots.txt文件生成器 - aTool在线工具
【b3qude】阿里云 vps 推荐码
加群:广告位(150/月)
站群软件 自动快速收录排名
阅读新闻赚钱
微信防封拦截qq411377214
免费在线看前任3完整版
广告
默认 - 所有机器人是:
允许
检索间隔:
不限
Sitemap: (留空为无)
http://www.atool.org/sitemap.xml
普通搜索机器人:
Google
默认
google...
Baidu
允许
baidusp...
MSN Search
默认
msnbot
Yahoo
默认
yahoo-s...
Ask/Teoma
默认
teoma
Cuil
默认
twiceler
GigaBlast
默认
gigabot
Scrub The Web
默认
scrubby
DMOZ Checker
默认
robozilla
Nutch Search
默认
nutch
Alexa/Wayback
默认
ia_archi...

图 5-33　使用页面生成 robots.txt

（4）查看网站链接。进入 http://tool.chinaz.com/，点击页面右下方的“死链检测”，查看网站的链接，如图 5-35 所示。

输入网址，并查看该网站中的死链个数，如图 5-36 所示。

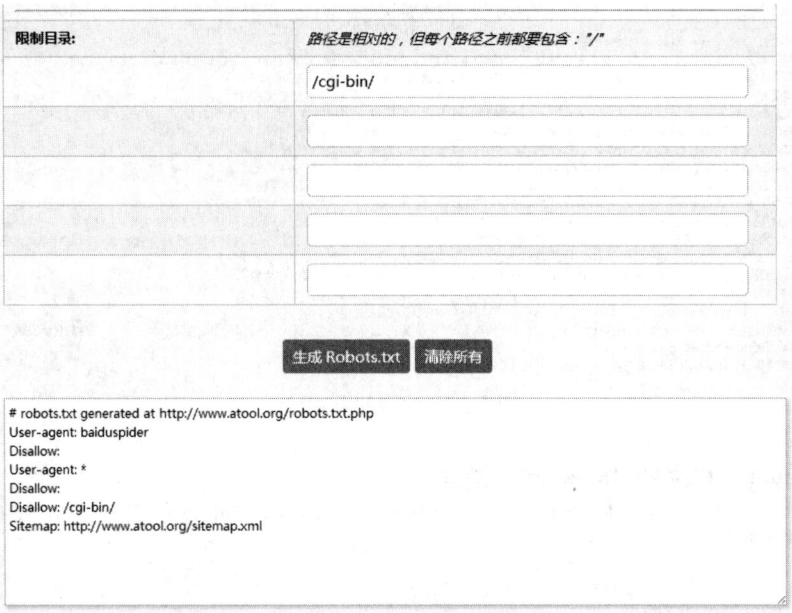

图 5-34 robots.txt

图 5-35 查看死链

图 5-36 死链结果

5.6 习题

1. 填空题

(1) 优化网站结构的好处（　　）。

　　A. 增加空间　　　B. 便于搜索　　C. 便于营销　　　D. 便于维护

(2) 扁平物理结构适用于（　　）。

　　A. 小型微型网站　　　　　　　　B. 中型网站

　　C. 门户网站　　　　　　　　　　D. 都可以

(3) 百度搜索引擎中较为偏爱（　　）网站地图。

　　A. html 网站地图　　　　　　　　B. xml 网站地图

　　C. java 网站地图　　　　　　　　D. 都可以

(4) 网站目录层次一般不要超过（　　）层。

　　A. 三　　　　　　B. 四　　　　　C. 五　　　　　　D. 六

(5) 如果在网站中存在动态页面，为了加快速度，应采取（　　）方式。

　　A. 静态化　　　　B. 免费　　　　C. 随机　　　　　D. 页面预处理

(6) robots 的位置（　　）。

　　A. 网站根目录下　　　　　　　　B. 网站二级目录下

　　C. 网站三级目录下　　　　　　　D. 都可以

2. 简答题

(1) 简述网站结构的含义。

(2) 简述如何优化网站物理结构。

(3) 简述如何优化网站逻辑结构。

(4) 简述网站地图的含义。

(5) 简述 robots 协议原理及工作方式。

第6章
网站链接优化

【本章导读】

链接是决定页面权重最主要的因素。本章首先介绍了链接的基本概念,链接分为内部链接和外部链接,然后再从内部链接和外部链接的角度出发,阐述链接对页面权重及相关性的影响,并讲述了如何优化内部链接和外部链接。

【本章要点】

- 网站链接
- 内部链接
- 外部链接
- 内部链接优化
- 外部链接优化

6.1 认识网站链接

网页中的链接（即超链接）是指从一个页面中的位置指向另一个目标的连接关系，这个目标可以是一个网页，也可以是同一网页的不同位置，还可以是一个图片、电子邮件地址或文件，甚至是一个应用程序。在万维网中超链接是构成网页的基础元素。

6.1.1 链接的重要性

从搜索引擎的角度来讲，链接会直接影响目标页面的权重和相关性。本节将从链接对页面相关性以及页面权重继承的影响这两个方面阐述链接的重要性。

1. 链接与页面相关性

链接对目标页面相关性的影响主要取决于链接的对象及内容，对提高页面相关性方面所起作用最大的是文本，其次是图片，最后是多媒体文件。

（1）文本链接。

文本链接在提高目标页面相关性方面所起的作用最大。因为，文本链接可以通过锚文本（锚文本又称锚文本链接，是链接的一种形式）直接、有效地表达目标页面的主题。

例如，在某页面中存在链接<a href ="http://www.seoweb.org.cn">搜索引擎优化</a>。在这个链接里，通过锚文本"搜索引擎优化"来表达目标页面的主题。

在使用文本作为链接对象的时候，应该尽量使用那些与目标页面主题相关的关键词作为锚文本。例如，在同一页面上存在以下两个使用不同锚文本的链接：

链接 1：<a href = "http://www.seoweb.org.cn">seoweb</a>

链接 2：<a href = "http://www.seoweb.org.cn">搜索引擎优化</a>

在提高网站 www.seoweb.org.cn 与关键词"搜索引擎优化"之间的相关性方面，链接 2 所起的作用要远远大于链接 1。

在同一页面中，即使链接的锚文本相同，目标页面与锚文本之间的相关性也会由于锚文本样式的不同而有所差异。例如：

链接 1：<a href = "http://www.seoweb.org.cn">搜索引擎优化</a>

链接 2：<a href = "http://www.seoweb.org.cn">搜索引擎优化</a>

在这两种链接方式中，链接 2 在提高目标页面与锚文本"搜索引擎优化"之间的相关性方面所起的作用要大于链接 1。

打开中国搜索引擎优化联盟网 http://www.seoweb.org.cn，如图 6-1 所示。

查看其页面源代码，部分源代码如下所示：

```
<div id="menu">
    <ul id="menu_width">
        <li class="current"><a href="http://www.seoweb.org.cn/" id="bOne" target="_self">网站首页</a></li>
        <li><a href="http://www.seoweb.org.cn/news/" id="bTwo" target="_self">SEO 新闻</a></li>
        <li><a href="http://www.seoweb.org.cn/seo/" id="bThree" target="_self">搜索引擎优化</a></li>
        <li><a href="http://www.seoweb.org.cn/google/" id="bFour" target="_self">GOOGLE 优化</a></li>
        <li><a href="http://www.seoweb.org.cn/baidu/" id="bFive" target="_self">百度优化</a></li>
        <li><a href="http://www.seoweb.org.cn/website/" id="bSix" target="_self">网站优化</a></li>
```

```html
            <li><a href="http://www.seoweb.org.cn/marketing/" id="bSeven" target="_self">网络营销</a></li>
            <li><a href="http://www.seoweb.org.cn/promotion/" id="bEight" target="_self">网站推广</a></li>
            <li><a href="http://www.seoweb.org.cn/operation/" id="bNine" target="_self">网站运营</a></li>
            <li><a href="http://www.seoweb.org.cn/member/" id="bTen" target="_self">认证会员</a></li>
        </ul>
    </div>
```

图6-1　中国搜索引擎优化联盟网

分析得知，该网站顶部红色（图6-1中为黑色）底色显示的导航栏部分，"网站首页""SEO新闻""搜索引擎优化""GOOGLE优化""百度优化""网站优化""网络营销""网站推广""网站运营""认证会员"这十部分都在源代码中设置了文本链接，例如"SEO新闻"设置的链接为http://www.seoweb.org.cn/news/，"网站推广"设置的链接为http://www.seoweb.org.cn/promotion/。

（2）图片链接。

由于搜索引擎并不能识别图片里的文本内容，图片链接在提高页面相关性方面所起的作用几乎是可以忽略的。但是，在使用图片作为链接对象的时候，通过设置图片的alt标签属性值可以表达目标页面的主题。例如：

\<a href = "http://www.seoweb.org.cn"\> \<img src = "http://www.seoweb.org.cn/logo.gif" alt = "搜索引擎优化" /\>\</a\>

在这个图片链接中，通过设置alt标签属性值来提高网站http://www.seoweb.org.cn与关键词"搜索引擎优化"之间的相关性。但是，这种间接的表达方式所起的作用不如文本链接对页面相关性所起的作用大。

还是以图6-1所示的中国搜索引擎优化联盟网为例，其部分源代码如下所示：

```
<div id="header">
    <div id="header_top"></div>
    <div id="header_mid">
        <div id="header_contact"><a href="#" onclick="var strHref=window.location.href;this.style.behavior='url(#default#homepage)';this.setHomePage('http://www.seoweb.org.cn');" id="contact">设为首页</a></div>
        <div id="header_contact1"><a href="http://www.seoweb.org.cn/company/contact.html" id="contact1">联系我们</a></div>
        <div id="header_contact2"><a href="http://www.seoweb.org.cn/seo.html" target="_blank" id="contact2">价格系统</a></div>
        <div id="header_logo">
            <h1><a href="http://www.seoweb.org.cn/" target="_self"><img src="http://www.seoweb.org.cn/img/logo.gif" border="0" alt="中国搜索引擎优化联盟网" /></a></h1>
        </div>
    </div>
</div>
```

在\<h1\>标记中，可以看到为"中国搜索引擎优化联盟网"设置了图片链接，链接的图片路径为http://www.seoweb.org.cn/img/logo.gif。在这个图片链接中，通过设置alt标签属性值来提高网站http://www.seoweb.org.cn与关键词"中国搜索引擎优化联盟网"之间的相关性。

（3）多媒体文件链接。

搜索引擎解析多媒体文件的概率是非常低的，大部分的搜索引擎甚至会忽略多媒体文件（例如百度等）。因此，多媒体文件链接在提高目标页面相关性方面所起的作用可以忽略。

综上所述，对于重要的目标页面，应该优先使用具有特别样式的文本作为链接对象，且锚文本应该采用与目标页面主题相关的关键词，这样就可以最大程度地提高目标页面的相关性。

2. 链接与页面权重继承

链接反映的是页面之间的信任关系，搜索引擎根据页面的导入链接数来统计每个页面的得票数，从而计算出每个页面的链接权重。链接权重是指通过链接关系反映的页面重要性。页面得到的投票越多，从一定程度上反映该页面的重要性就越高，链接权重就越大。

通常，每个源页面中都会存在多个导出链接（包括网站内部的链接及网站外部的链接），这就涉及源页面权重分配，或者说目标页面对源页面权重继承的问题。一般情况下，决定目标页面继承源页面权重的主要因素包括目标页面的链接在源页面中的位置、目标页面的链接在源页面中存在的时间和源页面中导出链接的数量这三个方面。

（1）链接位置。

链接在源页面中出现的位置会在一定程度上影响目标页面对源页面权重的继承。例如，指向同样页面的链接，如果出现在源页面的左上方，那么它能继承到的权重就会远大于右下方。在规划页面的链接分布时，应遵循页面重要区域的分布规律：左上>右上>左>右>左下>右下，即把指向相对重要的目标页面的链接放在源页面较为重要的区域上。这样，该链接指向的目标页面就可以继承到更多的权重。

如图 6-1 所示的"中国搜索引擎优化联盟网"，即使设置的链接内容一致，但链接位置不同，最终得到的目标页面的权重是不一样的。例如，"中国搜索引擎优化联盟网"网站左上部分的"网站首页"的页面权重会高于左中部分的"今日要闻"的页面权重。链接位置对页面权重的影响在水平方向从左往右依次降低，在垂直方向从上往下依次降低，链接位置对页面权重的影响示意图如图 6-2 所示。

（2）链接存在时间。

由于页面内容是经常更新的，页面中链接的更替也是正常的现象。如果指向某目标页面的链接在搜索引擎更新源页面之前就被替换掉，则该链接所指向的目标页面就继承不到源页面的权重，也就是说对于搜索引擎，指向该目标页面的链接从来就没在源页面中出现过。

相反，如果源页面被搜索引擎更新多次以后，指向某目标页面的链接依然存在，则该目标页面就可以继承到更多的权重。换句话说，链接在源页面中存在的时间越长，其指向的目标页面继承到的权重也就越多。

（3）导出链接数量。

忽略链接在页面中出现的位置及存在的时间，目标页面对源页面权重的继承是以平均的方式进行的，即源页面上导出链接的数量越多，目标页面能继承到的权重就会越少。例如，源页面中有 M（M≥0）个导出链接，则这 M 个导出链接所指向的目标页面将以平均的方式继承源页面的权重，即每个目标页面将继承到源页面 1/M 的权重，当 M 越大的时候，目标页面能继承到的权重就越少。

此外，搜索引擎对每个页面的导出链接的数量是有一定限制的，不能在同一页面上堆放过多的导出链接（特别是外部导出链接）。否则，目标页面能继承到的权重会很少，即使是对于页面本身而言，也可能会由于存在过多的导出链接而被搜索引擎判定为垃圾链接页面。

如图 6-3 所示"中国搜索引擎优化联盟网"导出链接数量为 11 个。

综上所述，网站链接对搜索引擎是必不可少的一部分，目前主流的搜索引擎都是用链接的质量作为衡量网站优劣的标准，而且网站链接是整合网站 URL 路径，方便用户浏览页面和蜘蛛爬行抓取页面的通道。良好的网站链接结构有利于蜘蛛爬行抓取网站，识别网站主题。网站的链接越多，网站的权重越高，关键词排名也会越好。其次，链接多的网站，被搜索引擎蜘蛛爬行抓取的次数和机会也较多，这也是很多网站内容没有更新，快照却持续更新的原因。所以稳定的网站链接，特别是高权重的网站链接，对于网站更新频率及网站排名都有至关重要的作用，网站链接是网站排名的核心因素。

图 6-2　链接位置对页面权重的影响示意图

图 6-3　"中国搜索引擎优化联盟网"导出链接数量示意图

【课堂练习】请思考网站为什么要制作链接。

6.1.2 内部链接

内部链接顾名思义是指在同一网站域名下的内容页面之间的互相链接（自己网站的内容链接到自己网站的内部页面），也称之为站内链接。网站内部页面之间的链接关系，反映了网站内部页面之间的信任关系。内部链接除了直接决定网站的逻辑结构，影响搜索引擎对网站页面的收录以外，还会影响网站中每个页面的权重及相关性。通过内部链接可以直接链接到深一层的页面及网页等，不仅方便用户浏览、增强用户体验，而且也有利于搜索引擎对深一层页面的抓取，提高搜索引擎索引效率，增加网页被收录的概率。

如图6-4所示为"新浪网"内部链接情况示意图，查询结果显示"新浪网"内部链接数量为1382个。

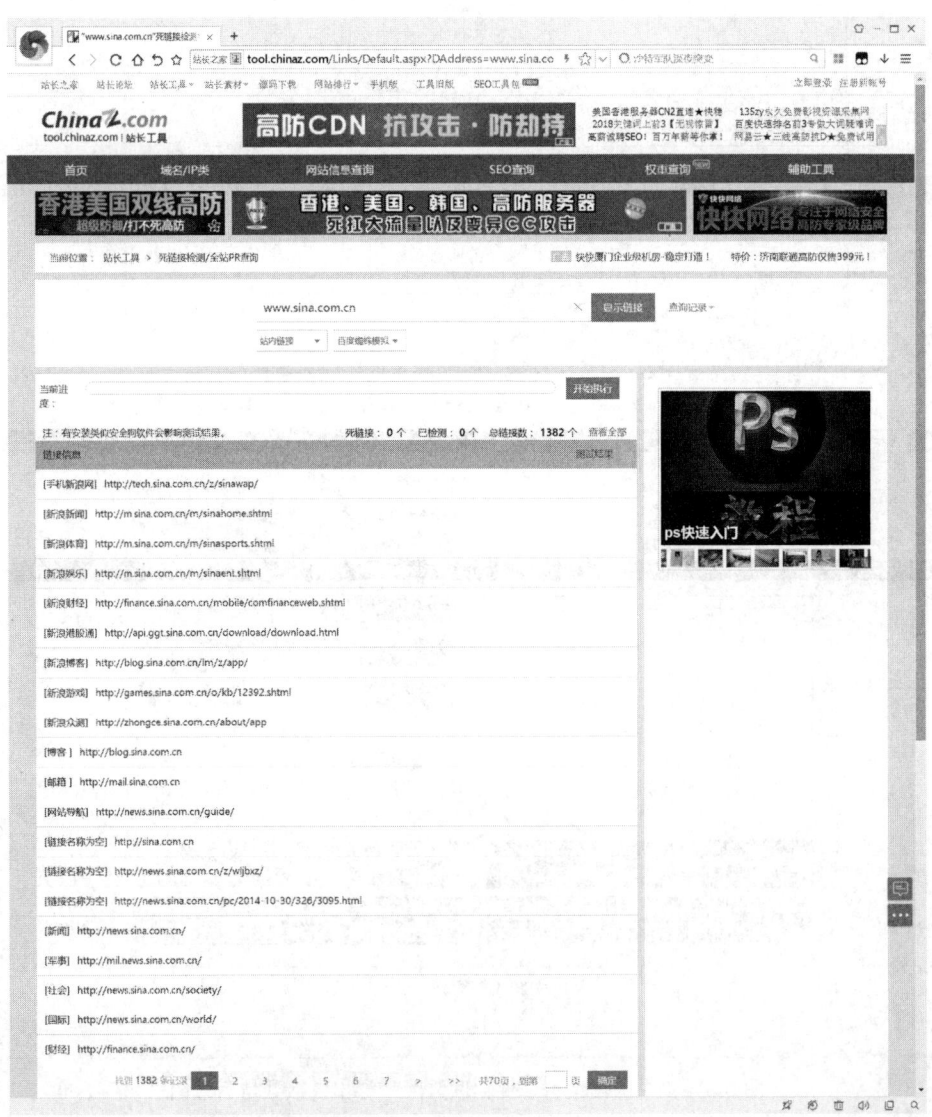

图6-4 "新浪网"内部链接情况示意图

6.1.3 外部链接

外部链接是指本站以外的链接，表达的是网站与网站之间的链接关系，反映了网站之间的信任关系。与内部链接相反，外部链接具有不可操控性，即网站所有者不能通过正规的手段操控本站以外的页面的导入（导出）链接的数量、链接对象及链接目标等。因此，网站所有者并不能操控页面的外部链接权重。外部链接是互联网的血液，是链接的其中一种方式。一个网站很难做到面面俱到，因此需要链接到别的网站，将其他网站的信息吸收过来作为补充，链接的外部网站不在于数量，而是在于链接的外部网站的质量。外部链接的效果不只是为了提高网站的权重，也不仅仅是为了提高某个关键词的排名，一个高质量的外部链接是可以给网站带来较大的流量的。

如图 6-5 所示为"新浪网"外部链接情况示意图，查询结果显示"新浪网"外部链接数量为 125 个。

图 6-5 "新浪网"外部链接情况示意图

【课堂练习】请思考内部链接和外部链接有何区别。
【课堂练习】请查看新浪网的外部链接。

6.2 内部链接的优化

扫码看视频

内部链接是指同一网站域名下的内容页面之间的互相链接，也叫站内链接。简单不确切的说法是：链接指向同一网站上的另一页面。内部链接可以起到站内导航、资料引用、推荐等作用，可以有效提升用户体验。

6.2.1 内部链接的意义

内部链接指网站内部页面之间的链接关系，反映了网站内部页面之间的信任关系。内部链接除了直接决定网站的逻辑结构，影响搜索引擎对网站页面的收录以外，还会影响网站中每个页面的权重及相关性。网站所有者不但可以控制网站内部链接的对象，还能随意调整每个页面的导入、导出链接数量，因此网站所有者可以控制内部页面的权重与相关性。合理地安排内部链接，合理的内部链接部署策略可以极大地提升网站的搜索引擎效果。

本节将从加快收录、加强 PR 传递、推动排名和提高客户体验度四个方面阐述内部链接的意义。

1. 加快收录

内部链接有利于加快网站收录，站点中网页间的链接有助于提高搜索引擎对网站的索引效率，有利于网站的收录。一个页面要被收录，首先要能够被搜索引擎的蜘蛛爬行到，蜘蛛的爬行轨迹是顺着一个链接到另一个链接。对于网站内的网页的爬行需要良好的内部链接，如果因不注意形成死链（死链是指服务器的地址已经改变了，无法找到当前地址位置）或断链（断链是指因局部改线或分段测量等原因造成的不相链接的现象），蜘蛛就无从爬起，也就谈不上良好收录，所以做好内部链接才能让搜索引擎的蜘蛛遍历并抓取网站的链接，进而进行网站的收录。

2. 加强 PR 传递

内部链接有助于 PR（PR 值全称为 PageRank，即网页级别，PR 值是 Google 用于标识网页的等级、重要性的一种方法，是衡量网站的好坏的重要标准之一。级别从 0 级到 10 级，10 级为满分。PR 值越高说明该网页越受欢迎）的传递，平均站内网页的权威性。举个简单的例子，具有合理的内部链接的网站几乎不需要与任何网站交换，PR 即可达到 3 以上，这也是为什么往往大型网站的 PR 值比较高的原因。一些网站的页面的收录情况或者 PR 传递不是很理想的话，可以采取有意识地多做一些内部链接的措施，来促进 PR 值的提高。

如图 6-6 所示为"新浪网"的 PR 值示意图，图 6-7 为"新浪网"的 PR 输出值示意图。

3. 推动排名

内部链接有利于推动页面排名，在搜索引擎中，一个链接就代表一张投票，外部链接就是网站之间的互相投票，而内部链接则代表网站内各页面的互相投票。良好的网站内部链接策略能推动网站的排名。通过大量而适度的内部链接来支持某一个具体页面，有助于该内容页面主题的集中，促使搜索引擎识别出哪些页面在网站中是重要的，进而推动该页面的排名。

图 6-6 "新浪网"的 PR 值示意图

图 6-7 "新浪网"的 PR 输出值示意图

例如新浪网站，拥有非常庞大的页面体系，每个页面中都有一个指向新浪首页的链接，而且大多数内部链接的锚文本就是"新浪"，这就导致在搜索引擎中搜索"新浪"时，新浪网处于绝对的领先排名，如图 6-8 所示。

图 6-8 "新浪网"在搜索引擎中的排名示意图

4. 提高客户体验度

内部链接有助于提高客户体验度，增加页面 PV（Page View，简称为 PV，网页浏览数是评价网站流量最常用的指标之一），提升整个网站的总体访问量。其表现为相关文章、热门文章、最新文章等的内部链接很容易提高用户的访问体验。部署优秀的内部链接越多，页面被点击的机会就越大，PV 的增加就越显而易见。请注意相关文章的内部链接不能滥用，应该尽量链接到相似主题的文章，否则用户的体验效果将会降低。

6.2.2 制作站内导航

合理的网站导航布局有利于提高用户体验和搜索引擎蜘蛛对网站的爬行索引效率，利于网站权重的有效传递，从而增加搜索引擎的收录与提升网站权重。网站导航可以帮助访问的客户很快找到所关注的内容，一个好的网站导航一定要简洁易懂，不要使用图片，因为使用图片有时可能会误导访问的客户。

根据网站导航的侧重点，可以将网站导航方式分为整站导航、频道导航和内容导航三种。

1. 整站导航

整站导航一般可以采用系统自带的导航条，如果需要承载的关键词过多，默认的导航条容量不足，可以在所有页面的顶部增加一个整站导航功能，方便用户点击，如图 6-9 所示为猪八戒网站的整站导航页面。

图 6-9 猪八戒网站的整站导航页面

2. 频道导航

频道导航型的页面是以网站频道导航为主的页面，常见于频道比较多的网站首页。例如以腾讯网的财经频道网站为例，为了提高页面浏览及下载的速度，会为用户建立相应的镜像网站。这个时候，网站的页面通常会罗列出各个镜像站点的入口地址，以帮助用户快速选择合适的通道。如图 6-10 所示为腾讯证券的频道导航页面示意图。

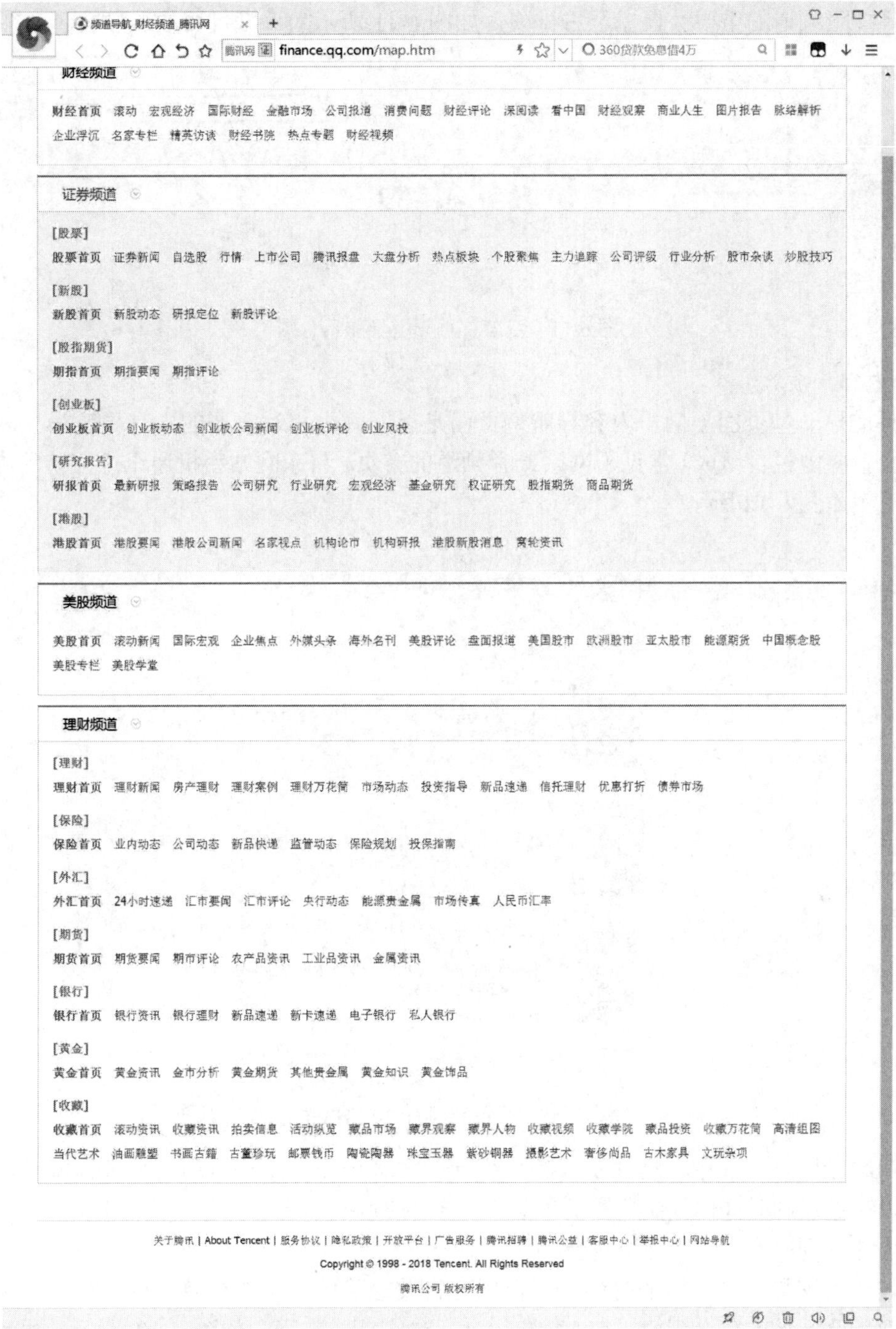

图 6-10　腾讯证券频道导航页面示意图

在构建频道导航型页面的时候，只需要罗列出各个频道的名称并加上相应的链接地址即可。但需要注意的是，应该按照频道的重要性从上至下、从左至右地进行排列，即遵循页面重要区域的分布规律：左上>右上>左>右>左下>右下。

再来看看百度是怎样构建频道导航的。在百度首页上，相对重要的频道分布在页面的右上角，且按照频道的重要性自左至右排列，如图 6-11 所示为百度首页频道导航示意图。

图 6-11　百度首页频道导航示意图

3．内容导航

与频道导航型页面不同，内容导航型页面是以网站中相对重要的内容导航为主。内容导航型页面主要由栏目组成，常见于网站或者频道的首页，京东网站手机通讯排行榜的内容导航页面示意图如图 6-12 所示。

图 6-12　京东网站手机通讯排行榜内容导航页面示意图

在内容导航型页面中，把性质或特征相同的内容分成多个栏目向用户进行展示，这样用户就可以在更短的时间内找到所需的信息。同样，搜索引擎通过内容导航型页面，也可以在单位时间内抓取到网站中更多相对重要的页面。

在构建内容导航型页面的时候，要根据栏目及栏目中内容的重要性进行布局，也就是要遵循页面重要区域的分布规律：左上>右上>左>右>左下>右下。如图 6-12 所示，尽管"手机通讯""厨房小电""大家电""清洁用品"及"电脑整机"这几个栏目都位于页面的同一水平区域，但其重要性是自左至右递减的，而同一栏目里的内容的重要性也是自上而下递减的。

综上所述，网站的导航应该按照重要性来进行排序，重点推荐的栏目放置在靠前面的区域。另外要注意各个频道、栏目的导航尽量使用文字，避免 JS、Flash 和图片链接，这样有助于搜索引擎的顺利抓取。网站导航中的链接文字应该准确、自然地描述所指向页面的内容，这样也方便搜索引擎通过链接文字了解这些栏目页面的具体内容。

【课堂练习】请思考如何优化内部链接。

6.2.3 制作文本链接

文本链接虽然对网站的搜索引擎优化作用没有超链接和锚文本那么大，但文本链接依然可以提高网站的浏览量。以中国 114 黄页网页 http://www.114chn.com/TextLink.htm 为例，如图 6-13 所示。

图 6-13　文本链接网页示意图

1. 文本链接能够提高网站的曝光率

文本链接就是以文字的形式显示的，能链接到对应网页的一种链接方式。这样一来即使不能通过超链接，只要发布文本链接再加上网站名称，也可以大范围地推广自己的网站，更有效地让用户记住自己的网站，使网站自己形成一种品牌效应，这样即使不靠搜索引擎也能获取一定的流量。

2. 高质量的文本链接可以提高网站关键词排名

现在流行的软文推广网站，其最终的方式正是通过文本链接来推广网站的。站长留下版权出处说明时，都是通过文字形式的链接来推广的。因此，只要链接的质量高，文本链接同样可以提高网站的排名。

链接的 HTML 代码很简单，链接的 HTML 语法格式如下所示：
`<a href="url">Link text</a>`

其中：href 属性规定了链接的目标；开始标签和结束标签之间的文字 Link text 被作为超级链接来显示。

举一个简单的实例：
`<a href="http://www.w3school.com.cn/">Visit W3School</a>`

上面这行代码在网页界面显示为 Visit W3School，当用户点击 Visit W3School 时能把用户带到 W3School 的页面。

【课堂练习】请书写代码为下列文字制作文本链接，每个段落制作一个链接。

贫富差距，是当前中国面临的主要问题之一，党的十八大设定了 2020 年全面建成小康社会的目标。要做到"全面"不容易。十八大召开的那一年，也就是 2012 年末，中国有 592 个贫困县，有 9800 多万贫困人口。这些人大部分都分布在老少边穷地区。

"小康不小康，关键看老乡。""没有农村的小康，特别是没有贫困地区的小康，就没有全面建成小康社会。"能不能全面小康，首先要看贫困人口能不能全部脱贫。习近平总书记用脚丈量，实践出了一条中国特色的扶贫之路。

2013 年元旦前夕，刚刚就任总书记一个半月的习近平，来到河北省阜平县调研扶贫开发工作。临行前习近平要求，不许安排，不能导演，要"看真贫、扶真贫"。

6.2.4　内部链接的数量

本节将从内部投票机制和内部链接数量两个方面对内部链接进行相关阐述。

1. 内部投票机制

在网站内部，如果某一页面中存在内部链接指向另一个页面，即表示该页面对于被链接页面是信任的，从而投了它一票。通过分析内部页面之间的链接关系，搜索引擎可以从中筛选出相对重要的页面。

例如在同一个网站里，页面 A 存在链接指向页面 B，即表示页面 A 对页面 B 是信任的，因而给页面 B 投了一票。换句话说，页面 B 得到了页面 A 的投票。

搜索引擎可以根据网站内部页面之间的链接关系统计出页面的得票数，从而计算出每一个页面的内部链接权重。在网站内部投票中，页面得到的投票越多，其重要性就越大，内部链接权重也就越高。因此，在对网站进行优化的时候，应该让网站中相对重要的页面得到更多的内部链接。

由于在提高目标页面与关键词相关性方面，文本链接所起的作用最大，因此在规划网站内部链接的时候，应该优先使用文本作为链接对象，而且锚文本应该采用与目标页面主题相关的关键词。

2. 内部链接数量

尊重用户的体验，注意链接的相关性，内部链接不要太过泛滥。相关性高的链接有助于提高搜索引擎收录，并且有助于提升用户体验，增加用户黏性，进而提升网站的浏览量。

内部链接一定要保证 URL 的唯一性。特别是动态网站静态化处理过的，只能保留一个链接。链接到具体的页面都只能有一个链接，链接次数多了，很容易导致搜索引擎无法判断哪个是正确的链接页面，进而将之归入重复页面，从而无法获得任何权重。

为了保持优化的自然，尽可能不要靠程序来实现内部链接，依靠手工进行链接准确度会更高。具体内容页要做内部链接的时候，一般当提到和本页内容相关的关键词时，才做一个链接指向该页面，这样不仅让用户了解到更多相关内容，同时也增加了 PV 和提高了用户体验。这样做，还有一个优点，可以让搜索引擎在收录的时候，抓到更多相关的内容，增加收录量和提升页面的权重。

搜索引擎对每个页面的内部链接数量是有一定限制的，如果页面中的内部链接的数量超过一定的限制，则搜索引擎就可能会忽略该页面，或者忽略该页面中超出限制的那部分链接所指向的目标页面。因此，在规划页面时要尽量把页面的内部链接数量控制在合理的范围之内。一般来说，一个页面的内部链接的数量要限制在 100 个以内。

例如，Google 就明确要求页面上的内部链接数量要限制在 100 以内。如果某页面的内部链接数量超过 100，Google 就会忽略该页面，或者忽略 100 以后的那部分链接指向的目标页面。

如图 6-14 所示的页面，Google 会有以下两种处理方式：第一，忽略该页面；第二，忽略该页面中链接 101 及其后的链接指向的目标页面。

```
┌─────────────────────┐
│      链接 1         │
│      链接 2         │
│      链接 3         │
│       ⋮            │
│      链接 100       │
│      链接 101       │
│       ⋮            │
│      链接 M         │
└─────────────────────┘
```

图 6-14　Google 页面链接示意图

6.3　外部链接的优化

扫码看视频

外部链接是指本站以外的链接，表达的是网站之间的链接关系，反映了网站之间的信任关系。与内部链接相反，外部链接具有不可操控性，即网站所有者不能通过正规的手段操控本站以外的页面的导入（导出）链接的数量、链接对象及链接目标等。因此，网站所有者并不能操控页面的外部链接权重。例如，网站 A 的所有者，控制不了网站 B 的页面上的导入（导出）链接的数量、链接对象及链接目标。

6.3.1　外部链接的意义

由于外部链接存在不可操控性，外部链接不管是在提高页面权重还是相关性方面所起的作用都远大于内部链接。就像美国总统选举一样，内部链接就相当于政党内部的选举，推选出来的只是政党内部的总统候选人；而外部链接则相当于全民投票，推选出来的就是美国总统。通过内部链接，搜索引擎可以发现网站中所有的页面；而通过外部链接，搜索引擎几乎可以发现整个互联网。

外部链接的重要性主要体现在搜索引擎优化上。外部链接是搜索引擎对网站权重作评判的标准之一，丰富的外部链接资源可以帮助网站轻松提高其在搜索引擎中的权重，从而提高网站的收录、排名。目前大部分的搜索引擎都非常重视网站的外部链接，将其看作是对该网站的一个投票，投票越多，票的权重越大，就说明这个网站的权重越大。

外部链接的意义可以从如下四个方面来体现。

1. 可以提高网站的权重

影响网站权重的因素很多，如服务器的稳定性、网站友情链接的质量、网站内容的优质程度等，除了这些，另一个重要因素就是外部链接。如果发布链接的平台权重很高，而且发布的链接又被收录了，这样权重高的网站就有更多的权重值传递到网站。这也意味着发布链接的网站的权重也会顺势提高。

2. 有利于网站的收录

如果发布外部链接的网站权重级别很高，蜘蛛形成一定的规律而能够定时爬行，加上优质的网站内容，即使没有做外部链接，网站也会被收录，因此外部链接的数量和质量能够很好地带动网站的收录。

3. 提高网站关键词的排名

外部链接提升排名的作用虽然没以前那么大了，但仍然是一个非常有效的方法。发布外部链接的时候可以在关键词上添加锚文本，这样可以间接地提升关键词的排名。

4. 为网站带来流量

发布一个优质的外部链接，可以增加访问客户的点击兴趣，同时给网站带来流量。如果发布的外部链接正是访问客户所需要的，那么客户很可能会采取行动去购买相应的产品，这样也提升了转化率，这也是搜索引擎优化的终极目标。这个过程可以很好地为网站带来较高的流量，进而提升网站的知名度及扩大品牌建设。

6.3.2 外部链接的推广

外部链接在决定页面权重及相关性方面起着至关重要的作用。因此，为了提高页面的权重及相关性，应该让网站中相对重要的页面得到更多高质量的外部链接，例如网站的首页或者频道的首页。

寻找高质量的外部链接是一件十分艰巨的任务，耗时长（搜索引擎优化 80%以上的时间都是耗费在寻找高质量外部链接上）、工作过程乏味。在本节介绍三种可以有效增加高质量外部链接数量的方法，分别是分类目录、交换链接及使用链接诱饵，以进一步提升网站在搜索引擎中的表现，达到推广网站的目的。

1. 分类目录

分类目录是指通过人工的方式收集网站，并把这些具有一定价值的网站资源按照主题进行整理，组织后存放在相应的目录下，从而形成网站的分类目录体系。由于分类目录是由人工编辑而成，因此，又称为人工分类目录。

既然分类目录是由人工组建，就难免会受到主观因素的影响。然而，也正是受到主观因素的影响，分类目录里网站的质量才能得到保证。因此，搜索引擎非常重视高质量的分类目录。但对于低质量的分类目录，搜索引擎不但不重视，甚至会把它纳入垃圾链接制造厂（垃圾链接制造厂是指存放大量低质量链接的网站或者页面）的范围。一旦被判为垃圾链接制造厂，不管是目录本身还是与该目录存在链接关系的网站都会受到相应的惩罚，例如常见的自主链接系统。

目前，几大主流搜索引擎都有其特别重视的分类目录，即网站如果登录了搜索引擎特别重视的分类目录，则该网站在相应的搜索引擎中就可以得到更高的权重。分类目录的链接具有单向性、高质量等特点，即成功登录分类目录的网站只在单方面继承分类目录中相应页面的权重，而不需要与分类目录分享网站自身的权重。

常见的高质量的分类目录包括：

百度的好 123：www.hao123.com

Google 的 265：www.265.com

搜狗的网址导航：https://123.sogou.com/

中国 Yahoo!：http://www.yahoo001.com/

其中，最重要的要数"好 123"和"265"。因为，目前国内很多网址导航站都是复制"好 123"和"265"这两个网站，登录了这两个网站就相当于登录了数以万计的网站。如图 6-15 所示，为好 123 网站首页部分内容示意图；图 6-16 所示为 265 网站首页部分内容示意图。

第 6 章 网站链接优化

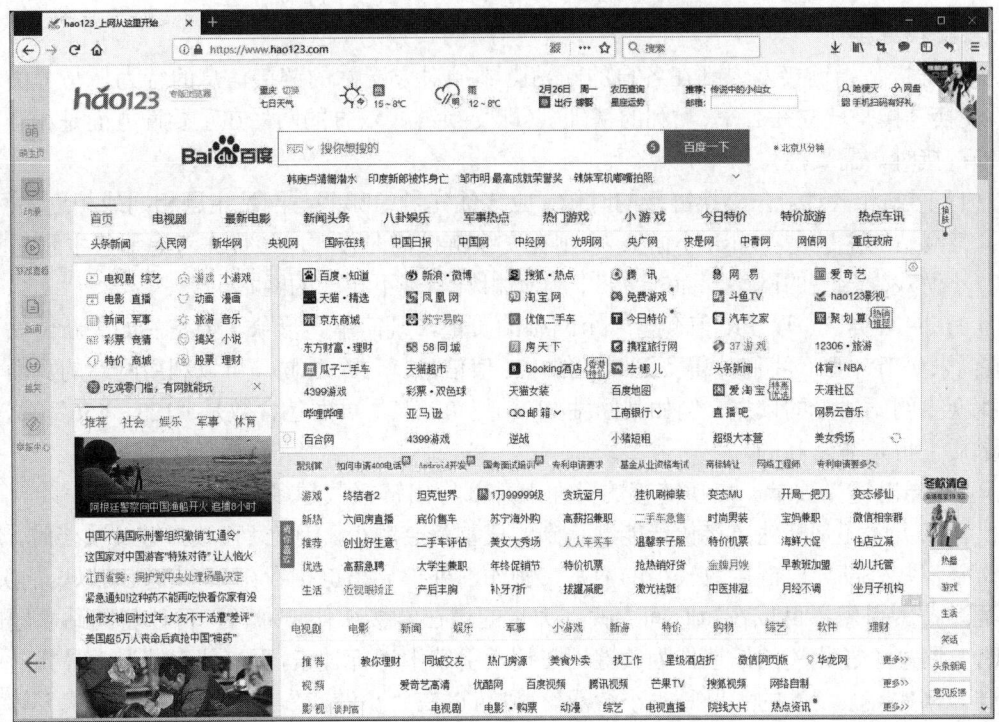

图 6-15 好 123 网站首页部分内容示意图

图 6-16 265 网站首页部分内容示意图

2. 交换链接

交换链接是指链接双方都在各自的网站上添加对方网站的链接信息的行为。与分类目录不同，交换链接是建立在公平、互利的基础上（即交换链接双方的网站在重要性方面是相当的）。在交换链接时，需要注意以下几点：

（1）网站相关性。在交换链接的时候，应该优先考虑哪些与网站主题相同或相近的网站。例如，某网站的主题是"flash 小游戏"，则在交换链接的时候，应该优先考虑那些主题与 flash 或者"小游戏"相关的网站，而非手机、数码相机等毫不相关的网站。

（2）网站质量。以 PR 值衡量一个网站的质量，既简单又形象。但是，如果新建站点的 PR 值尚未更新，那么我们就得不到该站的 PR 值信息。这个时候，可以利用网站的页面包含数作为衡量网站质量的依据。例如某网站 PR 值是 0，但是页面包含数是"123，456"，这样的网站的质量也是非常高的。

（3）导出链接数量。交换链接的页面上外部导出链接数越多（即链接伙伴越多），不管是网站内部页面还是其他链接伙伴能继承到的权重就会越少。因此，在选择链接伙伴时，应该优先选择那些外部导出链接数较少的网站，例如，外部导出链接数在 20 或者 30 以内的页面。

通过搜索引擎，可以在短时间内找到大量的潜在链接伙伴。通常，可以将网站主题的名称或者与网站主题相关的信息作为关键词在搜索引擎中进行搜索，再在搜索结果中寻找潜在链接伙伴。例如，某网站的主题是"小游戏"，则可以在"小游戏"或者"在线小游戏"等搜索结果中寻找潜在链接伙伴，还可以利用搜索引擎的相关搜索功能寻找潜在链接伙伴。例如，"小游戏"的相关关键词包括"单机小游戏""做蛋糕小游戏"等，则可以在这些相关关键词的搜索结果中寻找潜在链接伙伴，如图 6-17 所示。

图 6-17 与"小游戏"相关的关键词示意图

此外，还可以在"关键词+空格+交换链接"的搜索结果中寻找潜在链接伙伴。其中，关键词可以是网站的主题名称，也可以是与网站主题名称相关的词语。例如，"小游戏 交换链接"的搜索结果如图 6-18 所示。

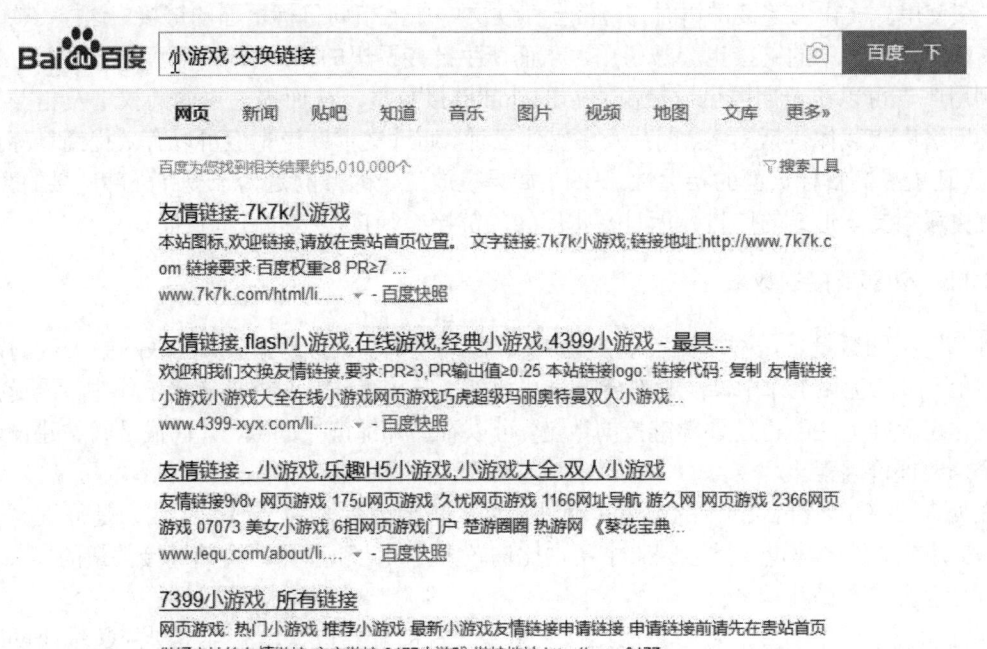

图 6-18　关键词"小游戏 交换链接"搜索结果示意图

3．链接诱饵

链接诱饵是指通过内容或资源吸引外部导入链接的行为，常见的链接诱饵包括软文、广告等。

在使用链接诱饵的方式增加外部导入链接时，需要注意链接的锚文本及路径。

（1）在链接诱饵中，应优先使用文本作为链接对象，且以目标页面的主题名称作为锚文本，这样才能进一步发挥链接诱饵的作用。例如，目标页面的主题是"网站优化"，则在链接诱饵中最好使用关键词"网站优化"作为锚文本。

（2）链接路径分为绝对路径和相对路径。绝对路径是指文件在网站中存储的真实路径。例如，http://www.seoweb.org.cn/wangzhanyouhua.html 就是指存放在网站 www.seoweb.org.cn 的根目录下。相对路径是指文件相对于其他文件的存储位置（格式为"/目录名称/文件名"）。在网站内部常使用相对路径引用相应的文件。如果对某一个文件的引用是使用相对路径的，则该文件的 URL 会随着服务器地址的变化而变化。例如，如果链接地址使用相对路径/wangzhanyouhua.html，则该链接所载的内容被转载后就会出现这样的情况，如果内容被网站 www.seoweb.org.cn 转载，则链接地址就变为 www.seoweb.org.cn/wangzhanyouhua.html；如果内容被网站 www.17flash.com 转载，则链接地址就变成 www.17flash.com/wangzhanyouhua.html。也即是说，如果链接地址使用相对地址，那么即使内容被转载，链接也只属于转载网站，而与原创内容的页面无关，也就发挥不了链接诱饵的作用。因此，链接诱饵中的链接地址必须使用

"绝对路径"。

软文是指报纸、杂志或网络等宣传载体上刊登可以提升企业品牌形象和知名度，或促进产品销售的宣传性、阐释性文章，例如，特定的新闻报道、技术文章、付费短文广告、案例分析等。在使用软文作为链接诱饵时，通常会在软文中加上指向目标页面的链接。这样，软文被广泛转载时，软文中的链接也会被引用，从而产生链接诱饵的作用。

利用广告可以在短期内迅速提高网站的外部链接数量，从而提高页面的权重及相关性。常见的网络广告载体包括文本、图片及多媒体三种。通过文本广告不但可以有效提高目标页面的权重，还能提高目标页面的相关性。因此，如果投放广告的目的是为了提高外部链接的数量，则应优先采用文本形式的广告，而且文本广告的链接必须直接指向目标页面。

6.3.3 外部链接的数量

外部链接的数量，是网站流行度的重要表现，是网站在搜索引擎及互联网中表现的影响因素。在平时的优化工作中，一般都会十分注意外部链接工作。在外部链接工作中，最受搜索引擎优化工程师关注的也是外部链接的数量。可以看出外部链接的数量，往往是网站建设好坏的一个重要评价因素。

在搜索引擎中，外部链接的数量是网站排名的重要因素，甚至很多人认为是最重要的因素。确实外部链接的数量在排名因素中所占比例较大，因此随着网站外部链接数量的提高，网站的排名也会慢慢提升。

网站建设中外部链接的数量是网站搜索引擎表现的重要依据，外部链接的数量通过以下三个方面影响网站的知名度。

（1）外部链接数量越多，网站蜘蛛爬行的概率更大，收录和快照就更多。网站外部链接数量越多，通过外部链接爬行网站的途径也就相对更多。网站被蜘蛛爬行的次数越多，被收录的概率也就更大，网站快照更新也更快。通常情况下，外部链接一万的网站比外部链接一千的网站的收录量会多很多。

（2）外部链接数量越多，网站获得的权重越高，网站排名会更有优势。权重是通过链接传递的，网站拥有更多的外部链接，权重也就相对更高，网站关键词排名就更好；权重高的网站收录也会更好，因为该网站中有更多的网页能达到搜索引擎的收录要求。

（3）外部链接数量的多少，会影响点击进入的用户数量。即外部链接数量越多，点击进入网站的用户也会越多。在相同的点击率下，外部链接的数量越多，点击进入的用户也就越多。

外部链接的数量虽然影响着网站的搜索引擎表现，但并非外部链接数量越多，网站的整体流量排名就越好。如果忽略链接在源页面中的位置及存在的时间，所有外部链接指向的目标页面也是以平均的方式继承源页面的权重。因此，如果页面中存在过多的外部链接，不但会减少外部目标页面继承的权重，也会给网站内部页面带来很大的负面影响，甚至被搜索引擎认为是垃圾链接页面。

例如很多网站的友情链接页面，动辄就是几百个外部链接。对于这样的页面，搜索引擎会把它当作是垃圾链接页面。一般情况下，页面的外部链接数量在 100 以内是合法的。但综合考虑内、外部目标页面的权重继承等问题，在友情链接页面中，外部链接数量控制在 40 以内为宜；而其他重要页面的外部链接数量应该控制在 20 以内，例如网站首页、频道首页等外部链接的数量应控制在 20 以内为宜。

6.3.4　外部链接的质量

外部链接是支持关键词排名的重要因素，从百度 CEO 李彦宏的"超链分析专利"就可看出外部链接对网站排名的影响。"内容为王，外链为皇"也道出了外部链接在搜索引擎优化排名过程中的作用。质量高于数量，一个高质量的外部链接常常比几十、几百个低质量的外部链接有效得多，两三个高质量的外部链接常常会使网站的排名有质的飞越。

高质量的外部链接需要具备广泛性、相关性和权威性这三个特性。外部链接的广泛性是指外部链接的来源分布不单一。外部链接的相关性是指在合适的网页版块出现与之适应的内容及链接。外部链接的权威性是指行业的领导者站点能够给予网站一个投票，也就是链接。

高质量的外部链接应该是集广泛性、相关性和权威性于一身的链接。

一个高质量的外部链接应该具备如下所示的部分条件或全部条件。

（1）点击流量。从搜索引擎优化的角度看，外部链接是提高排名的最直接手段，但点击流量才是链接的最初意义。如果能从流量大的网站得到链接，就算链接有 NoFollw 或转向，不能直接提高排名，只要能得到点击流量，就是一个高质量的外部链接。从这个意义上来说，网站 Alexa 排名也可以是快速判断链接质量的标志之一，因为 Alexa 排名能粗略反映流量水平。某些外部链接带来每天几百几千，甚至上万的点击流量都有可能。

（2）单向链接。最好的外部链接是对方站长主动给予的单向链接，不需要链接回去。两个网站互相链接，权重比单向链接要低很多。当然单向链接的获得比交换难得多，正因为这样单向链接的价值才更高。

（3）自发及编辑。好的链接是对方站长自愿自发提供的，而且通常是站长的编辑行为，也就是说在文章中提到某个概念时，认为你的页面是最好、最权威的，所以链接到你的页面。这种有编辑意义的链接，才是真正意义上的投票。

（4）内容相关性。寻找外部链接来源时，内容相关性非常重要。内容相关性既适用于整个网站级别，也适用于页面级别。网站主题相关当然最好，有的时候某个页面不一定与整个网站主题完全吻合，页面本身的主题与被链接页面相关，也比无关页面的链接权重高。

（5）锚文本。锚文本中出现目标关键词是最好的外部链接，在搜索引擎排名算法中有很大比重，但锚文本也不能过度集中。一个网站首页获得的外部链接全部使用一个锚文本，通常是首页的最重要目标关键词，往往是导致惩罚的原因之一，因为太不自然，刻意优化的痕迹太明显。所以在可能的情况下，来自重要页面的链接尽量使用目标关键词做锚文本。权重不太高的页面，适当混合各种各样的锚文本。

（6）链接位置。页脚、左侧或右侧导航中的广告部分，专门设置的友情链接页面都是最常见的买卖链接和交换链接的位置。搜索引擎通过对页面分块，可以鉴别出这些位置的链接，降低其投票权重。最好的外部链接出现在正文中，因为只有在正文中才是最有可能带有编辑意义的自发链接。

（7）域名权重及排名。发出链接的域名注册时间、PR 值及网站首页目标关键词排名如何，都能直接影响链接的效果。寻找链接来源时，最好搜索一下对方网站首页目标关键词（通常在首页 title 中体现），也要搜索一下对方网站或公司名称，看看排名在什么地方。排名越好，说明对方网站权重越高。搜索对方目标关键词并不一定要求排名在前十或前二十。就外部链接获得来说，排名在前十几页都说明有一定的权重和排名能力，是不错的链接来源。

（8）页面权重及排名。除了网站整体权重和排名，发出链接的页面权重及排名能力也是需要注意的地方。除了使用首页交换链接外，从其他网站首页获得链接是很困难的，从内页获得链接就容易得多。有的时候，从内页发出的链接不一定就比首页链接效果差多少。很多网站内页本身就有大量外部链接，内页的权重也很高。

（9）导出链接数目。页面上导出链接越多，每个链接所能分得的权重就越少。很多专门用于友情链接交换的页面没有其他实质内容，全部是导出链接，可能多达几十上百个。从这样的页面获得链接效果就很差。有实质内容的博客帖子、新闻页面等，通常导出链接就少得多，从这些页面获得的链接效果就较好。

（10）页面更新及快照。如果页面在搜索结果中的快照很新，说明这个页面经常被搜索引擎蜘蛛抓取。这样的页面不仅权重、投票力比较高，也意味着加上去的链接能很快被检索到，较快计入排名。如果页面快照是几个月前的，获得链接后可能还要过几个月才能被收录。

（11）来自 edu、gov 等域名。通常 edu、gov 域名上垃圾内容比较少，这些网站由于与政府、教学、科研机构的关系，本身获得高质量外部链接的机会比商业网站高得多。因此 edu、gov 域名累计下来的质量优势，其给出的链接效果一般都是较好的。

6.4　本章小结

（1）链接是影响页面权重及相关性最重要，也是最难掌控的因素。
（2）内部链接也可以称为"站内链接"，是指同一网站域名下的内容页面之间互相链接。
（3）外部链接也可以称为"反向链接"或"导入链接"，是指通过其他网站链接到本网站的链接。
（4）一般情况下，一个页面的内部链接的数量要限制在 100 个以内；一个页面的外部链接数量在 100 以内是合法的。
（5）外部链接的推广可以采用分类目录、交换链接及使用链接诱饵这三种方法。

6.5　实训

1. 实训目的

通过本节实训了解网站外部链接的概念，能够为网站制作外部链接。

2. 实训内容

（1）书写 HTML 标记。超文本标记语言是标准通用标记语言下的一个应用，通过标记符号来标记要显示的网页中的各个部分。超文本标记语言的结构包括"头"部（Head）和"主体"部分（Body），其中"头"部提供关于网页的信息，"主体"部分提供网页的具体内容。如下所示为 HTML 的一个简单示例：

```
<html>
<body>
<h1>网页标题</h1>
<p>我的第一个网页文档</p>
</body>
</html>
```

如图 6-19 所示为 HTML 的简单示例运行显示结果。

网页标题

我的第一个网页文档

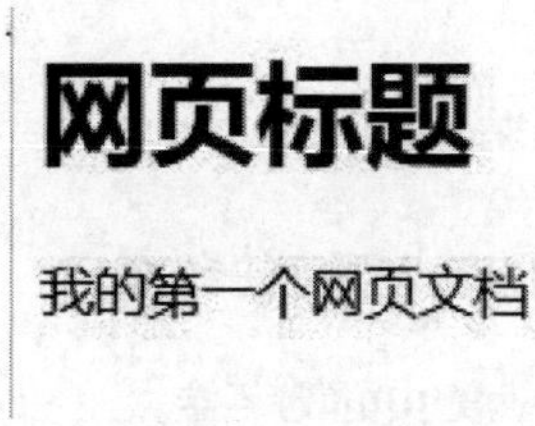

图 6-19　HTML 简单示例运行显示结果示意图

（2）用 HTML 制作网页。HTML 标记标签通常被称为 HTML 标签（HTML tag）。HTML 标签是 HTML 语言中最基本的单位，HTML 标签是 HTML（标准通用标记语言下的一个应用）最重要的组成部分。如下所示为 HTML 标签的一个简单示例：

```
<html>
<head>
<title>我的第一个 HTML 页面</title>
</head>
<body>
<p>body 元素的内容会显示在浏览器中。</p>
<p>title 元素的内容会显示在浏览器的标题栏中。</p>
</body>
</html>
```

如图 6-20 所示为 HTML 标签的一个简单示例运行显示结果。

body 元素的内容会显示在浏览器中。

title 元素的内容会显示在浏览器的标题栏中。

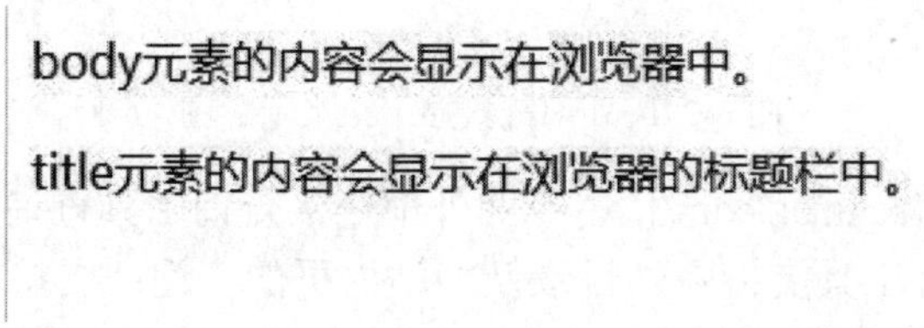

图 6-20　HTML 标签的一个简单示例运行显示结果示意图

（3）为网站制作链接。HTML 超链接可以是一个字、一个词，或者一组词，也可以是一幅图像，当点击这些内容时跳转到新的文档或者当前文档中的某个部分。当把鼠标指针移动到网页中的某个链接上时，设置了超链接部分的箭头会变为一只小手，表示超链接设置成功。

在 HTML 中通过使用<a>标签在 HTML 中创建链接。

有两种使用<a>标签的方式，一种方式是通过使用 href 属性——创建指向另一个文档的链接；另一种方式是通过使用 name 属性——创建文档内的书签。

HTML 链接的语法格式很简单，链接的语法格式如下所示：

```
<a href="url">Link text</a>
```

其中：href 属性规定链接的目标；开始标签和结束标签之间的文字被作为超链接来显示。

如下所示为 HTML 链接的一个简单示例：

```
<html>
<body>
<p><a href="/index.html">本文本</a>是一个指向本网站中的一个页面的链接。</p>
```

\<p>\<a href="http://www.baidu.com/">本文本\</a>是一个指向百度搜索上的页面的链接。\</p>
\</body>
\</html>

如图 6-21 所示为 HTML 链接运行显示结果：

图 6-21　HTML 链接运行显示结果示意图

如图 6-21 所示运行结果，当单击第 2 行的"本文本"时，如图 6-22 所示，会链接到"百度搜索"的主页，这是因为在 HTML 代码中为第 2 个"本文本"设置了外部链接，且外部链接至 http://www.baidu.com/。

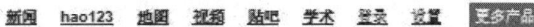

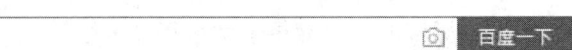

图 6-22　外部链接显示结果示意图

（4）在 http://outlink.chinaz.com/使用专业外部链接查询工具查询不同网站的外部链接情况。该专业外部链接查询工具支持网站目录及网站内页的查询；支持中文域名的查询，其中 xn--形式的域名会自动转成中文域名显示。使用专业外部链接工具查询百度搜索网站的外部链接情况，如图 6-23 所示。

导出其数据得到如图 6-24 所示的百度外部链接排名前 50 情况，该图中展示了百度外部链接排名前 50 的各个网站的相关信息。

（5）使用专业外部链接工具查询新浪网站的外部链接情况，打开网站 http://outlink.chinaz.com/，输入新浪网址，如图 6-25 所示。

点击"显示链接"，得到外部链接情况，如图 6-26 所示。

查看每个外链网站的具体信息，包含权重、PR、反链数以及链接名称等，如图 6-27 所示。

导出其数据得到如图 6-28 所示的 Yahoo!外部链接排名前 50 情况，该图中展示了 Yahoo!外部链接排名前 50 的各个网站的相关信息。

第 6 章 网站链接优化

图 6-23 百度搜索外部链接情况查询示意图

标题	网址	百度PR	谷歌PR	反链数	链接名称	是否带NOFOLLOW
PPS影音-看你想看,高清影视剧,卫视	v.pps.tv	9	6	363	百度	否
社会新闻_新闻中心_新浪网	news.sina.com.cn/society	9	8	15790	图片链接	否
八卦一箩筐Vol.26 - 高清在线观看	v.qq.com/cover/y/yp9yq0f92n0o71k.html?vid=z0017ngzgfl	9	7	15095	图片链接	否
JY《英雄克制》当前版本如何吊打最	v.qq.com/cover/a/a3vymc56359gaqz.html?vid=t0167uysqmy	9	7	15095	图片链接	否
大海实况我的世界星系模组 - 高清在	v.qq.com/cover/h/hznes1e91qd99ho.html?vid=q0164s08n0(	9	7	15095	图片链接	否
我的世界动画作品 - 高清在线观看	v.qq.com/cover/7/7r7d2m9w218c88p.html?vid=r01675a2b4(	9	7	15095	图片链接	否
小白实况我的世界至死不渝的爱 - 高	v.qq.com/cover/1/1ug79aevo0j5hcw.html?vid=n0161zrm7tr	9	7	15095	图片链接	否
我的世界动画作品 - 高清在线观看	v.qq.com/cover/7/7r7d2m9w218c88p.html?vid=p0163vumkbf	9	7	15095	图片链接	否
新游前哨站Vol.35 - 高清在线观看	v.qq.com/cover/b/b0vhbh7hpm7hf40.html?vid=b01612zejni	9	7	15095	图片链接	否
我的世界动画作品 - 高清在线观看	v.qq.com/cover/7/7r7d2m9w218c88p.html?vid=w0165bw2agg	9	7	15095	图片链接	否
天天炫斗精彩视频 - 高清在线观看	v.qq.com/cover/p/py8ar9poaik3uon.html?vid=m0166gqbcgr	9	7	15095	图片链接	否
穿越火线官方视频 - 高清在线观看	v.qq.com/cover/e/emjd3rtlvptrygd.html?vid=v0015yswyji	9	7	15095	图片链接	否
（小智）超炫盲僧二合一，不秀剁手	v.qq.com/cover/r/r9kfhnvb4zfi48y.html?vid=s01551h81vv	9	7	15095	图片链接	否
帮助及反馈	www.iqiyi.com/common/helpandsuggest.html?entry=yedi	9	7	15407	下载声卡驱动	否
中国好声音 第4季 2015-10-07期 周	v.qq.com/cover/b/bkgjc45foeyj2vt/l0018qxelht.html	9	7	15095	图片链接	否
中国好声音第四季_腾讯视频全网独播	v.qq.com/voice4	9	7	15095	图片链接	否
中国好声音 第4季 2015-10-07期 汪	v.qq.com/cover/b/bkgjc45foeyj2vt/o0018qcg51p.html	9	7	15095	图片链接	否
中国好声音 第4季 2015-10-07期 一	v.qq.com/cover/b/bkgjc45foeyj2vt/o0018y34o9o.html	9	7	15095	图片链接	否
中国好声音 第4季 2015-10-07期 独	v.qq.com/cover/b/bkgjc45foeyj2vt/j0018emfuj9.html	9	7	15095	图片链接	否
【雷神(ThundeRobot) 911-E1 15.6	product.it168.com/detail/doc/729289/index.shtml	9	6	591	雷神(ThundeRobot) 91..	否
【海尔 MOOKA智能电视 50英寸单机版	product.it168.com/detail/doc/671568/index.shtml	9	6	591	海尔MOOKA智能电视 50...	否
【华为荣耀 7i 移动联通电信4G 沙滩	product.it168.com/detail/doc/1106979/index.shtml	9	6	591	华为荣耀7i 移动联通...	否
【佳能 EOS 70D 单反套机(EF-S 18-	product.it168.com/detail/doc/611748/index.shtml	9	6	591	佳能EOS 70D 单反套机...	否
【三星 Note3 N9008 16GB 移动版3(	product.it168.com/detail/doc/614982/index.shtml	9	6	591	三星Note3 N9008 16GB..	否
【AOC LV243XIP报价】怎么样_价格_	product.it168.com/detail/doc/724318/index.shtml	9	6	591	AOC LV243XIP最新报价	否
【AOC T3207M 31.5英寸净蓝光护眼	product.it168.com/detail/doc/1099428/index.shtml	9	6	591	AOC T3207M 31.5英寸...	否
【格力 KFR-50LW/(50522)FNAb-A3	product.it168.com/detail/doc/665683/index.shtml	9	6	591	格力KFR-50LW/(50522)..	否
【海尔 BCD-205STPH 205升三门冰箱	product.it168.com/detail/doc/713886/index.shtml	9	6	591	海尔BCD-205STPH 205...	否
【苹果 iPhone6 A1586 16GB 公开版	product.it168.com/detail/doc/844554/index.shtml	9	6	591	苹果iPhone6 A1586 16..	否
【联想 Y430p 14英寸笔记本(i5-421	product.it168.com/detail/doc/712896/index.shtml	9	6	591	联想Y430p 14英寸笔记...	否
【联想 G50-75 15.6英寸笔记本(A1(	product.it168.com/detail/doc/830525/index.shtml	9	6	591	联想G50-75 15.6英寸...	否
【格力 KFR-32GW/(32583)FNAa-A3	product.it168.com/detail/doc/680934/index.shtml	9	6	591	格力KFR-32GW/(32583)..	否
【美菱 BCD-568WEC 568升L 对开门	product.it168.com/detail/doc/1097740/index.shtml	9	6	591	美菱BCD-568WEC 568升..	否
魅族mx4-泡泡网	product.pcpop.com/000639226/index.html	9	5	806	更多魅族MX4 16GB 联通版	否
【努比亚手机】中兴努比亚Z9 Max黑	product.pcpop.com/000946836/index.html	9	5	806	更多努比亚Z9 Max 全网通	否
佳能EOS 70D 单反机身(中高级单反	product.pcpop.com/000345081/index.html	9	5	806	更多佳能EOS 70D 单反机身	否
索尼PlayStation 4 PS4 电脑娱乐机	product.pcpop.com/000875715/index.html	9	5	806	更多索尼PlayStation 4 I	否
苹果Watch Sport 智能手表（38mm/	product.pcpop.com/000970424/index.html	9	5	806	更多苹果Watch Sport 智能	否
华为荣耀畅玩4C 8GB电信版4G手机（	product.pcpop.com/000952014/index.html	9	5	806	更多华为荣耀畅玩4C 8GB电	否
微软Surface Pro 3 中国版 12英寸	product.pcpop.com/000573648/index.html	9	5	806	更多微软Surface Pro 3	否
【小米note女神版】小米note评测大	product.pcpop.com/000913920/index.html	9	5	806	更多小米Note 16GB 移动版	否
【尼康d7500】最新尼康d750报价-泡	product.pcpop.com/000686725/index.html	9	5	806	更多尼康D750 全画幅单反	否
ipad air ios8-泡泡网	product.pcpop.com/000705182/index.html	9	5	806	更多苹果iPad Air2 MGLW2	否
【ipad mini3】ipad mini3配置_价	product.pcpop.com/000709727/index.html	9	5	806	更多苹果iPad mini3 MGN\	否
苹果ipad air_苹果air电脑报价-泡泡	product.pcpop.com/000368730/index.html	9	5	806	更多苹果iPad Air MD788(	否
雪寒书馆的首页	www.360doc.com/userhome/16436572	9	5	1097	【国产老电影战争片】	否
凤凰新闻客户端	news.ifeng.com/app	9	7	34000	链接名称为空	否
Hello!动漫圈第二季 动漫圈第2季01	v.qq.com/cover/i/i58gbmklyndux8c.html?vid=f0018hxl5pl	9	7	15095	图片链接	否
完美世界 最新章节 无弹窗广告 - 顶	www.23wx.com/html/42/42377	9	0	92	完美世界最新章节	否
雪鹰领主 最新章节 无弹窗广告 - 顶	www.23wx.com/html/55/55519	9	0	92	雪鹰领主最新章节	否

图 6-24 百度外部链接排名前 50 情况

图 6-25 输入新浪的网址进行查询

导出数据　1 2 3 4 5 6 7 8 9 10 > >> 共 626 页，到第 页 确定

序号	标题	反链域名	权重	PR	反链数	链接名称	带nofollow
1	李小琳本周将正式赴任大唐集团副总经理-新闻频...	news.hexun.com/2015-07-06/177317742...	9	6	≈961	新浪网	否
2	青椒土豆白菜_天涯部落_天涯社区	bbs.tianya.cn/list-50389-1.shtml	9	6	≈2180	新浪网	否
3	南海网 - 海南新闻网 - 权威媒体 海南门户	www.hinews.cn	8	7	≈1348	新浪网	否
4	360安全中心 - 国内最大的免费安全平台 - 360...	www.360.cn/custom/bdhezuo.html	8	7	≈29815	新浪	否
5	图库首页_金鹰网	www.hunantv.com/photo	8	7	≈4052	图片链接	否
6	中国日报网	www.chinadaily.com.cn/static_c/gyzgrbwz...	8	8	≈6853	新浪	否
7	台海网 >> 首页 - 台海局势,两岸关系,台湾新闻,...	www.taihainet.com	8	7	≈571	新浪网	否
8	风行网-中国领先的新一代视频平台	www.fun.tv	8	0	≈1501	新浪网	否
9	扬子晚报网	www.yangtse.com	7	8	≈1028	新浪网	否
10	新浪微博手机客户端 5.5.0 For Android - 绿色软...	www.xdowns.com/soft/184/phone/android...	7	6	≈1761	官方主页	否
11	360导航_新一代安全上网导航	hao.360.cn/next.html	7	7	≈37055	新浪	否
12	360导航_新一代安全上网导航	hao.360.cn	7	7	≈37055	新浪	否
13	360导航_新一代安全上网导航	hao.360.cn/.	7	7	≈37055	新浪	否

图 6-26 新浪外部链接情况查询示意图

第6章

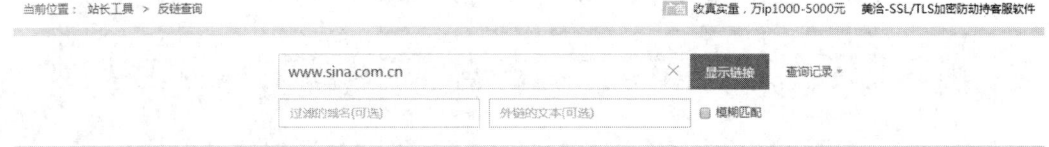

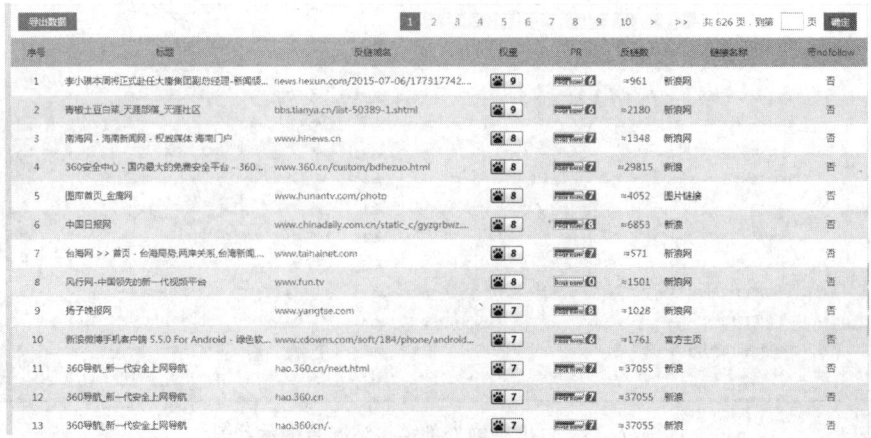

序号	标题	反链域名	权重	PR	反链数	链接名称	用nofollow
1	李小琪本周将赴任大唐集团副总经理-新闻频...	news.hexun.com/2015-07-06/177317742...	9	6	≈961	新浪网	否
2	青椒土豆白菜_天涯部落_天涯社区	bbs.tianya.cn/list-50389-1.shtml	9	6	≈2180	新浪网	否
3	南海网 - 海南新闻网 - 权威媒体 海南门户	www.hinews.cn	8	7	≈1348	新浪网	否

图 6-27　查看外链网站详细情况

标题	网址	百度PR	谷歌PR	反链数	链接名称	是否带NOFOLLOW
国外网站_360导航	hao.360.cn/guowaiwangzhan.html	7	7	37055	Yahoo!	否
国外网站大全_国外视频网站_国外新闻网站_国外购	www.2345.com/world.htm	7	6	11411	雅虎	否
国外网站_国外媒体、国际组织、国外名站、wangzh	www.wndhw.com/html/class_105.htm	7	2	79	Yahoo!	否
国外 – 搜狗网址导航	123.sogou.com/qita/guowai.html	6	7	2943	Yahoo!	否
国外网址大全 – 3456网址导航 3456.CC	www.3456.cc/guowai_wangzhan/index.htm	6	5	1532	Yahoo!	否
亚洲网站大全 亚洲网址导航	www.kanguowai.com/yazhou	6	0	25	访问	否
科技宅要怎样帮助难民？只有想不到，没有做不到...	www.ifanr.com/570680#comments	6	6	464	yahoo	否
爱范儿	www.ifanr.com/feed	6	6	464	yahoo	否
科技宅要怎样帮助难民？只有想不到，没有做不到...	www.ifanr.com/570680	6	6	464	yahoo	否
123网址之家-海外中文网站	www.1234wu.com/wzdh/hwzw.htm	6	5	1682	Yahoo!	否
123网址之家-搜索引擎 类目 排行	www.1234wu.com/wzdh/ph2.htm	6	5	1682	Yahoo![英]	否
国外名站导航	www.qkankan.com/famous	6	4	86	访问	否
国外门户网站	www.qkankan.com/composite	6	4	86	图片链接	否
雅虎	www.qkankan.com/north-america/america	6	4	86	图片链接	否
hao360国外网站网址大全	www.hao360.cn/123456/74.html	6	6	843	Yahoo!	否
国外-国外网址大全-12345网址大全-一个好网站-w	www.12345good.com/guowai.shtml	5	5	358	Yahoo!	否
Yahoo!美国网站 世界各国网址大全	www.world68.com/show.asp?id=7664	5	4	77	Yahoo!	否
国外搜索引擎；英文搜索引擎和目录 -- 中文搜索引	www.sowang.com/search/searchen.htm	5	5	167	http://www.yahoo.com	否
友情链接—京华网	www.jinghua.cn/about/youqinglianjie.sh	4	8	1245	雅虎	否
国外网址 – 人人导航	dh.ybx8.cn/i_class.php?column=5&cl	4	3	12	Yahoo!	否
网站编辑员注册 – 0430.com/member/register.aspx	www.0430.com/member/register.aspx	4	2	2032	Yahoo官网	否
雅虎[www.yahoo.com]的得分:97 – 0430网站综合	www.0430.com/tool/index/us124695.html	4	2	2032	http://www.yahoo.com	否
网站提交登录中 – 0430网站库，最受全球网友喜欢	www.0430.com/member/announce.aspx	4	2	2032	Yahoo官网	否
雅虎 – 0430网站库	www.0430.com/us/web124695	4	2	2032	http://www.yahoo.com	否
合作伙伴 – 0430全球网站库	www.0430.com/ad/partners.aspx	4	2	2032	Yahoo官网	否
东方网	www.eastday.com	4	8	2492	雅虎搜索	否
国外网站-123好网址大全	www.123hw.com/html/guowai/index.htm	4	3	112	Yahoo!	否
留学网站大全 出国留学网址导航 出国留学网站排行	y.liuxue86.com	4	3	8	雅虎	否
商业电讯(Business Press Release Newswire)	www.prnews.cn	4	6	93	图片链接	否
Welcome to Men at Play!	Men at Play	www.menatplay.com	4	0	3	Leave	否
公共信息	www.henannu.edu.cn/s/4/t/2124/p/37/c/6	4	0	335	雅虎	否
中国免费论文网-免费论文|毕业论文|职称论文|论	www.lunwendata.com	4	4	6	图片链接	否
绿色_国外网站大全 国内网址导航 汇集全球所有	www.lvse.com	4	4	3317	Yahoo	否
雅虎_百外站网站知识库	www.baiwanzhan.com/site/t10249	4	4	1039	http://www.yahoo.com	否
雅(domain:www.yahoo.com)的百万指数评分:98	www.baiwanzhan.com/service/i10249	4	4	1039	http://www.yahoo.com	否
Cosmetics	BobbiBrown.com	www.bobbibrown.com	4	5	3	Yahoo! Beauty	否
福利档网址导航 – 福利网站全收录，一键直达好去处	123.fulidang.com	3	0	2	图片链接	否
中国义乌国际小商品博览会（义博会）	www.yiwufair.com	3	0	103	Yahoo!	否
众果搜-ZhongGuoSou.com-整合分类搜索引擎资源	www.zhongguosou.com	3	0	19	雅虎搜	否
香港六合彩公司开奖结果现场直播曾道人特码www	www.5949.com	3	0	2	Yahoo	否
玉溪网-玉溪综合门户网站	www.yuxinews.com	3	6	208	雅虎	否
Daoiqi	www.daoiqi.com	3	0	1	Yahoo	否
Adidas官网	阿迪达斯中国官网,Adidas鞋子, 德国	www.adidasscn.com	3	0	8	雅虎	否
国外网址大全 – haofff.com – 国外网站大全	www.haofff.com	3	0	2	雅虎美国	否
LOL（英雄联盟）代练工作室-为您提供专业LOL代练	www.loldla.com	3	0	0	雅虎	否
龙腾网导航-世界各国网址大全，国外网址导航，世	www.ltaaa.net	3	0	137	图片链接	否
成都信用卡套现 取现	代还	www.hsr888.com	3	0	0	雅虎	否
生意网址导航 生意人一站式服务平台 行业网址导航	123.toocle.com	2	0	131	雅虎搜索	否
IPv6网址之家 – IPv6网站资源大全，IPv6中的hao	web.ipv6home.cn	2	0	7	雅虎Yahoo	否
防裂袜	脚气袜	脚干脚裂保健袜	防裂袜厂家	脚裂	www.zhenrun-china.com	2	0	0	雅虎	否

图 6-28　Yahoo!外部链接排名前 50 情况

6.6　习题

1．选择题

（1）以下哪个不是元标签或元标签属性（　　）。

　　A．keywords　　　B．description　　　C．title　　　　　D．meta

（2）a 标签是（　　）。

　　A．超链接标签　　B．空格标签　　　　C．换行标签　　　D．加粗标签

（3）网站的标题标签一般是写在（　　）。

　　A．head 中　　　　B．meta 中　　　　　C．body 中　　　　D．footer 中

（4）外部链接的作用不包括（　　）。

  A．提升权重　　　B．宣传网站　　　C．提升 PR 值　　　D．提高原创性

（5）选择链接时下面哪个是最重要的（　　）。

  A．链接文字　　　　　　　　　　B．PR 值

  C．链接页面上的外链数　　　　　D．链接页面上的 title 标签

（6）搜索引擎最信任哪种网站（　　）。

  A．PR 值中等的网站

  B．.edu 和 .gov 网站

  C．PR 值低但反向链接多的网站

  D．PR 值中等到高且拥有很多高 PR 值反向链接的网站

2．简答题

（1）简述网站链接。

（2）简述网站的内部链接。

（3）简述网站的外部链接。

（4）简述网站内部链接的意义。

（5）简述网站外部链接推广所使用的方法。

第7章
搜索引擎作弊分析与解决

【本章导读】

本章首先介绍了搜索引擎的相关定义、黑帽和白帽的定义和特点,然后重点介绍了搜索引擎作弊的具体手段和危害,以及在搜索引擎优化的过程中出现的一些误区,最后通过实训来加深对白帽 SEO 的理解。

【本章要点】

- 搜索引擎作弊
- 白帽与黑帽
- 搜索引擎的优化误区
- 网站作弊处理

7.1 搜索引擎作弊简介

7.1.1 搜索引擎作弊概述

搜索引擎优化是针对各种搜索引擎的检索特点，让网站建设和网页设计的基本要素适合搜索引擎的检索原则，从而获得搜索引擎收录并在检索结果中排名靠前，以进一步提高网站访问量，最终提升网站的销售能力和宣传能力的技术。

搜索引擎作弊是指针对搜索引擎算法的不完善而采取相应欺骗性的手段，以提高页面权重及相关性的行为。追求网站的高排名是搜索引擎优化的目标，然而要在短期内大幅提高网站排名是一件困难的事情，一个页面一般需要经过漫长的过程，才能变得比较"知名"，特别是在这个搜索引擎占主导地位的时代，然而为了追求利润，很多不道德的搜索引擎优化人员已经不满足于正当的优化过程，而是寻求"捷径"，采用一些欺骗搜索引擎的手段，使得 Web 页面在检索结果中的排名高于其实际应得的排名，这种行为就被称为搜索引擎作弊。

7.1.2 搜索引擎作弊分类

根据表现形式不同，搜索引擎作弊可以大体分为内容作弊、链接作弊和隐藏作弊三类。

1. 内容作弊

内容作弊是指作弊网站利用内容信息欺骗搜索引擎，提高某些页面的查询、相关性，这种作弊方式大多是针对网站中的文本信息内容。内容作弊是一种简单、易操作的作弊模式，作弊者在网页中注入大量的热门关键词，有时甚至会加入整个词典，其中主要作弊手段有：关键词堆砌、镜像网站、门页、伪装等。内容作弊的目的是通过精心更改或者调整网页内容，使得网页在搜索引擎排名中获得与其网页不相称的高排名。搜索引擎排名一般是通过内容相似性和链接重要性来进行计算的，内容作弊主要针对搜索引擎排序算法中的内容相似性部分。通过故意加大目标词词频或在网页重要位置引入与网页内容无关的单词来影响搜索结果排名从而达到搜索引擎作弊的效果。

2. 链接作弊

链接作弊是利用搜索引擎对外部链接关系的重视，围绕建立外部链接而开展的一系列欺骗搜索引擎的行为，其常用的作弊手段是垃圾链接。垃圾链接是试着通过非正常的手段获得大量高质量或者低质量外部导入链接的行为，严格地说垃圾链接是一种行为，而不在于导入链接所在页面质量的高低。从导入链接所在页面质量的角度出发，垃圾链接可以分为高质量垃圾链接及低质量垃圾链接；从源页面与目标页面链接关系的角度出发，可分为单向垃圾链接及双向垃圾链接。

3. 隐藏作弊

隐藏文字是常用的搜索引擎作弊方式，通过"隐藏"页面中堆砌的关键词，达到既增加关键词词频，提高页面相关性，又不影响页面美观及用户体验的目的。隐藏文本通常通过控制文本的字号及颜色属性值来实现，因此对于普通用户来说它是不可见的，但由于搜索引擎分析页面是在源代码中进行的，因此可以轻易识别。

7.1.3 避免搜索引擎作弊

1. 为什么要避免搜索引擎作弊

欺骗搜索引擎是会被搜索引擎发现的，如果被发现，各个搜索引擎会采取不同的惩罚措施，当然，不是所有的作弊网站都会被搜索引擎彻底删除，一部分的网站通过改进和调整之后，还是会回到搜索引擎中。

在互联网产业中，由于搜索引擎对作弊行为的定义不明确，网站有可能在不经意的情况下被搜索引擎判为作弊而遭到删除。尽管没有作弊的主观意图，但惩罚的结果是一样的。如何才能避免这种情况？如何才能避免被搜索引擎误判为作弊？这个问题的答案很简单。只有一个方法能彻底地避免这种误判。那就是为访问者做网站，而不是为搜索引擎做网站。因为搜索引擎也是在为搜索引擎的用户寻找、索引互联网上的各种信息，并将其以最好的形式提供给用户。搜索引擎的目标受众也是普通的互联网用户。为了满足这些用户的需求，搜索引擎自然也会从这些用户的需求出发去寻找有用的网站。因此，如果网站能跟搜索引擎一样从其用户的角度去考虑问题，网站的排名自然就会上升，这样所获得的排名就不会带来任何意外的麻烦。

2. 避免搜索引擎作弊的方式

（1）不要试图欺骗搜索引擎。

要将某件东西伪装得更有吸引力是一件很简单的事情，在生产商品和提供服务的过程中，人们不停地在做这种事情。但如果企图将网站伪装得更有吸引力，将会遭到搜索引擎的屏蔽。通过创建虚假的链接结构有可能造成网站非常流行的假象，但搜索蜘蛛很快就会发现这种作假行为。

（2）不要相信小道流传的 SEO 措施。

有些没有职业道德的 SEO 人员可能会告诉用户，只要正确地使用各种作弊方法，就可以放心大胆地使用各种作弊手段。这是不对的！作弊就是作弊！无论怎么使用，作弊始终都是作弊。搜索蜘蛛很快就能发现各种作弊行为，而网站将会为此付出代价：投入大量资金，网站的排名却不升反降。

7.2 "黑帽"与"白帽"

扫码看视频

2004 年 12 月 13 日在美国芝加哥举办的搜索引擎战略大会上，SEO 专家 Andrew Goodman 发表了题目为 Search Engine Showdown: Black Hats vs. White Hats at SES（搜索引擎摊牌：黑帽 VS 白帽）的演讲，第一次正式提出了"黑帽 SEO"和"白帽 SEO"的说法，白帽 SEO 和黑帽 SEO 在美国正式诞生！

网站优化中，经常提到白帽和黑帽的问题，其实白帽和黑帽一般都是从正规和不正规的角度来分析的，有的时候也是从结果来看。

在网站优化中白帽优化的公司较多，但是白帽优化的方法是正规的手法，人力资源的成本大，而且优化的周期长，这确实是白帽的缺点，目前优化市场就是这样，优化的成本和时间周期越来越长，即使再大的成本和周期，建议操作者采用白帽手法，因为这种手法除非关键词优化不上去，一旦上去，关键词稳定性是很好的，而且排名也很好，最大的优点是操作者不必担心站点哪天被百度删除，因为手法是正规的，既然是正规的就不会遭到惩罚。

黑帽的优化手法一般都集中在不正规的行业里，这种手法的优点是让网站的排名很快上升，有的网站快的 10 多天就能上到百度首页，这是白帽优化所不能比的，虽然这种手法的成本和时间是少了，但是要担心另外一个问题，那就是自己的网站随时会被百度删除。一般一个正规的企业站点，尤其是客户应用了几年的站点，放到了操作者的手里，却被搜索引擎惩罚，客户是不会愿意的，而且对客户的损失也是很大的。

总而言之，如果在优化行业想长时间地运作，建议使用白帽手法。

7.2.1 什么是"白帽"

白帽，即通过正常的手段对网站内部优化（包括网站标题、网站结构、网站代码、网站内容、关键词密度等）、网站外部优化的发布与建设，提高网站关键词在搜索引擎中排名的一种 SEO 技术，是一种公正健康的 SEO 技术，是使用符合主流搜索引擎发行方针规定的 SEO 优化方法。白帽技术是从目标关键词、长尾关键词、关键词扩展等各个方面优化网站结构。效果逐步显现，权重稳步提高。

白帽技术在于确保搜索引擎索引抓取的内容与用户将要看到的内容是一样的。白帽技术一般归结为满足用户的需要去创建内容，而不是为搜索引擎去创建内容。从它的目的来看，白帽优化技术在许多方面与 Web 开发相似，即推动无障碍环境。由于白帽 SEO 关注的是网站的长远利益，因此它一直被业内认为是最佳的 SEO 手法，它可以帮助用户避免风险，同时也避免了与搜索引擎发行方针发生任何的冲突，它也是 SEO 从业者的最高职业道德标准。选择使用白帽 SEO 技术的人，大多注重长远利益，注重时间的积累，关心 3 年、5 年后网站能否给公司带来利润。网站建设完毕后，通过搜索引擎带来的流量会源源不断。只要网站维护得当，网站人气和销售额会逐步放大，利用在 SEO 方面的优势，网站在 2～3 年的时间会逐步占据市场份额。

搜索引擎最佳化技术被认为是白帽技术，它最符合搜索引擎的指引并且不涉及欺骗搜索引擎，按照搜索引擎搜索习惯设计了一系列的规则。使用白帽技术把网站排名优化上去后，无需担心被搜索引擎惩罚，排名持久甚至永远有效。即使某天搜索引擎突然对排名算法进行调整，网站的排名也相对稳定。

因此白帽 SEO 是一种公正的有长远眼光的手法，这也是每个网站制作者常常需要研究的方式。

【课堂练习】白帽现在的发展趋势到哪个程度了？

7.2.2 什么是"黑帽"

黑帽 SEO 是指在优化过程中，使用作弊手段或可疑手段的 SEO 群体，比如说垃圾链接、隐藏网页、桥页、关键词堆砌等。在黑帽 SEO 的立场上，"白帽"这种放长线钓大鱼的策略即使很正确，有的人也不愿意这么做。认真建设一个网站，有的时候是一件很无聊的事，因为要写内容、做调查、分析流量、分析用户浏览路径并且与用户交流沟通。黑帽 SEO 要做的就轻松多了。

简单地来讲，黑帽 SEO 是以不正当的技术来提高搜索排名，尽管黑帽 SEO 的效果可能会很好，会让网站排名在一段时间内上升，但是它属于一种作弊的行为。黑帽常见的方式是以隐藏链接、隐藏文本（把一些重要的关键词隐藏起来，白色背景上加白色字体链接，黑色背景上加黑色字体链接，也就是说链接的字体和背景颜色一样）、关键词堆砌，或使用软件来群发垃垃圾邮件等，以快速提高文章的排名，但是一旦被搜索引擎发现，那么网站有可能会被处理。

根据趋势科技（TrendLabs）数据显示，黑帽技术在 2010 年第一季度仍旧是亚洲地区最盛行的攻击手法，这种攻击手段主要是大量利用的社会热点新闻关键词，隐藏网页后面的木马病毒，使得大量用户遭受其危害。

从 2010 年春节晚会报道开始，大到"玉树地震、云南干旱、世博开幕、房价调控"，小到"明星走光、脱衣门、NBA 球员打架"，几乎所有能让网民关注的事件同时都被"有心"的黑客利用起来。我们发现网络犯罪分子已经利用黑帽技术成功地提高含有病毒的网页在搜索排名中的名次。

以 2010 年 4 月 21 日国外媒体报道的网络安全公司迈克菲误杀事件为例，由于将 Windows XP 的系统文件列入删除列表，导致 Windows XP 系统重复启动以及用户无法登录系统。据国外媒体报道，密西根大学医学院的 2.5 万台计算机中，有 8000 台宕机；肯塔基州莱辛顿市警局必须改用手写报告，并关闭巡逻车的总机；若干监狱取消探视；罗德岛各医院的急诊室也暂时拒收非创伤病患，并延后部分外科手术；英特尔也无法幸免。尽管这次更新在发布给企业用户 4 小时后紧急中止，但问题的严重性迫使全球数百万的 Windows XP 用户不得不利用搜索引擎寻找更快的解决方案。虽然迈克菲向公众致歉，撤消缺陷更新，并就客户如何手动修复受到影响的计算机提出了相关建议，但此次"误杀"事件还是被部分黑客利用，大量制造了假冒防病毒软件、嵌入恶意代码的网页，并针对此次事件发动了新一轮的黑帽 SEO 攻击，以期试图窃取用户的信用卡详细信息或者诱骗用户将恶意代码安装在计算机上。以上手段让公众要获得关于误报问题的正确信息变得难上加难。

黑帽 SEO 攻击并非全新的技巧，它之前被广泛应用到网络营销障眼法中，但是这种利用热门时事关键词搜索的攻击手法，仍旧是散播恶意程序很有效的一种方式。如果网络犯罪者利用一些热门的话题，或是穿上安全软件"外衣"，提升搜索引擎排名的结果，单独依赖终端用户防毒软件的能力很难有效防止植入 FAKEAV 恶意程序。另外，由于 FAKEAV 变种中有许多是专门针对企业的新型病毒，因此已经给企业造成了很高的感染风险。在相对安全的局域网中，由于存在着无处不在的"共享"环境，这些遭 FAKEAV 恶意程序感染的系统如果得不到及时查杀，不但会继续散播，很有可能在较短的时间内让企业网络沦落为"僵尸网络（Bot）"的成员，成为网络犯罪者窃取信息、散发垃圾信息的平台。由于企业内部网络的速度非常快，终端之间又存在着信任关系，相互随意访问，病毒传播只需要 2~3 秒，查杀的困难相当大。

因此，"黑帽"所用的技术是搜索引擎明确禁止的，并且搜索引擎对网站的作弊行为有很高的分辨能力。一旦使用过"黑帽"技术的网站被搜索引擎发现，轻则大幅度降低排名，重则让该网站永远从搜索结果中消失，同时从用户眼中消失。

7.2.3　"黑帽"与"白帽"的区别

黑帽 SEO 有黑帽 SEO 的好处，白帽 SEO 也有白帽 SEO 的好处。对于一个正常的商业网站和大部分个人网站来说，做好内容，正常优化，关注用户体验，才是正确的成功之路。要做好白帽，除了优化网站内容之外，也必须了解黑帽的那些手法，避免无意中使用了黑帽的手法。要意识到如果被发现，网站一定会被惩罚或者删除，比如隐藏文字。做白帽需要花很多的时间和精力，而且不能保证百分之百的成功，但是白帽手法更加安全，一旦成功，网站就可以维持排名和流量。黑帽手法常常见效非常快，实施成本低，但被发现就会付出高额代价，很可能一切从头开始。长久下去很可能一无所有，所以应该多多地使用正确的成功途径和手法。

在很多资料中，是有很多关于黑帽 SEO 的，比如站群的操作、群发推广等，在网页上大量投放如 Google AdSense 的联盟广告，这些都是投机行为，适合那些做短期盈利的网站。黑帽 SEO 还包括用非正当手段堆砌网页、做垃圾链接、隐藏网页、桥页、关键词堆砌等。

1. 白帽的优点

（1）未来发展前景光明。

搜索引擎提倡的就是为用户体验考虑，也就是提升那些对用户有价值的内容，这样才能为用户创造更多的价值，而且用户体验也是搜索引擎未来的核心思想。

（2）排名稳定。

白帽技术不像黑帽技术那样具有极大的不稳定性，白帽技术可以使网站的排名长居首位，不会发生今天排首位，第二天就被删除的情况，因为是自然排名。

（3）白帽技术被搜索引擎认可。

搜索引擎所提倡的优化方法就是白帽技术，也就是正常的优化方法，只有通过正规的方法获得流量和排名，才能吸引大批的用户。

2. 白帽的缺点

（1）需要大量财力物力。

由于白帽是按正规操作去优化，所以需要数名的 SEO 优化专员去优化和推广，这样总共财力相对来讲就大一些，不过只要排名提高之后，后期还是能够快速收回成本的。

（2）优化周期长。

白帽操作不像黑帽操作那样，短时间可以提高排名，正常的 SEO 优化时间都是按月来计算的，只要不是大型网站，一般的中小型的企业网站 3 个月就能够达到首页，不算短，但也不算长。

（3）需要经常关注。

由于是正常优化，对于网站的一些基础操作都需要到位，涉及 404 页面、robots 协议、网站地图、网站收录、蜘蛛抓取频率、友情链接等操作，需要去关注各方面的细节，所以精力比较集中。

3. 黑帽的优点

（1）优化时间短。

很多 SEO 网络公司都打着 7 天包上首页的广告，而且是见到效果后付款。

（2）节省时间。

由于属于作弊行为，一般短时间内就能够排名到首页，同时满足了客户的快速盈利的心态，不过上来之后，后果非常严重。

（3）节省财力物力。

只要做几个作弊的手段，即使是一个大型网站，也不需要几十个人去做，一个人就足够应付。

4. 黑帽的缺点

（1）有风险。

不管通过黑帽手段把多少个网站关键词优化了上来，或者通过黑帽手段盈利了多少，现在是法制社会，中国是一个传递正能量的国家，这种不付出劳动汗水而获得的财富是要受到惩罚的。

(2) 危害下一任 SEO 优化专员。

这是最常见也是最头疼的事情，其实 SEO 优化专员的工作是非常复杂化的，而且还不容易做好，操作者的作弊会留给下一任 SEO 优化专员很多麻烦。

【课堂练习】白帽 SEO 与黑帽 SEO 的主要区别是什么？

7.3 SEO 作弊常用手段

按照搜索引擎作弊的操作范围可分为内部作弊及外部作弊两种。内部作弊是指通过操控网站内部因素影响页面权重及相关性的行为；而外部作弊则是指通过操控网站外部因素（外部链接）影响页面权重及相关性的行为。常见的搜索引擎作弊方式包括：①关键词堆砌；②隐藏文本；③镜像网站；④门页；⑤302 重定向；⑥伪装；⑦链接欺骗。其中，①~⑥属于内部作弊，而⑦属于外部作弊。

7.3.1 关键词堆砌

关键词堆砌是指在页面上堆放大量与页面主题相关的或无关的关键词，目的是为了增加某些关键词的词频以提高页面的相关性。

在页面中常用于堆砌关键词的区域包括正文内容、<noframes>标签及注释。

1. 正文内容

正文内容中堆砌关键词是指在页面主体标记（即<body>与</body>标签间）的任意区域上堆放与页面相关或无关的关键词，如在网页中书写如下代码，则基本上可以认定该网页中使用了关键词堆砌的作弊方法。

<模特，名模，中国名模，著名模特，模特之星，模特明日之星，模特选秀，模特选手，中国模特，模特之花>

在页面正文内容中堆砌关键词不仅会影响页面美观及用户体验，而且还是一种欺骗搜索引擎的违规行为，搜索引擎通过分词算法很轻易就能识别这种违规行为。

2. <noframes>标签

<noframes>标签的作用是向那些不支持框架技术的设备（如搜索引擎及不支持框架页面的浏览器）返回指定的信息。也就是说，在正常的情况下<noframes>标签里的内容对于普通用户来说是不可见的，但搜索引擎却可以识别。

曾经有不少人利用<noframes>标签内容对于普通用户不可见的特性，在框架网页或普通网页的<noframes>标签中堆砌关键词。如下面代码所示：

```
<!DOCTYPE html>
<html>
<head>
<title>关于我们</title>
<meta http-equiv="Content-Type" content="text/html; charset=gb2312">
</head>
<frameset rows="166,*" cols="*" frameborder="NO" border="0" framespacing="0">
<frame src="Frame-1.htm" name="topFrame"    scrolling="NO" noresize>
<frameset rows="*" cols="245,*" framespaing="0" frameborder="NO" noresize>
<frame src="Frame-2.htm" name="leftFrame" scrolling="NO" noresize>
```

```
<frame src="Frame-3.htm" name="mainFrame">
</frameset>
</frameset>
<noframes>
<body>
```
　　小游戏，小游戏
```
</body>
</noframes>
</html>
```
　　尽管在<noframes>标签里堆砌关键词不会影响页面美观及用户体验，但这也是一种欺骗搜索引擎的违规行为，因此难免会受到搜索引擎的惩罚。

3．注释

　　注释是指对代码功能或者作用进行说明的信息，利用注释语句在页面中不可见的特性而堆砌关键词同样是一种欺骗搜索引擎的违规行为，如下面代码所示：

```
<table width="100%" border="0" cellspacing="0" cellpadding="0">
<tr>
<td><table align="center" cellpadding="0" cellspacing="0">
<tr>
<td align="center" height="30">
<a href="aboutus.php" class="sz_black_under">小游戏简介</a> |
<a href="documentary.php" class="sz_black_under">本站大事记</a> |
<a href="ourad.php" class="sz_black_under">广告服务</a> |
<a href="work.php" class="sz_black_under">频道合作</a> |
<a href="http://dir.10flash.net" class="sz_black_under">交换链接</a> |
<a href="partnet.php" class="sz_black_under">合作网站</a> |
<a href="contactus.php" class="sz_black_under">联系我们</a> |　　广告 QQ：1030991234 </td>
</tr>
<!--
```
　　小游戏，小游戏
```
-->
<tr>
<td align="center" height="27">CopyRight &copy ; 2005-2007
<a href=http://www.10flash.net/ class="sz_org">幽灵小游戏</a>,ALL Rights Reserved. </td>
</tr>
<tr>
```

```
<td align="center" height="30">本站所有小游戏版权归原作者所有,本站只作转载,如无意侵犯了您的版权,请来信告知,我们将会在两个工作日内删除侵权游戏。</td>
</tr>
<tr>
<td align="center" height="30">本站由幽灵小游戏负责设计及维护更新。<br/>
<strong>粤 ICP 备 05000946 号</strong></td>
</tr>
</table></td>
</tr>
</table>
```

7.3.2 隐藏文本

隐藏文本是最早也是最简单的搜索引擎作弊方式之一,通常通过控制文本的字号及颜色属性值来实现,隐藏文本是一种关键词堆砌的方式。

1. 字号属性

如果把页面中文本的字号属性值设置得足够小,那么在浏览器中这些文本内容几乎是看不见的,但是通过查看页面源代码,可以看到这些被"隐藏"的文本内容,代码如下所示:

```
<body>
<font size="-7">搜索引擎作弊是不可取的行为</font>
</body>
```

2. 字体颜色

如果页面中文本的颜色属性值与其所在的表格、层或者页面背景的颜色属性值相同,则这些文本内容在浏览器中是不可见的,也就是说对普通用户来说是"不存在的"。

同样,也可以通过查看页面源代码来查看这些被隐藏的内容,代码如下所示:

```
<body>
<font color="#FFFFFF">搜索引擎作弊是不可取的行为</font>
</body>
```

此外,我们还可以使用 Ctrl+A 组合键以对页面的内容进行全选的方式查看被隐藏的内容。

3. CSS 样式

利用 CSS 样式控制文本的字号及颜色属性值,同样可以达到隐藏文本的目的。由于搜索引擎并不解析 CSS 样式的内容,这种做法不被认为是隐藏文本,但会被判为关键词堆砌。

例如,通过 CSS 样式定义字体的字号属性值,从而达到"隐藏"文本内容的目的,代码如下所示:

```
<!DOCTYPE html>
<html>
<head>
<title>搜索引擎作弊</title>
<meta http-equiv="Content-Type" content="text/html; charset=gb2312">
<style type="text/css">
<!--
.font    {font-size: 1px}
-->
</style>
```

```
</head>
<body>
<font class="font">
```
小游戏，小游戏
```
</font>
</body>
</html>
```
或者通过 CSS 样式定义文本的字体颜色属性值来"隐藏"文本，代码如下所示：
```
<!DOCTYPE html
><html>
<head>
<title>搜索引擎作弊</title>
<meta http-equiv="Content-Type" content="text/html; charset=gb2312">
<style type="text/css">
<!--
.font    {font-color:#FFFFFF}
-->
</style>
</head>
<body>
<font class="font">
```
小游戏，小游戏
```
</font>
</body>
</html>
```

7.3.3 镜像网站

广义上的镜像网站是指那些复制或者抄袭其他网站内容的网站，常见的镜像网站有以下三种：

（1）克隆网站：指在内容完全相同的网站上绑定多个域名（这些内容可能在同一服务器上，也可能在不同的服务器上）。例如，在相同内容的网站上同时绑定域名www.10flash.net与www.10flash.cn。

（2）为内容完全相同的网站制定多套不同风格的页面模板，再绑定多个域名。

（3）数据采集网站，指网站中所有的内容都是通过采集程序采集的。

为了减少搜索结果中的重复信息，提高用户体验，搜索引擎会降低镜像网站的权重或者忽略镜像网站的内容。

7.3.4 门页

门页（Doorway Pages，也称为桥页、跳转页或入口页）是指针对搜索引擎进行特别优化的页面，当用户访问门页时会自动（或引导用户手动）跳转至另一个内容完全不同的页面上。

搜索引擎轻易就能识别门页，对于使用门页的网站，搜索引擎的处罚是非常严厉的，轻则降低网站权重，重则直接从索引中清除网站。

7.3.5 伪装

伪装（Cloaking）是指根据用户身份返回不用页面的行为，是门页最常用的跳转方式之一。例如，面对搜索引擎及普通用户返回不同的页面，向搜索引擎返回经过特别优化的页面，而对普通用户则返回正常的页面。不管在什么情况下，伪装都是欺骗搜索引擎的违规行为，因此会受到搜索引擎的惩罚。

伪装的实现原理是：首先对前来访问的用户的头部代理信息进行判断，如果是搜索引擎蜘蛛程序则返回为搜索引擎准备的页面，否则返回正常的页面。进行伪装是必须知道搜索引擎蜘蛛程序的头部代理信息，这些信息可以在服务器日志上查看到。例如，百度蜘蛛程序baiduspider。

下面介绍以PHP实现的伪装代码：

```
<?php
$trouve=strops($_SERVER["HTTP_USER_AGENT"],"Googlebot");
If($trouve!==false){
?>
<html>
…为Google准备的页面…
</html>
<?php
}
else{
?>
<html>
…为普通用户准备的页面…
</html>
<?php
}
?>
```

伪装可能是针对一个搜索引擎，也可能是针对多个不同的搜索引擎。由于每个搜索引擎的算法会存在或多或少的差异，有些搜索引擎工程师为了提高网站在各个搜索引擎中的表现，会针对不同的搜索引擎建立不同的页面，再对不同的搜索引擎蜘蛛程序返回相应的页面。例如，如果程序监测到前来访问的是百度的baiduspider，则返回针对百度进行过特别优化的页面。

7.3.6 重定向

重定向是指把对一个目录或者文件的访问请求转发至另外一个目录或文件。重定向包括 301 重定向及 302 重定向。其中，302 重定向又称为暂时性转移（Moved Temporarily），适用于临时更换域名或目录名称等情况。常见的 302 重定向方式包括"meta 重定向"及"JavaScript 重定向"。在使用 302 暂时性重定向时必须十分谨慎，否则很容易会陷入门页的误区而遭到搜索引擎的惩罚。

1. meta 重定向

meta 重定向是指通过设置 meta 标签的 http-equiv 属性值及内容来实现的重定向。例如，在页面头部加上代码<meta http-equiv="refresh" content="3;url=http://www.seochat.org">，则打开当前页面 3 秒后自动跳转至网站 www.seochat.org。

在 meta 重定向中，如果设定的停留时间过短（如少于一秒），则会被搜索引擎认为是门页。为了避免门页嫌疑，使用 meta 进行跳转时，通常会把停留时间设定在 3 秒以上。

2. JavaScript 重定向

JavaScript 重定向是指使用 JavaScript 语言实现的重定向。

代码如下所示：

```
<SCRIPT LANGUAGE=" JavaScript">
<!--
window.location.href=http://www.seochat.org;
//-->
</SCRIPT>
```

该代码表示把访问目前页面的请求转发至 http://www.seochat.org 上。利用 JavaScript 重定向只需把上面的代码放在需要重定向的页面上即可。

7.3.7 链接欺骗

链接欺骗就是指利用搜索引擎对外部链接关系的重视，围绕建立外部链接而开展的一系列欺骗搜索引擎的行为。

扫码看视频

1. 垃圾链接

垃圾链接就是指试着通过非正常的手段获得大量高质量或者低质量外部导入链接的行为。严格地说，垃圾链接是一种行为，而不在于导入链接所在页面质量的高低。

从导入链接所在页面质量的角度出发，垃圾链接可以分为高质量垃圾链接及低质量垃圾链接；从源页面与目标页面链接关系的角度出发，可分为单向垃圾链接及双向垃圾链接。

（1）高质量垃圾链接。

高质量垃圾链接是指通过非正当的手段从高质量页面中获取导入链接的行为，通常会出现在百度百科等网站中。

高质量垃圾链接所在的源页面有一个共同的特点，就是这些页面都具有可编辑性，垃圾链接制造者就是通过编辑这些页面达到发布垃圾链接信息的目的。

（2）低质量导入链接。

低质量导入链接是指通过非正当手段从低质量页面中获取导入链接的行为，低质量垃圾链接通常会出现在论坛、留言板、自助链接系统及博客页面上，垃圾链接制造者通过群发信息软件实现垃圾链接信息的传播。

判断一个页面是否属于低质量页面，有两个基本条件：一是页面自身的权重（例如可以将 Google PR 值的高低作为参考指标）；二是该页面中导出链接的数量。

（3）单向垃圾链接。

单向垃圾链接是指通过非正当手段单方面获得导入链接的行为，单向垃圾链接通常会出现在博客、百科、留言板等页面中，垃圾链接制造者通常通过群发信息软件在这类页面上发布链接信息。

（4）双向垃圾链接。

双向垃圾链接是指那些既提供导出链接，同时又获得导入链接的行为（与外部导出链接数较大的低质量页面建立链接关系是最常见的双向垃圾链接），常见于向自助链接系统提交的链接关系里。双向垃圾链接的特征是：得到导入链接的一方同时又是导入链按的提供者。根据这种关系，搜索引擎轻易就能识别双向垃圾链接。

（5）垃圾链接的识别。

垃圾链接严重影响搜索结果的质量。因而，搜索引擎对垃圾链接的打击是非常严厉的，轻则降低权重，重则直接从搜索引擎索引中清除。搜索引擎常用的识别垃圾链接的方法有以下三种：

1）人工检查：各大搜索引擎都会有相应的人工检查部门，即反垃圾网站部门。

2）用户举报：普通用户或者竞争对手都可能是举报的发起者。

3）程序跟踪：大部分搜索引擎已经建立较为智能的算法，根据各种垃圾链接的特征即能进行监控。

（6）如何避免垃圾链接。

从业人员要有良好的职业道德。对外，不做垃圾链接的发布者；对内，不做垃圾链接的存放者。对于每个交换链接的网站在类别、质量及外部导出链接数上都应该有严格的要求。

2. 外部链接作弊方式

不管是垃圾链接的存放者还是发布者，都会受到搜索引擎的惩罚。为了避免陷入垃圾链接的误区，本节介绍几种常见的外部链接作弊方式。

（1）Wiki。

Wiki 是一种网上共同协作完成某一个共同任务的超文本系统，可由多人共同对网站内容进行维护及更新。

最著名的 Wiki 要数维基百科，Google 对其相当重视。2004 年前后，维基百科在中国开始流行，很多搜索引擎优化人员利用 Google 对维基百科的重视，在其页面上发布大量的链接，导致维基百科的很多页面上充斥着大量的垃圾信息。随后，以 Google 为先锋，主流搜索引擎都对这些恶意发布垃圾链接的站点进行了大规模清除。

在 Wiki 里，垃圾链接信息有两个基本特征：第一，同一网站的链接信息在 M 个页面上重复出现，或者同一网站的链接信息在同一页面中重复出现 M 次；第二，链接以一个或者多个关键词作为锚文本。

（2）博客。

博客垃圾链接是指通过建立博客，并在博客页面中发布链接信息的行为。由于博客提供商的网站一般都具有较高的权重，很多人为了提高网站的外部链接数，而在一些博客提供商里注册成百上千个账户，再在这些博客的页面上肆无忌惮地发布垃圾链接信息。

（3）论坛。

论坛垃圾链接是指在论坛上发布链接信息的行为，论坛垃圾链接具有以下几个特征：

1）发表内容者来源于同一账户或者 IP 地址。

2）一般由群发软件完成，数据量巨大、发帖时间接近。

3）帖子或者回复内容是以发布链接信息为主，通常以一个或多个关键词作为锚文本。

垃圾链接很少会出现在高质量的论坛里，因为高质量论坛管理比较完善，就算出现垃圾链接信息，一般也不会超过一天。

（4）留言板。

留言板垃圾链接是指在留言板页面上发布链接信息的行为。常见的留言板系统包括评论系统、留言板系统等。由于留言板系统发表信息一般并不需要特定的授权（如注册用户等），因此最容易产生大量的垃圾信息。因此留言板页面上使用的链接也是目前最常见的链接作弊手法之一。

（5）自助链接。

如果在低质量页面中不加分类地添加数量巨大的外部导出链接，则会被认为是垃圾链接页面。如果垃圾链接页面间存在链接关系，则构成自助链接行为。

例如，在 A 和 B 两个垃圾链接页面中，页面 A 中存在链接指向页面 B；反过来，页面 B 中也有链接指向页面 A，则页面 A 和页面 B 就构成自助链接行为。

（6）购买链接。

购买链接是指向一些高质量的网站购买导入链接的行为，购买链接行为具有以下四大特征：

1）链接单向性，即单方面得到高质量网站的导入链接。

2）出售导入链接网站与购买链接网站在主题上毫不相关，即购买链接的网站只在乎对方网站的质量而往往忽略了网站间的主题相关性。

3）导入链接数量巨大，在出售链接的网站上，几乎每个页面都存在该链接信息。

4）链接对象是文本，且以目标页面的主题名称作为锚文本。

7.4 网站作弊处理

搜索引擎一旦发现某个网站存在违规行为，会在不通知的情况下即对该网站进行相应的惩罚。

7.4.1 网站作弊处理概述

以上面介绍的常见 SEO 的作弊手法可以看出，黑帽与白帽之间的界限并不是很明显，看似作弊的手法，也有可能因为疏忽，或者由于人们并不了解什么方法被搜索引擎认为是作弊，有的时候也有可能是竞争对手的陷害，比如垃圾链接，搜索引擎并不能百分之百地正确判断出现在论坛上的垃圾留言是谁制造的。

搜索引擎也明白这一点，说明网站上出现单一涉嫌作弊的技巧并不一定会遭致惩罚，不同的作弊技术风险高低不同，导致的处罚力度也不同。

搜索引擎的作弊惩罚机制类似一个积分系统，每出现一个涉嫌作弊的地方，就给网站加一些作弊积分。当网站的作弊积分达到一定程度时，才给予不同程度的惩罚。

判断外部链接作弊的标准：

（1）通过域名、IP 地址之间的链接数量可以知道此网站是否专门提供连接服务。值得注意的是：对于网址导航网站并不在此列。并且所有的搜索引擎都有特殊算法。

（2）利用关键词密度进行判断。如果网站首页堆砌大量关键词，则会被搜索引擎列入重点关注对象。

（3）页面相似性分析。如果一个域名下面有多个相似的或者完全相同的网页，搜索引擎会认为该网站进行作弊。

（4）建立作弊黑名单。对于多次作弊的域名和服务器 IP 地址，搜索引擎会将其放入黑名单或者待观察名单。

（5）留言陷阱。留言陷阱指的是网站中的博客和留言系统的链接陷阱。

7.4.2 作弊惩罚

搜索引擎对违规网站有两种处理方式：①降低权重；②直接从索引中消除。

1. 降低权重

如果某网站被搜索引擎降低权重通常会出现以下现象：

（1）PR 值突降，例如，网站的 PR 值由原来的 5 下降至 0。

（2）网站在某些关键词搜索结果中排名突然下降，例如从第 1 名突然下降到 100 多名，甚至找不到。

（3）页面收录数剧减。由于搜索引擎对网站进行降权或者清除那些违规的页面，而导致网站的页面收录数剧减。例如，网站页面的收录数从一百万突减到一百，甚至只剩下首页。

当然，出现以上现象还可能是搜索引擎更新算法所致，如果在网站进行优化时，没有使用过任何违规手段，则不必担心。

2. 直接从索引清除

对于作弊情节比较严重的网站，搜索引擎会列入黑名单，即从索引中清除该网站的所有数据。如果在搜索引擎中连续几天（如一个星期）都找不到你的网站，则你的网站可能已经被搜索引擎从索引中清除。

使用 site：指令搜索域名，如果网站完全没有被收录，就可以肯定是这几种情况：

- ribots.txt 文件有问题，禁止搜索引擎收录。
- 服务器问题，使网站无法被搜索引擎抓取。
- 严重作弊行为被删除。
- 违法内容（如侵犯版权）被投诉后删除。

有的网站只是在搜索最主要关键词时被惩罚，其他次要关键词和长尾词排名不变。这种情况往往是外部链接优化过度或垃圾链接造成的，其中高度集中的锚文本是主要原因之一。

检验网站是否被搜索引擎从索引中清除的最简单方法就是查看该网站页面被收录的情况，我们可以通过在搜索引擎中搜索"site：你的域名"查看网站页面被收录的情况。例如，要检验"搜索引擎优化网"是否被 Google 从索引中清除，则可以在 Google 中搜索 site：seochat.org，再查看该站网页被收录情况即可。只要搜索结果中能返回相应的数据，则说明搜索引擎并没有把网站从索引中清除。

7.4.3 举报作弊网站的方法

帮助搜索引擎提高搜索结果的质量是搜索引擎使用者的共同责任，大部分的搜索引擎都提供举报违规网站的功能。如可以通过发邮件的方式直接向百度举报，如果证据确凿，百度会有专门的部门来处理的。

此外，也有专门的垃圾网站举报地址：https://www.12321.cn/web。

7.4.4 网站被搜索引擎惩罚后的解决方式

从前面的内容可以看出，欺骗搜索引擎的行为是不可取的。一旦被搜索引擎发现，各个搜索引擎会采取不同的惩罚措施，但绝大部分搜索引擎的惩罚手段都是将作弊网站彻底删除。当然，也不是完全不可挽回，在大部分时候还是能使网站回到搜索结果中的。

网站被搜索引擎删除后，如果再次将网站重新提交到搜索引擎后还需要向搜索引擎做一番解释，采取了什么措施、为什么要这么做、对之前的错误做了哪些改正。然后再等上一两个月（或者更长的时间），就能在搜索结果中再次看到自己的网站，之后就能将所有的工作回到正轨上。但这整个过程需要耗费大半年的时间。

更令人不安的是，由于搜索引擎对作弊行为的定义不明确，网站有可能在不经意的情况下被搜索引擎判为作弊而遭到删除。尽管没有作弊的主观意图，但惩罚的结果是一样的。

惩罚检测不容易，惩罚的恢复就更是一件头疼的事情。要想知道为什么被惩罚，进而纠正错误，恢复原有排名，必须非常清楚地知道这个网站以前做了什么？排名怎么样？流量怎么样？过去一段时间更改了什么东西？做了什么推广？惩罚的形式是哪种？这些详细情况都很难用一两段文字说清楚，所以给其他网站诊断惩罚问题是比较困难的。如果网站被搜索引擎惩罚了，那么就要从以下几个方面思考问题。

1. 知道惩罚原因

如果搜索引擎通过百度操作者平台或 Google 网管工具通知操作者被惩罚，这是最好办的情况，因为搜索引擎会告诉 SEO 操作者为什么被惩罚。

如果通过流量下降和搜索引擎上线算法更新的时间对比，能确认网站是被搜索引擎的某个算法影响，这也算比较幸运的了，搜索引擎通常会通知操作者们这些更新要打击的对象，使被惩罚的操作者有比较明确的整改目标。

上面两种情况都相对容易处理。如果百度在操作者平台通知操作者，网站有违反百度规范的链接，或者网站在百度绿萝算法上线时来自百度的自然搜索流量下降，那么要检查的就是网站的外链，包括买来的链接、群发垃圾链接、软文里的链接等。尽可能删除这些外链，实在删不掉的话，使用百度操作者平台的拒绝外链工具。

2. 不知道惩罚原因

如果没有收到搜索引擎的惩罚通知，也不知道是被什么算法影响，可以尝试以下方法：

（1）检查 robots.txt 文件。

这是一个看似不可能，却常常发生的导致惩罚的原因。尤其是网站被全部删除时，更是要仔细检查 robots.txt 文件。不仅要人工查看代码，还要用百度操作者工具或 Google 网管工具验证是否有错误造成禁止搜索引擎收录某些目录和页面。

(2) 检查服务器上其他网站。

虽然搜索引擎一般不会因为 SEO 操作者使用的服务器上有其他作弊网站而惩罚服务器上其他网站，但是现在垃圾和作弊网站数目巨大，如果刚好有一个拥有大批垃圾网站的 SEO 操作者和你使用同一台服务器，服务器上大部分网站都是作弊和被惩罚的，那么你的网站也可能被连累。随机挑选一部分，查看一下收录和主要关键词排名情况。如果很多网站都有问题，那么尽早换主机提供商。

(3) 检查网站是否使用了转向。

除了 301 转向，其他 mete 更新、JS 转向都有可能被怀疑为作弊，哪怕 SEO 操作者的本意和想达到的目的其实与 SEO 作弊无关。如果网站上存在大量转向，尽快删除。实际上，一个设计得当的网站根本没有多少必要使用转向。

(4) 检查页面 meta 部分代码。

检查页面 meta 部分是否有 noindex：
<meta name="robots" content="noindex, nofollow"/>

和 robots 文件一样，这也是看似不会犯，但真的有人犯的错误。可能是公司其他部门人员加上去的，也可能是竞争对手黑进网站加上去的，还有可能是网站测试时加上去，正式开通却忘了删除。

(5) 彻底检查网站是否优化过度。

查看页面是否有任何关键词堆砌的嫌疑？是否为了加内链而加内链？是否锚文本过度集中？是否页脚出现对用户毫无意义，只为搜索引擎准备的链接和文字？是否有过度优化的地方，下决心"去优化"（减少优化）。很多关键词全面下降就是优化过度造成的，掌握优化的度是合格 SEO 人员必须亲身体验一遍的。

(6) 认真检查，不要急于处理。

经过全面地检查后发现，如果网站没有作弊，遇到排名下降，不要忙着采用一些方法修改网站，也不要忙着向搜索引擎提出申诉，应该先观察一段时间后再进行判断。排名下降不一定就是自己网站的问题，搜索引擎不断改变算法，有时推出新算法，监控数据表明新算法效果不好，网站排名还会回到原来的位置。

有时排名下降正是搜索引擎对网站的考验，坚持观察一段时间，搜索引擎就会发现是个正常网站。一遇到排名波动网站就修改，反倒会引起搜索引擎的特别关注，让搜索引擎觉得这是一个刻意在做优化的网站。真正为用户而做，而不是为搜索引擎而做的网站，基本上无须关心排名波动，这种网站才会得到搜索引擎的青睐。

(7) 检查服务器头信息。

虽然用户访问网站时看不出问题，页面正常显示，但搜索引擎访问时，服务器返回的头信息却可能有问题。以前就遇到过客户的网站，在访问时完全看不出问题，但用服务器头信息检查工具查看时，返回的全是 404 代码，或者完全没有反应。

百度操作者平台和 Google 网管工具都有模拟抓取工具，SEO 操作者可以看到搜索引擎蜘蛛访问自己网站某个页面时抓取的内容，不仅可以查看头信息是否正确，还可以检查页面是否被黑客加上了病毒代码、黑链、隐藏文字等。

(8) 检查并删除可疑链接。

所谓可疑的链接包括：

1）大量交换友情链接。
2）页脚上出现的只为搜索引擎准备的内链。
3）买卖链接。
4）连向坏邻居的链接。
5）自己网站的大量交叉链接。
6）与网站主题内容无关的导出链接等。

包括网站本身不同 URL 上的相同内容，也包括与其他网站相同的内容。既可能是转载、抄袭造成的重复内容，也可能是技术原因造成的重复内容。如果一个网站从一开始就以转载、抄袭为主，被惩罚是应该的。

【课堂练习】请思考搜索引擎对作弊的判断方法有哪些。

7.5 本章小结

（1）搜索引擎作弊是指针对搜索引擎算法的不完善而采取相应欺骗性的手段，以提高页面权重及相关性的行为。

（2）白帽：即通过正常的手段对网站内部优化（包括网站标题、网站结构、网站代码、网站内容、关键词密度等）、网站外部优化的发布与建设，提高网站关键词在搜索引擎中排名的一种 SEO 技术，是一种公正健康的 SEO 技术，是使用符合主流搜索引擎发行方针规定的 SEO 优化方法。

（3）黑帽：是指在优化过程中，使用作弊手段或可疑手段的 SEO 群体。黑帽所用的技术是搜索引擎明确禁止的，并且搜索引擎对网站的作弊行为有很高的分辨能力。一旦使用过"黑帽"技术的网站被搜索引擎发现，轻则大幅度降低排名，重则让该网站永远从搜索结果中消失，同时从用户眼中消失。

（4）按照搜索引擎作弊的操作范围可分为内部作弊及外部作弊两种。

（5）内部作弊是指通过操控网站内部因素影响页面权重及相关性的行为。

（6）外部作弊则是指通过操控网站外部因素（外部链接）影响页面权重及相关性的行为。

（7）搜索引擎作弊方式包括关键词堆砌、隐藏文本、镜像网站、门页、302 重定向、伪装、链接欺骗。其中，关键词堆砌、隐藏文本、镜像网站、门页、302 重定向、伪装属于内部作弊，而链接欺骗属于外部作弊。

（8）搜索引擎对违规网站有两种处理方式：①降低权重；②直接从索引中消除。

7.6 实训

1. 实训目的

通过本章的实训了解搜索引擎作弊的优化方式，能正确地获取网站关键词及提升网站的访问流量。

2. 实训内容

（1）在互联网中搜索网站，并对其中的垃圾网站进行举报。

1）输入网址：http://jubao.baidu.com/jubao/，进入百度举报平台查看相关网站的举报信息，网站界面如图7-1所示。

图7-1　百度举报平台

2）在百度中输入网址，并单击"举报"选项，界面如图7-2所示。

图7-2　百度网址举报

3）单击"举报"选项后进入提交页面，界面如图7-3所示。
（2）上网查找镜像网站相关知识并思考如何制作一个镜像网站。
（3）上网查找出现大量关键词堆砌的网站，并记录，如图7-4所示。

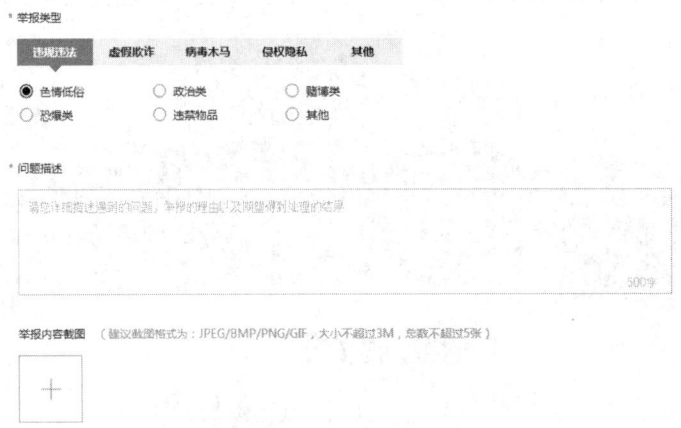

图 7-3　百度网址举报提交页面

图 7-4　大量关键词堆砌的网站

（4）书写隐藏文本来实现搜索引擎作弊。

1）书写代码如下：

<!DOCTYPE HTML>

<html>

<meta charset="utf-8">

<head>

<title>搜索引擎作弊</title>

</head>

<body>

```
<font color="white">隐藏网页中的文本</font>
</body>
</html>
```

该段代码把网页中的文本颜色设置为白色,和背景颜色是一样的。

2)运行该页面,发现在网页中浏览者不能查看到任何信息,如图 7-5 所示。

图 7-5　隐藏文本内容的网页

3)按 Ctrl+A 组合键来查看网页内容,会发现隐藏文字,如图 7-6 所示。

图 7-6　查看隐藏文本内容的网页

7.7　习题

1. 选择题

(1)下列哪项操作不属于搜索引擎作弊(　　)。
  A．检查链接   B．购买链接
  C．隐藏文本   D．关键词堆砌

(2)网站标题最多融入几个关键词(　　)。
  A．1 个   B．2~3 个
  C．10~20 个   D．没有限制

(3)以下哪种作弊方式是外部链接作弊方式(　　)。
  A．关键词堆砌   B．买卖链接
  C．镜像网站   D．门页

（4）以下哪种方式不能帮助识别垃圾链接（　　）。

  A．用户举报   B．人工检查

  C．程序跟踪   D．网页分析

（5）搜索引擎作弊可以大体分为（　　）、链接作弊和隐藏作弊三类。

  A．论坛作弊   B．网页作弊

  C．关键词作弊   D．内容作弊

2．简答题

（1）简述什么是黑帽 SEO。

（2）判断外部链接作弊的标准有哪些。

（3）简述怎样才能做一个白帽。

（4）简述黑帽与白帽的区别。

（5）简述搜索引擎作弊会遭到哪些处罚。

第 8 章
移动端的搜索引擎优化

【本章导读】

本章首先介绍了移动端 SEO 的发展及特点，然后介绍了移动端 SEO 的优化与实现，接着介绍了 APP 的定义与特点，最后介绍了 APP 的优化方式。

【本章要点】

- 移动端 SEO 的发展
- 移动端 SEO 的特点
- 移动端 SEO 的优化与实现
- APP 的定义
- APP 的优化与实现

8.1 认识移动端的 SEO

8.1.1 移动端 SEO 的发展

随着移动互联网的不断发展以及国内智能手机的普及，现在使用手机上网的网民越来越多。截至 2017 年，中国移动网民的数量大约为 7.6 亿，与 2011 年相比几乎翻了一倍。图 8-1 显示了中国网民从 2012－2017 年的变化趋势以及 2018－2019 年的预测趋势。图 8-2 显示了中国移动网民从 2011 年到 2019 年的变化趋势。

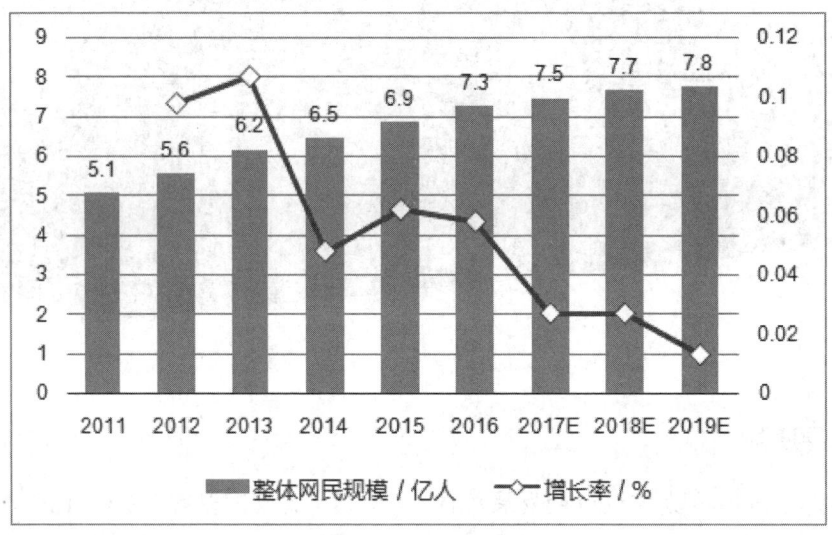

图 8-1　中国网民规模

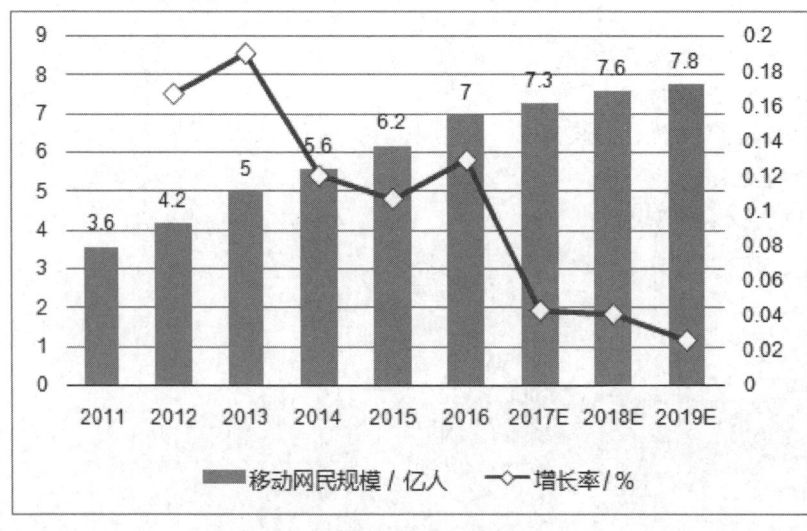

图 8-2　中国移动网民规模

从图 8-1、图 8-2 可以看出，目前中国网民中移动网民的绝对数量在不断增长，这也预示着移动 SEO 会成为 SEO 的发展方向。图 8-3 显示了中国 2016—2017 年移动互联网规模的变化。

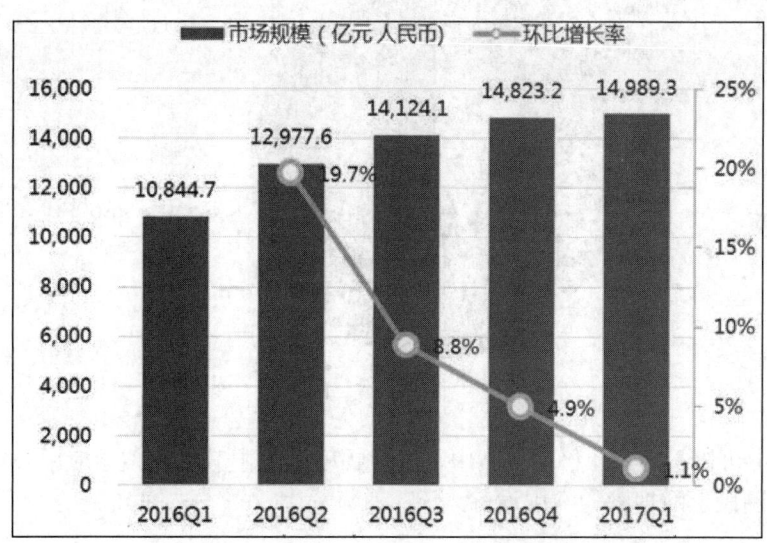

图 8-3　中国移动互联网市场规模

从图 8-3 可以看出，随着移动网民的增加，移动互联网的市场规模会越来越大，这为移动 SEO 的发展奠定了良好的基础。并且伴随着智能手机的发展，中国的网民中使用智能手机的用户也变得越来越多，图 8-4 显示了网民使用不同智能手机的比率。

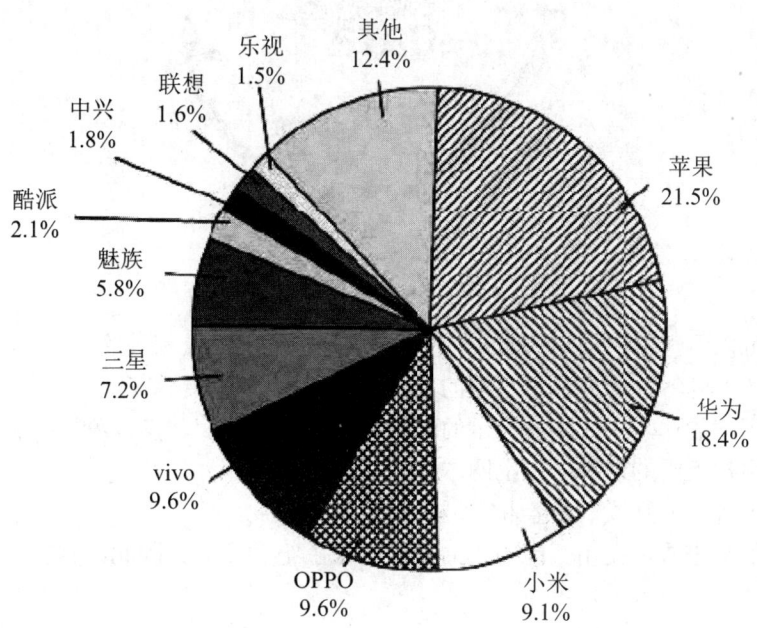

图 8-4　中国网民使用不同智能手机的比率

而在另一项数据中，在国内移动端搜索引擎中使用百度搜索的人数几乎占到了所有人数的五分之四，图 8-5 显示了手机端搜索引擎使用率。

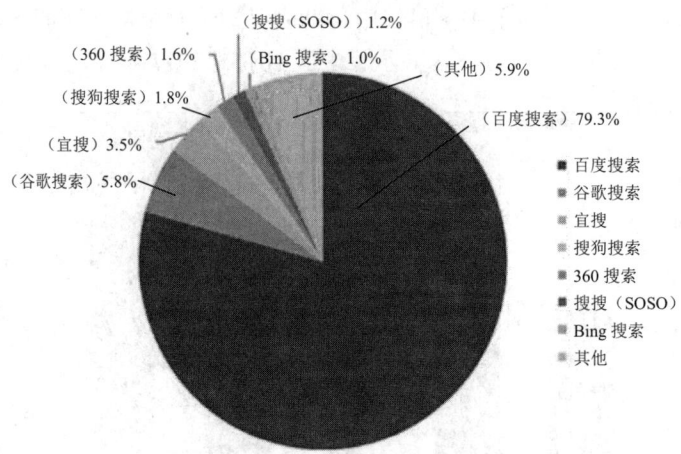

图 8-5　手机端搜索引擎使用率

从图 8-5 中可以看出,在移动搜索中百度大幅度领先于其他的搜索应用公司。图 8-6 显示了如今的中国网民上网搜索的常用设备。

图 8-6　中国网民上网搜索的常用设备

从图 8-6 可以看出,移动端的 SEO 主要依赖于智能手机及相关的无线上网设备的使用,如笔记本电脑、iPad 等。因此,移动端的 SEO 要解决的问题主要有以下三个:

- 移动用户的体验,如网页显示的屏幕大小、上网速度、操作流畅度等因素。
- 移动用户上网的选择,如上网本、智能手机等。
- 移动内容,如互联网内容和上网内容的深度融合。

从目前的趋势来看,使用智能手机的人群占据了绝大多数。因此,解决移动端的 SEO 主要是要从手机上网用户入手。

8.1.2　移动端 SEO 的特点

1. 移动端上网的特点

对于手机上网的用户来讲,手机的便携性使得其屏幕的大小不能和 PC 相比,因此在显示和操作上移动端上网与传统的 PC 端上网存在着一些不同。图 8-7 显示了手机端百度的屏幕大小。

图 8-7　手机端百度的屏幕大小

2. 移动端优化与 PC 端优化的区别

移动端优化与 PC 端优化的区别主要有以下三点：

（1）屏幕大小及网页显示的方式不同。

以新浪新闻版面为例，在 PC 端打开时，由于计算机屏幕较大，因此页面中图文的内容较丰富。而在手机中打开时，由于屏幕变小，因此只显示最主要的新闻。PC 端网页及移动端网页显示如图 8-8、图 8-9 所示。

图 8-8　PC 端打开新浪页面

图 8-9 手机端打开新浪页面

（2）网络环境及网页打开的速度不同。

由于在移动端打开网页需要流量，因此在移动端浏览网页对速度要求很高。特别是最近的一项调查表明，80%的用户都有过对移动端的浏览感到失望的体验，同时也对使用智能手机浏览网页的速度提出了更高的要求。而 PC 端的网站由于一般网络比较稳定，因此打开速度较为理想。

（3）网页打开的操作方式不同。

在 PC 端打开网页是使用鼠标来操作，而在移动端打开网页一般只需要浏览者动动大拇指来操作手机屏幕，因此对移动端的屏幕响应属性提出了更高的要求。图 8-10 显示了在移动端的操作。

图 8-10 移动端的操作

3. 移动端网站与 PC 端网站的关系

目前在国内已经有一部分网站建成了移动版本，越来越多的网站把重心逐渐放在了移动端上，因此移动端的设计与优化是今后搜索引擎优化的重点。而用户在百度上搜索也已经表明，现在有很多关键词的移动端搜索量开始慢慢大于 PC 端搜索量。

目前的搜索引擎优化还是以 PC 端为主，因此移动端网站与 PC 端网站的关系主要有以下三种：

- 网站有移动版本，并且做了移动适配。移动适配是指在独立的 URL 中为手机端用户制作优化后的移动版本，在移动版本中网页内容和 PC 端的内容会有一些差别，比如网页排版、字体、背景颜色等。如访问移动适配的网站会出现以下 URL：/Mobile/index.html，而普通的 PC 端网站 URL 则是 index.html。通过移动适配可以快速地提升该网站在 PC 端和移动端的搜索引擎排名。
- 网站有移动版本，并且使用了自适应网页设计。采用自适应网页设计的移动端网页可以拥有和 PC 端一样的 URL，该方法不考虑用户所使用的设备（PC、平板电脑、移动设备），但网页可以根据屏幕尺寸以不同方式呈现（即适应给显示屏）。例如一个网站不需要经过 URL 自适配跳转就可以根据浏览器的屏幕大小自适应地展现合适的效果，同时适合在移动设备和 PC 上进行浏览，在 HTML 中加入如下 meta 语言即可实现：
  `<meta name="applicable-device"content="pc,mobile">`
- 网站没有移动版本，或者还在开发中。当然随着移动互联网的不断发展，相信有移动版本的网站会越来越多。

想一想：网站为什么要应用移动适配？

网址 https://sina.cn/ 与网址 http://www.sina.com.cn/ 有什么不同？

8.2 移动端 SEO 的优化与实现

8.2.1 移动端 SEO 的网站建设

1. 响应式布局

（1）响应式布局概述。

扫码看视频

响应式布局的概念最早是由伊桑·马科特于 2010 年提出的，简而言之是指在 Web 中的网页能自动识别屏幕宽度并做出相应调整的网站设计。他的这个想法最终得以实现，并因此解决了目前市面上用户使用的各种智能移动设备在浏览网页时遇到的分辨率不匹配的问题。

响应式布局的实质就是让用户可以使用各种不同的设备浏览网站，且都能得到较好的视觉效果的方法。比方说一个用户先后使用计算机和智能手机浏览相同的网站，虽然智能手机的屏幕尺寸远小于计算机显示器，但是用户却没有感到任何的差异，这就是响应式布局带来的好处。随着使用智能设备连到因特网中的用户数量不断增加，响应式布局的优点就更加明显。在响应式布局的网站设计中，一个网站可以兼容多个终端，如计算机、智能手机以及各种移动设备，使用户体验到舒适的上网感觉。因此，响应式布局的网站设计更加人性化，更加符合时代的发展和人们的上网需求。

在实际设计中，主要使用 HTML5 与 CSS3 相结合的方式来完成整个页面的制作，其中 HTML5 主要用于设计网页内容，而 CSS3 则用于设计网页的样式。

响应式布局的主要优点如下：
- 网站在面对各种上网设备时灵活性强，能够解决设备屏幕的显示问题。
- 以移动端用户的体验为主，使用方便，不需要安装任何 APP。

但是目前响应式布局网站也存在一些问题：
- 要兼容各种设备，效率可能较低。
- 在实际运行中可能会增加加载时间。

因此随着移动互联网的进一步发展，响应式布局网站会变得越来越普及。

（2）响应式布局特点。

响应式布局的网站要兼容台式机用户和移动端用户的不同设备，考虑用户的体验，因此在设计中要遵循的原则为"用户第一，设计先行，内容优先，移动优先"。在网站设计时，主要针对移动端客户进行交互，把最重要的内容展现在屏幕上，让用户随时随地感受互联网的魅力。

具体的设计特点如下：
- 坚持把用户的需求与感受放在第一位。
- 对网站的设计方式作了全新的诠释。
- 在用户使用移动设备浏览网站时，主要内容总是会呈现在屏幕上。
- 响应式布局在面对台式机用户和移动端用户时主要以移动端用户为主。

图 8-11 显示了携程网的手机版页面。

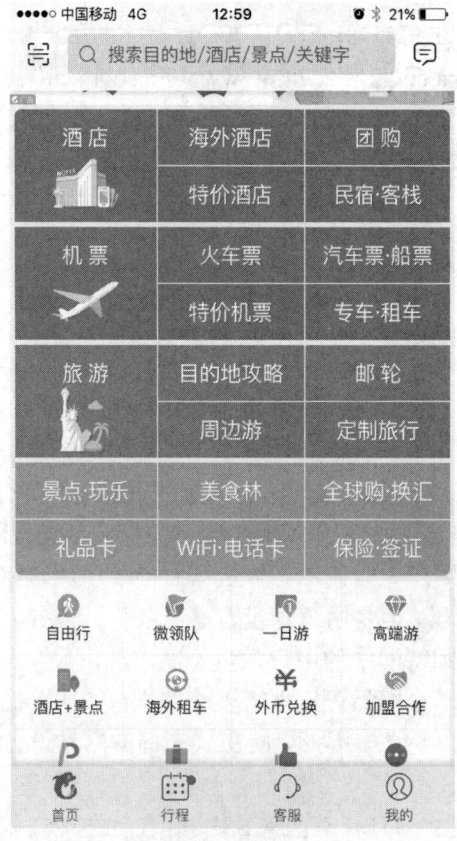

图 8-11 携程网响应式布局页面

在图 8-11 的手机版页面中，网页页面能够根据用户的手机屏幕大小自动调整，显示网站中最主要的内容，以满足用户的需求。

想一想：网站为什么要应用响应式布局设计？

（3）响应式布局原理与实现。

响应式布局最主要的两个技术分别是流式布局和媒体查询。其中流式布局是利用一套灵活的流体网格体系进行网站布局，在设计时使用相对单位（百分比）调整动态的网格宽度。因此不管设置的宽度怎样变化，每一个网格的比例都是一定的，这样可以适应不同的设备，兼容不同的浏览器版本。

在流式布局中，需要将网站样式从以往的固定布局修改为百分比布局，计算公式如下：

$$目标元素宽度 \div 上下文元素宽度 = 百分比宽度$$

例如，在固定宽度的设计中，主要栏的宽度只需要除以容器或者上下文的宽度：

$$600px \div 960px = 0.625$$

接着将结果转换成百分比：

$$0.625 \times 100 = 62.5\%$$

在网页中 HTML 代码如下：

```
<div id="main">
<section>...</section>
<aside>...</aside>
<footer>...</footer>
```

采用固定样式，设计代码如下：

```
.main{
    width:900px;       }
section{
    width:680px;
    float:left;
    margin: 10px
}
aside{
    width:300px;
    float:right;}
footer{
        width:840px;
        float:left;
        clear:both;
}
```

转换为流式布局，代码如下：

```
.main{
    max-width:900px;
}
section{
    width:77.55%;   /*680÷900*/
    float:left;
    margin: 1.11%    /*10÷900*/
```

}
aside{
    width:33.33%;   /*300÷900*/
    float:right;
}
footer{
    width:93.33%;   /*840÷900*/
    float:left;
    clear:both;
}

通过百分比的宽度设置可更好地满足智能手机的上网需求。其中语句 max-width:900px 表示页面的大小不会超过 900 像素。

响应式布局中另一项重要的技术是媒体查询。媒体查询技术是 CSS3 的一个新特性，是对媒体类型的扩展。通过媒体查询技术，可以为特定的浏览器提供特定的样式，供浏览者使用。不同手机屏幕显示如图 8-12 所示。

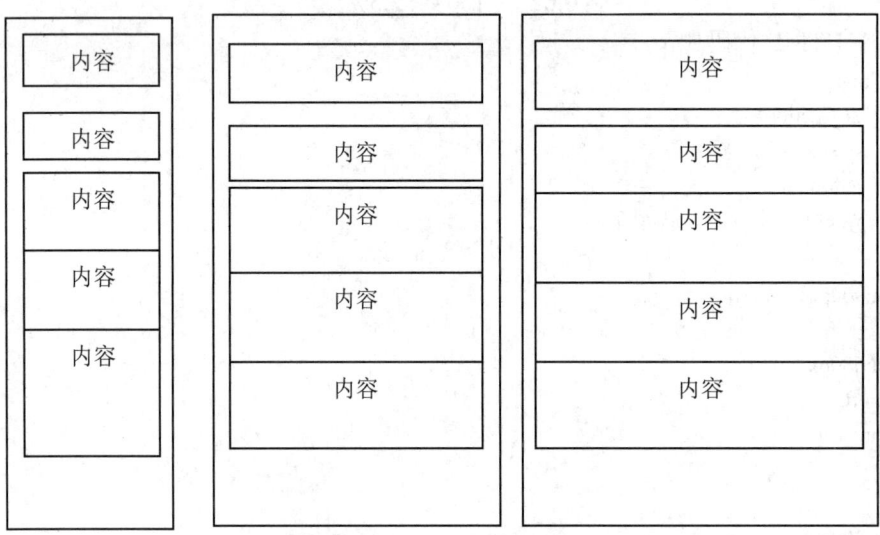

图 8-12 不同屏幕的内容显示

从图 8-12 可以看出，不管屏幕的大小有什么不同，网页中的核心内容部分都会显示在屏幕上。

媒体查询常见的功能如下：
- 获取设备的宽度和高度：device-width、device-heigth，其中 device 表示显示屏幕/触觉设备。
- 浏览器中窗口的宽度和高度：width、heigth。
- 设备的手持方向（横向还是竖向）：orientation（portrait|landscape）。
- 检查浏览器可视宽度和高度的比例：aspect-ratio。
- 检查颜色的位数：color。
- 检查设备宽度和高度的比例：device-aspect-ratio。

媒体查询一般在 CSS 中定义，最常见的使用方式是设置屏幕的宽度，语法如下：

@media 设备名 only (选取条件) not (选取条件) and(设备选取条件), 设备二{sRules}

在使用前, 还需要在网页的头部区域加入下面这行代码:

<meta name="viewport" content="width=device-width, initial-scale=1.0",user-scalable="no">

该语句使用 meta 标签重写了默认的视口, 并帮助加载与特定视口相关的样式。其中 viewport 表示在用户屏幕上用来显示网页的区域大小。width 属性设置屏幕宽度, 它包含一个值, 比如 320, 表示 320 像素, 或者值为 'device-width', 告诉浏览器使用原始的分辨率。initial-scale 属性是视口最初的比例, 当设置为 1.0 时, 将呈现设备的原始宽度。user-scalable 属性用来设置用户是否可以自行手动缩放页面, 当取值为 no 时, 用户不允许执行该操作。

天猫网站中的 meta 标记语句如下所示:

<title>天猫触屏版</title>
<meta content="text/html; charset=utf-8" http-equiv="Content-Type">
<meta charset="utf-8">
<meta content="width=device-width, initial-scale=1.0, maximum-scale=1.0, user-scalable=0" name="viewport">

媒体查询常见的设置如下:

@media   screen and(max-width:1024px)//设置小于 1024px 样式
@media   screen and(max-width:600px)//设置小于 600px 样式
@media   screen and(max-width:480px)//设置小于 480px 样式
@media   screen and(min-width:600px) and (max-width:1024px)//设置屏幕宽度在 600px～1024px 之间的样式
@media   screen and(max-device-width:480px)//设置手机屏幕实际分辨率小于 480px

在 CSS3 中媒体查询语句的使用如下所示:

@media screen and (max-width: 960px){
body{
background: blue;
}
}

此段代码的含义是: 当页面小于 960px 的时候执行它下面的 CSS 样式表, 将页面的背景颜色设置为蓝色。

值得注意的是: 在制作响应式布局时应当以网页的内容优先, 并且为不同的屏幕尺寸提供不同的图片。常见的图片设置方式如下:

img{
max-width:100%;   }

通过在样式表中对图片的百分比定义来使图片自动缩放到与其容器 100%匹配。

综上所述, 使用媒体查询技术制作出的页面可以适应不同屏幕的设备, 方便在手机浏览器上阅读, 并且浏览者可以通过大拇指的左右滑动轻松地操作页面中的导航栏目。

2. 移动设备友好度

移动设备友好度是应用于移动端检索的一套算法, 用来把移动端展现好, 将满足移动端用户体验的结果排到靠前的位置上, 主要包含以下三方面的内容:

(1) 页面可读性。

提升移动端网站页面可读性主要有以下几种方式:

1) 使用对比色, 提升用户阅读的满意度。

对于用户使用手机阅读的网页, 应当设置为文字颜色与背景颜色有一定的对比, 这样可以让浏览者比较容易看清楚文字, 也可以减少浏览者的视觉疲劳。对于有特别要求的浏览者,应当可以让其自己去设置喜欢的背景颜色及文字颜色。

2）合理地设置段落。

移动端网页的显示对于浏览者而言是个十分重要的问题。在设计时，应当合理地设置文本段落中的行高及行距。一般来讲，在移动端处理文字内容时，应当保持段落短小，文字简练，并在段落与段落间设置合理的间距。值得注意的是，如果文字段落太宽或者太窄的话都不利于浏览者的阅读。图8-13显示了移动端页面的段落排版。

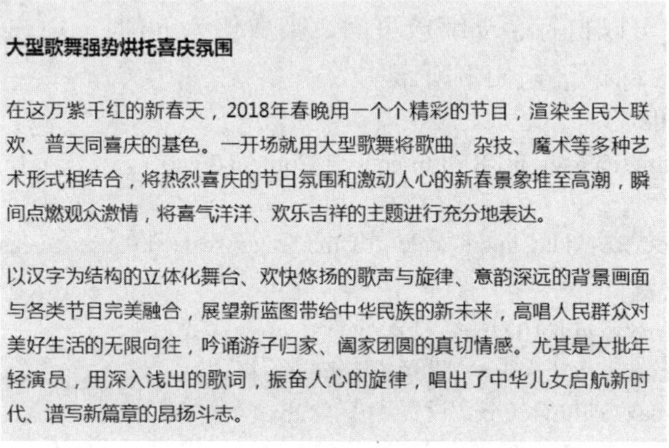

图 8-13　移动端的文本段落

3）合理地设置字体。

移动端的文本在设置字体时，应当注意字体及字体大小对浏览者的影响。一般来讲，在手机端常用的字体大小有：10px、14px、15px、16px、18px及21px。经过实验证明，对于大多数浏览者而言，阅读14px或者16px字体的文本内容感觉最舒服。在字体设置上，手机端常用的字体有：Comic Sans、Arial、Verdana、Georgia、Helvetica、微软雅黑、华文细黑及宋体。对于网站制作者而言，在设计字体时应当优先使用简洁的衬线字体和无衬线字体以引起浏览者的关注。图8-14显示了在移动端中显示的字体。

图 8-14　移动端的文本字体

此外，在不同的手机中使用的字体也是不同的，图 8-15 显示了在不同手机内核中的字体对比。

Windows	OS X
黑体：SimHei	冬青黑体：Hiragino Sans GB [NEW FOR SNOW LEOPARD]
宋体：SimSun	华文细黑：STHeiti Light [STXihei]
新宋体：NSimSun	华文黑体：STHeiti
仿宋：FangSong	华文楷体：STKaiti
楷体：KaiTi	华文宋体：STSong
仿宋_GB2312：FangSong_GB2312	华文仿宋：STFangsong
楷体_GB2312：KaiTi_GB2312	
微软雅黑体：Microsoft YaHei [as	

图 8-15　手机字体

4）合理地使用图片。

在移动端对插入图片的设置一般是把图片放置在段落的左边，通常的做法是用 HTML5 来实现，代码如下：

```
<picture alt="image description">
    <source src="/path/to/medium-image.png" media="(min-width: 600px)">
    <source src="/path/to/large-image.png" media="(min-width: 800px)">
    <img src="/path/to/mobile-image.png" alt="image description">
</picture>
```

在这里 img 元素代表默认的图片源，并且将图片设置为大小适中，这样易于浏览者的阅读与欣赏，图 8-16 显示了在移动端段落中插入的图片。

图 8-16　移动端网页段落中的图片

（2）网站易用性。

移动端的网站易用性主要包含以下两个方面：

1）网站内容易用性。

网站内容易用性主要是指该网站主题是否鲜明，信息总量是否合理，网站是否突出了主要内容，网站栏目的分类设置是否清晰，网站导航是否清楚，网站中的各类链接是否正确，网站中的各类用户提示信息是否完整，网站内容是否及时更新等。由于浏览者大多都是使用零碎的时间来打开移动端网站，因此网站内容的选取就变得非常重要。对于一个结构优秀的页面来讲，用户在浏览主要内容时，该内容要位于移动屏幕的正中，并且不能出现恶意广告。百度视对用户体验造成伤害程度的大小，在结果排序上会对以下情况减分：广告遮盖主体、广告动态抢夺用户视线、广告穿插主体等。在页面布局时，应当按照《百度搜索 Mobile Friendly（移动友好度）标准 V1.0》中所推荐的标准建设和优化网站，如采用相应的字号（如 14px）、合理设置间距等，最好不要出现将文字内容转化为图片的情况，这不符合资源易用性，且影响用户体验。

亚马逊网站中的用户提示信息如下：

- Login：登录。
- Choose delivery address：选择配送方式。
- Enter payment details：输入支付信息（如信用卡等）。
- Review and submit the order：核对并提交订单。

【课堂导读】百度用户体验部对移动端网页浏览体验的研究成果。

- 主体内容含文本段落时，正文字号推荐 14px，行间距推荐（0.42～0.6）×字号，正文字号不小于 10px，行间距不小于 0.2×字号。
- 主体内容含多个图片时，除图片质量外，应设置图片宽度一致、位置统一。
- 主体内容含多个文字链接时，文字链接字号推荐 14px 或 16px：字号为 14px 时，纵向间距推荐 13px；字号为 16px 时，纵向间距推荐 14px；文字链接整体可点击区域不小于 40px。
- 主体内容中的其他可点击区域，宽度和高度应大于 40px。
- 需注意交互一致性，同一页面不应使用相同手势完成不同功能。

2）网站功能易用性。

网站功能易用性主要是指该网站的基本功能与扩展功能是否满足用户的需求，网站的 Web 互动功能用户是否满意，网站中页面的加载速度是否正常。图 8-17 显示了 Google 网站中的网页友好度测试工具。

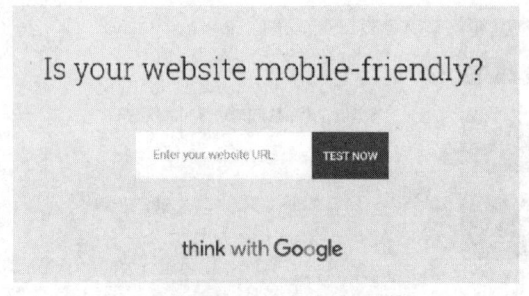

图 8-17　网页友好度测试工具

该测试工具可以帮助制作者测试网页中的移动设备加载速度，从 1~100 范围给出一个整体评分，并给出详细的项目得分。图 8-18 显示了 Google 网站在这项测试中的得分。

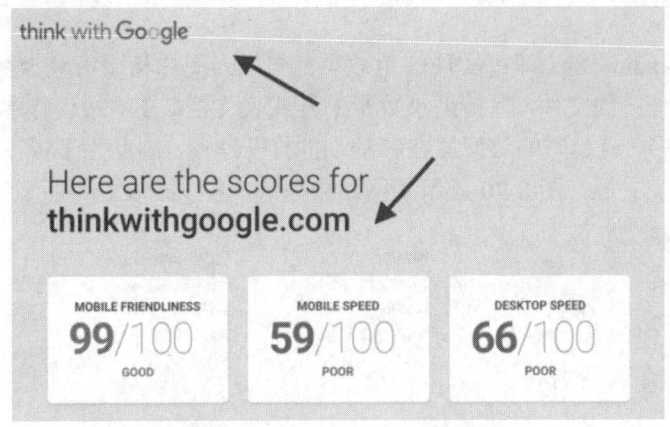

图 8-18　Google 网站的友好度测试

要想提升网站的功能性，提高网站在移动端打开的速度，提高用户浏览的满意度，一般需要做到以下几点：

- 将页面个数控制到最低。移动端运行网站和 PC 端运行网站不同，在移动端每打开一个页面都需要耗费资源和时间，因此应当尽量把网站页面个数控制在一个最小范围内，切记不能随意地链接和跳转。如果非要制作跳转页面，在首页中的导航栏目应该清晰可见。图 8-19 显示了手机新浪网页中的导航栏目。

图 8-19　手机网页中的导航栏目

- 减少图片数目，降低图片大小。图片的下载与打开需要占据相当多的网络资源，因此为了更好地在移动端运行网站，需要尽量地减少图片数目，并且适当地调整高分辨率的图片。在实现代码中可以使用 CSS 样式来制作阴影、圆角等网页效果，这样可以减少 HTTP 请求，加快网页的加载时间。

如果要在页面中实现圆角效果，可以书写代码来取代插入图片：
.sou .sou3{
border-radius: 8px;
}
此处的 border-radius: 8px;即可实现圆角效果，与插入图片相比可减少网页加载的时间。
- 减少网站外链的文件，保持最小数量的样式表文档。在网站运行中，外部链接的样式表文档越多，就越影响该网站在移动端的打开速度。因此为了提高效率，可以适当地合并样式表文档。图8-20显示了网站中外链的样式表文档。

base	2014/5/22 12:12	层叠样式表文档	1 KB
common	2014/6/15 14:24	层叠样式表文档	2 KB
hea	2014/5/22 12:17	层叠样式表文档	1 KB
main	2017/3/28 10:42	层叠样式表文档	1 KB
sho	2014/5/22 11:58	层叠样式表文档	2 KB

图 8-20　网站中外链的样式表文档

通过观察可以发现，其中有些样式表文档是可以合并的，因此最好是将其中的几个文档合并为一个保存，如图8-21所示。

| common | 2017/3/14 15:43 | 层叠样式表文档 | 1 KB |
| main | 2017/3/21 15:01 | 层叠样式表文档 | 1 KB |

图 8-21　合并后的网站样式表文档

其中 common 文档用于存储网站基本信息，而 main 文档用于存储重要信息。
- 为浏览者设计易用的操作方式。每个浏览者都希望在阅读网站内容时轻松而愉快，因此在设计移动端的页面时应当合理地安排页面。设置移动端网站的页面时，应当只使用垂直滚动，而不要用水平滚动。页面的垂直滚动是移动端网站设计的基本原则，为了用户浏览方便，一定要让用户只使用大拇指上下翻动就能顺利地浏览整个页面内容。图8-22显示了手机中的屏幕滚动效果。

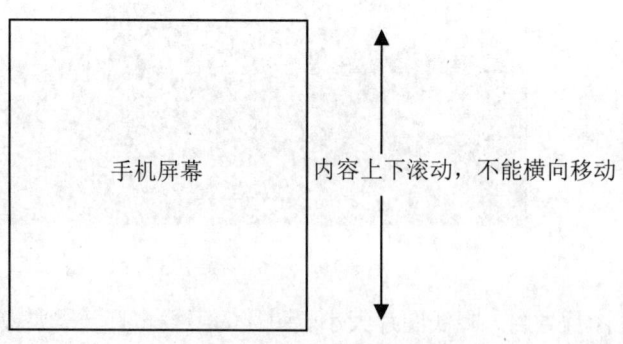

图 8-22　手机屏幕的滚动方向

值得注意的是：在移动端网站中如需要设计按钮，应当使按钮的尺寸和手指的大小相匹配,经过实验表明 10mm×10mm 的控件尺寸设计是比较合理的。此外还要根据实际调整按钮之间的距离,以适应用户手指交互的需求。

3)网站面向用户的服务性。

网站服务性主要是指该网站为用户所提供的各种服务是否能够满足用户的要求,如用户在 PC 端和移动端切换的自由度、用户操作的舒适度、网站对于浏览用户的在线帮助服务、联系服务、互动沟通等。该功能主要是提升用户对移动端网站的体验,对于不同的网站应当有不同的服务类型,具体如下:

- 对于生活服务类网站,应当在页面有电话拨打、地址定位、服务热线等功能。
- 对于新闻阅读类网站,应当在页面有夜间模式、视频播放等功能。
- 对于查询类网站,应当在页面有支持语音输入、图像输入、推荐等功能。

值得注意的是:对用户所提供的服务,PC 端页面和移动端页面应当是基本一致的,并且在网站中的资源应当都可以打开,不能出现无法访问的显示,百度严厉打击欺诈性下载播放器的行为。

8.2.2 移动端 SEO 的内容优化

与 PC 端网站相比,移动端显示屏幕更小,因此对移动端网站的内容提出了更高的要求。一般而言,移动端网站内容优化主要包含域名及标题优化、关键词优化和正文优化三个方面。

1. 域名及标题优化

(1)域名的优化。

简洁的 URL 方便用户记忆和推广,因此移动端的域名应当短小、精炼,如新浪的移动端网页 URL 为 https://sina.cn/,搜狐的移动端网页 URL 为 http://m.sohu.com/,网易的移动端网页 URL 为 http://mobile.163.com/。值得注意的是:移动端网站和 PC 端网站的 URL 应是相似的。

(2)标题的优化。

与 PC 端网站不同,移动端网站由于大多数是在手机上显示,因此标题不能太长。一般而言,移动端网站中的标题最好不要超过 10 个字,否则会显得比较乱。

2. 关键词优化

与 PC 端网站相比,移动端网站中的关键词设置更短小、精确。在手机新浪中的关键词代码如下:

\<meta name="keywords" content="手机新浪网,新浪首页,新闻资讯,新浪新闻,新浪无线" /\>。

PC 端和移动端不同的网易新闻页面的关键词对比如下:

PC 端关键词:

\<meta name="Keywords" content="网易,邮箱,游戏,新闻,体育,娱乐,女性,亚运,论坛,短信,数码,汽车,手机,财经,科技,相册" /\>。

移动端关键词:

\<meta name="keywords" content="新闻,新闻中心,新闻频道,时事报道" /\>。

由于在移动端的页面中内容较少且更集中,因此关键词的使用也明显变得精炼了。

【课堂练习】请思考 PC 端和移动端页面中的关键词有何区别。

3. 正文优化

由于 PC 屏幕和手机屏幕显示大小的不同,因此移动端中页面内容的显示与 PC 端有极大的区别。在搜索引擎优化中一般应当在文章正文部分写入大量的内容，并插入图片及视频，但是在移动端应改变这一做法。图 8-23、图 8-24 显示了在移动端和 PC 端查询"感冒"的不同界面。

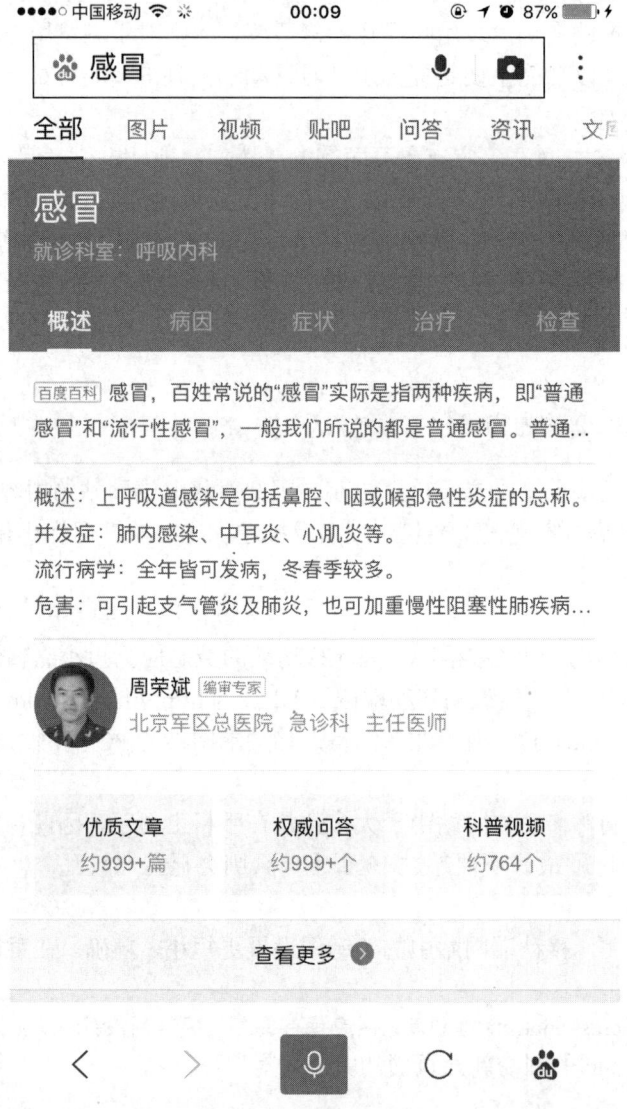

图 8-23　移动端查询"感冒"

从图 8-23 和图 8-24 可以看出，移动端显示的内容目的性更强，文章更简练、实用。而在 PC 端显示的内容则更加广泛，这表明了移动端用户比 PC 端用户更加追求上网的效率。

值得注意的是：在显示一些非常正规的网页内容时，移动端和 PC 端几乎是一致的，图 8-25、图 8-26 显示了查询"流行性感冒"时移动端和 PC 端网页出现的内容。

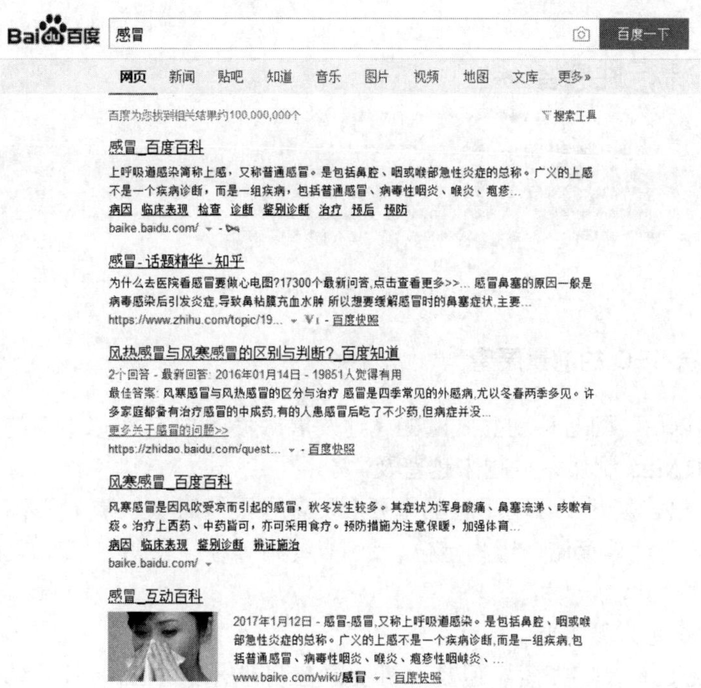

第 8 章 移动端的搜索引擎优化

图 8-24 PC 端查询"感冒"

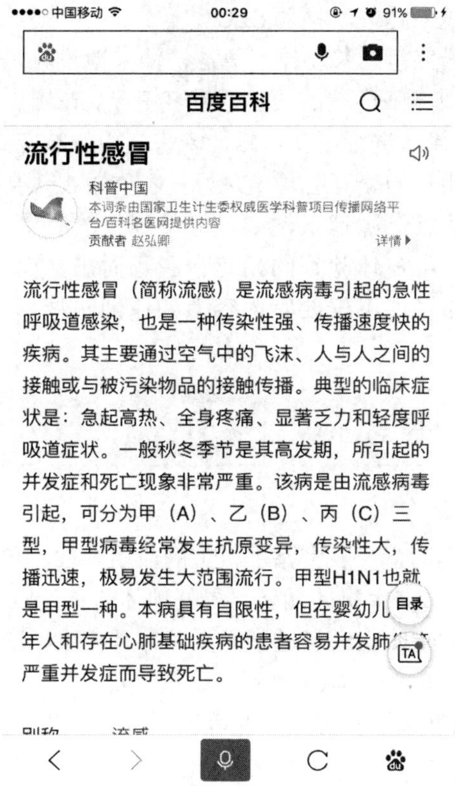

图 8-25 移动端查询"流行性感冒"

图 8-26　PC 端查询"流行性感冒"

8.2.3　移动端 SEO 的前景展望

进入 2017 年以后，随着移动互联网的飞速发展，移动 SEO 有以下新趋势：

（1）使用 HTML5 制作站点越来越普及。

HTML5 标记语言是开发移动平台的重要利器，它不但简单方便、成本低，功能也同样强大，如支持多媒体、远程存储、远程定位、SVG 动画等各种表现方式，是未来开发移动站点的最强大的工具之一。

（2）语音搜索越来越重要。

原本用户都是进行文字搜索，但是手机及语音助理出现之后，情况将会逐渐改观。语音搜索将开始变成大家使用移动搜索的方式，并且由于移动搜索量逐渐提升，因此语音搜索将会逐渐取代移动文字搜索，甚至取代所有文字搜索。

（3）搜索引擎算法会越来越关注移动 SEO。

目前 Google 公司正在研究新的移动排名算法，简单地说就是移动优先引擎，该引擎算法会根据移动端的排名情况，影响 PC 端的关键词排名情况。在国内以百度为首的搜索引擎也会跟上这一新潮流，对原有的算法进行更新，预计未来国内的响应式网站会迎来春天。

（4）在站点内容上与用户的交互会越做越好，各类短视频会越来越多。

针对现在网络中各类站点资源越来越多，但是制作的质量参差不齐的现象，在未来肯定会有所改变。制作精良、用户体验好的站点会脱颖而出，而大量平庸的网站会失去浏览者。因此未来移动端网站的发展不仅要有内容上的原创与精彩，与浏览者的交互行为也同样值得关注。

8.3　移动 APP 的 SEO

扫码看视频

1. 移动 APP 介绍

APP 是 Application 的缩写，一般常指手机上的应用软件，是智能手机发展的产物。用户通过下载和使用 APP，能够扩展手机的功能，更好地体验移动应用的乐趣。据统计，自 2012 年以来，人们花在 APP 上的时间已经超过了网页，并且势头不减。目前在国内手机中常见的 APP 系统有苹果公司的 iOS 和 Android（安卓）系统，其中包含了游戏、社交网络、新闻、出行、娱乐、教育、医疗、天气预报及公共事业等各项 APP。图 8-27、图 8-28 显示了手机中的 APP 软件。

图 8-27　手机中的 APP——移动检务管理云平台　　图 8-28　手机中的 APP——马上游

2. 移动 APP 评估标准

一款优秀的 APP 软件主要从以下几方面来评估：

（1）APP 用途。

评价一款 APP 软件的时候，首先从产品的用途开始评估该 APP 的实际存在价值，如是否能够帮助用户完成某些工作，或者为用户带来生活中的娱乐性和舒适性，或者是为用户带来日常的便利性等。如果一款 APP 没有实际的价值，那么不管界面多么优美，功能多么强大，也不会有用户去使用。

（2）APP 产品功能性和价值性。

APP 产品功能性和价值性是衡量该产品的最主要因素。当用户使用该 APP 软件时，会从自身出发，去感受该 APP 的内在价值。因此，只有注重用户需求，考虑市场因素，才能设计出一款经典的 APP 软件。APP 产品的功能性含义较广，主要有安装时是否方便，操作时是否简单，运行时是否流畅，界面是否美观协调，APP 中的功能是否人性化，是否满足了从儿童到老人的基本需求，工作时是否稳定不出问题，安装时占据存储空间的大小等。如果一款 APP 软件能够同时解决以上的问题就可以称为出色的 APP 软件。

（3）APP 下载量及用户使用量。

任何 APP 软件要想获得利润都必须要靠用户点击下载并使用来实现，因此 APP 的用户使用量也通俗地称为"受用户欢迎程度"。一般而言，越是优秀的 APP 使用人也越多，下载次数在商店中排名靠前。

（4）APP 更新率。

一款好的 APP 软件会一直关注用户的反馈信息，从而不断完善产品，不论是界面的美观，还是功能的实用，或是该软件下载安装的速度及占据内存大小等，都是 APP 开发者应当时刻注意的问题。只有不断更新版本，随时满足用户的各种需求，才能在激烈的市场竞争中占据一席之地。

3. 移动 APP 下载和安装

APP 软件需要去专门的手机应用商店搜索下载并安装才能使用。图 8-29 显示了苹果手机 APP 的图标界面，图 8-30 显示了苹果手机 APP 商店界面。

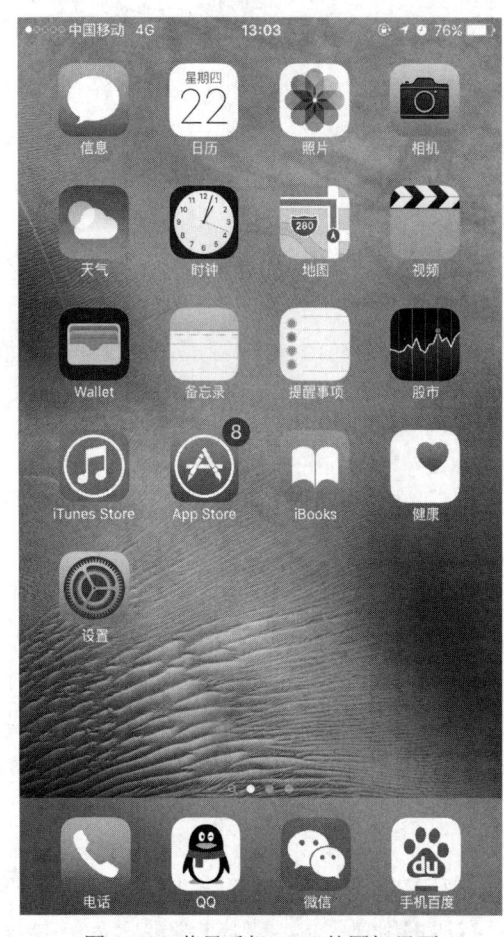

图 8-29　苹果手机 APP 的图标界面

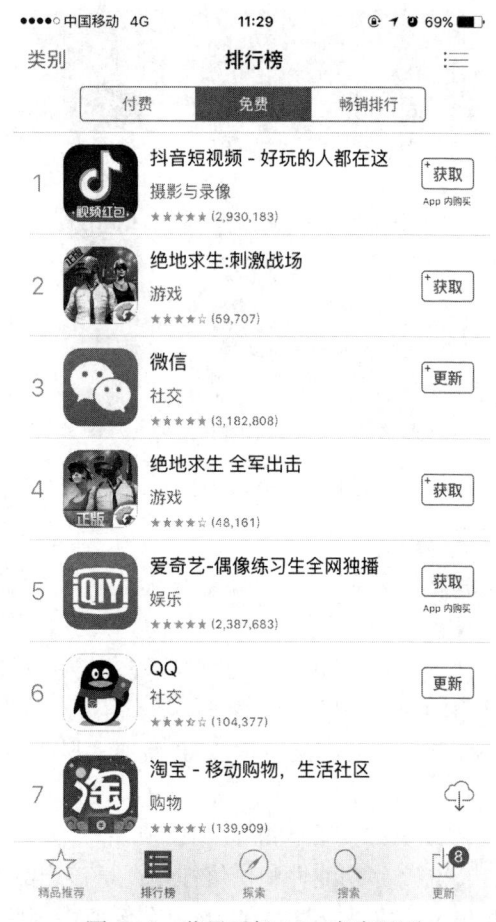

图 8-30　苹果手机 APP 商店界面

苹果用户打开 App Store 即可出现图 8-30 所示的界面，在界面上会出现精品推荐、排行榜、搜索、更新等选项。

要想下载 APP 软件，在右侧点击"获取"即可直接安装，如要安装"抖音短视频—好玩的人都在这"APP，操作界面如图 8-31 所示。

当点击 APP 软件右侧的"获取"后，该 APP 会自动地下载并安装到手机上，安装好以后即可在手机上使用该 APP 软件。

4. 移动 APP 优化方式

移动 APP 的优化也叫做 ASO（App Store Optimization），就是提升 APP 在各类 APP 电子市场排行榜和搜索结果中排名的过程。如苹果商店 App Store 总有源源不断的新内容出现，市场上每天都会有新的 APP 发布，因此 APP 的优化势在必行。图 8-32 显示了 2017 年共享单车类 APP 的市场排名。

图 8-31　安装 APP 操作界面

2017 上半年共享单车类 APP 排行榜

排名	应用名	周活跃渗透率	周人均打开次数
1	ofo 共享单车	1.022%	17.2
2	摩拜单车	0.877%	23.4
3	酷骑单车	0.068%	16.7
4	小蓝单车	0.056%	19.8
5	哈罗单车	0.050%	18.5
6	永安行	0.044%	12.8
7	小鸣单车	0.016%	21.9
8	享骑电单车	0.007%	25.4
9	优拜单车	0.006%	16.5
10	快兔出行	0.004%	16.9

图 8-32　APP 排名

从图 8-32 可以看出，市场上 APP 的竞争极为激烈，稍有不慎就会被甩在身后，从而被用户抛弃。

（1）APP 优化方式。

APP 优化的工作流程主要有以下四步：

- 对应用程序当前的关键词进行分析，同时对分类中的关键词排名进行评估，并提出改善建议。
- 分析竞争对手应用程序的所有信息，包含关键词、标题、描述等，并且与该 APP 应用程序进行对比，找出关键词排名变化的原因，然后生成针对应用程序的关键词列表。
- 生成数据表，并提供 APP 检测报告等数据的下载。
- 改善产品功能，发布新版本以供下载和使用。

（2）APP 优化实现。

1）APP 标题的选择。

每个 APP 都有自己的名称，为了便于搜索，产品标题和副标题的撰写肯定是最重要的，要根据用户的搜索习惯制定相应产品标题的撰写规则。产品标题用于描述产品的应用名称，现在越来越多的 APP 标题呈现长名的趋势，如百度 APP 的标题：百度-有事搜一搜，没事看一看。通过在名称中加入说明文字可让 APP 更容易被用户选中。而副标题的撰写更重要的则是要让用户容易看懂产品的属性，以此提升核心关键词的权重和提高产品的点击率，如百度 APP 的副标题：工具。

目前在网上最火的 APP 软件——抖音，使用的标题是"抖音短视频-好玩的人都在这"，副标题是"摄影与录像"。对标题和副标题的描述，能够让浏览者更快地了解 APP 软件。值得注意的是：标题一旦确定，修改较难，因此对于 APP 而言，选择合适的名称至关重要，不能含糊。

以下列出了常见的 APP 标题及副标题：

标题：微信。副标题：社交。

标题：QQ。副标题：社交。

标题：淘宝-移动购物，生活社区。副标题：购物。

标题：百度-有事搜一搜，没事看一看。副标题：工具。

标题：王者荣耀。副标题：游戏。

标题：快手。副标题：摄影与录像。

【课堂练习】在 App Store 中输入"海淘"，查看查询的结果。

2）APP 关键词的使用。

APP 关键词的重要性仅次于 APP 的标题，因此为一款产品选择合适的关键词可以极大地提升产品的热度。APP 关键词的优化流程主要包含以下三步：

- 关注 APP 当前所处的阶段，从而制定不同的关键词优化策略。如冷门 APP 需要尽量多做一些比较长尾或搜索结果数少的相关关键词，副标题可以先不加。一般 APP 可以考虑添加副标题并在副标题里面加上一些相关关键词来提升权重，去掉搜索排名靠后的不相关或者太冷门的关键词，适当加入一些竞品词。热门 APP 则可以考虑去掉一些冷门的关键词（权重在 4650 以下的），适当加入一些竞品词，同时考虑放一些热门、搜索结果数少的不相关词。在对热词的选择上，可以通过衡量流量大小、搜索词热度来对比，比如热词 A 热度为 4000，热词 B 热度为 6000，那么热词 B 流量更大。
- 分析与比较该 APP 在市场上的同类产品。一般可以先收集竞品 APP 覆盖的关键词，再通过不断比较后比对热度，建立属于该产品 APP 的热词库。
- 生成 APP 的关键词。APP 产品的关键词长度一般在 100 个字节左右，开发者一定要充分利用这 100 个字节长度，合理设计最优的 APP 关键词。在设计中，要根据用户的搜索习惯来确定关键词，一般而言，产品关键词之间的关联性越强，被用户检索到的可能性也越大。因此在生成 APP 的关键词时，要按照一定的规则来进行，如按词类型，优先级大致是：自身品牌词及其变形>领域相关词>竞品词>不相关词。比如：对爱奇艺来说，爱奇艺、iqiyi 是品牌词；视频、电影、电视剧是领域相关词；乐视、优酷是竞品词；新闻是不相关词。此外，在生成关键词时应注意不要选用没有流量的关键词和没有排名机会的关键词，以免影响产品的搜索。在 APP 生成了关键词并提交后，不能轻易修改，只有在提交新版本时才能修改，因此每一版本中的关键词都需要慎重。

值得注意的是：一款 APP 的受欢迎程度不是一朝一夕形成的，必须要经过长时间的检验，如在 App Store 搜索"娱乐"，排名第一的是网易的 APP 产品，如图 8-33 所示。

图 8-33 "娱乐"APP 搜索结果

在网易的 APP 下还会依次出现下列的 APP 产品：橘子娱乐、新浪娱乐、腾讯视频、明星八卦娱乐、内涵段子、麻辣头条等。

3）APP 使用中的新功能。

APP 软件中除了基本功能外，一般还应包含与用户关联紧密的新功能，如热点、推荐、语音识别等，以帮助用户更好地使用 APP。图 8-34、图 8-35 显示了 PC 端的百度和百度 APP。

图 8-34　PC 端的百度

图 8-35　百度 APP

从图 8-34 和图 8-35 图可以看出，与 PC 端的百度相比，百度 APP 功能更强大，页面内容更丰富，因此现在越来越多的用户选择使用手机来查询信息。

4）APP 图标的设计。

当用户在手机上检索到 APP 时，展示给用户的除了 APP 的标题之外就是图标了。受到先入为主的影响，图标的美观往往能够带给用户美好的感受，并激发用户的探索欲。一个构思精巧、风格突出的 APP 图标能极大地吸引用户的注意力。对于 APP 的图标设计，应当使图标的样式和应用程序功能与作用保持一致。图 8-36、图 8-37 分别显示了不同的 APP 图标。

微信
社交

高德地图-精准地
导航

图 8-36　微信 APP 图标　　　　　　　图 8-37　高德地图 APP 图标

　　从图 8-36 可以看出，微信 APP 图标在设计中采用一左一右的两个卡通化的对话图标，恰当地解析了软件的基本功能：交流。同时，绿色的背景色填充效果让整个微信图标醒目而与众不同。更从侧面揭示其创立时的宣传效果：便捷、时尚、免费。而高德地图 APP 图标在设计中采用了一个飞机的造型，代表导航，该 APP 体现了移动+生活的含义，让人过目不忘。

　　因此，一个成熟的 APP 软件的图标应当有鲜明的风格，并给用户留下较为深刻的印象。对 APP 图标的设计应当注意以下几点：

- 图标设计风格以简约大气为主，外观为圆形或方形。
- 图标中尽量不要出现文字。
- 图标要与 APP 名称有较好的相关性。
- 在图标大小的选择上，一般而言图标的高度不超过顶部栏高度的一半。以 iPhone 6 的尺寸为例，顶部栏高度为 88px，图标最好不超过顶部栏的一半，因此一般图标的高度控制在 32～36px 间。
- 图标要有创新，由于很多 APP 应用图标都很雷同。所以图标必须得有创新，才能从众多的产品中脱颖而出。

　　值得注意的是：对图标的设计应当考虑到颜色的配置，不同的颜色会给浏览者带来不同的感受，如红色让人联想到温暖，蓝色让人想到冷静，绿色让人想到成长，而白色则让人感到优雅。

　　【课堂练习】请思考图 8-38 所示的图标对应的是关于什么的 APP 产品。

图 8-38　APP 图标

提示：关于食品的 APP。

　　【课堂练习】请思考图 8-39 所示的图标对应的是关于什么的 APP 产品。

图 8-39　APP 图标

提示：关于户外探险的 APP。

5）应用截图、演示视频及对产品的描述。

APP 应用截图、演示视频及对产品的描述都可以增加用户对该 APP 的了解程度。应用截图和产品的演示视频可以直观地展现该 APP 的功能，是 APP 优化的一个重要方向。添加视频文件可以吸引更多年轻用户，增加用户对 APP 的好感。值得注意的是：视频文件应当短小、精炼，时间在 2~3 分钟内，内容精致有趣，不能让用户在观看中感到枯燥。图 8-40 显示了 APP 的应用截图。

图 8-40　APP 的应用截图

该截图描述了 APP 的标题、图标、用户评论以及产品的局部放大图，能够让用户一眼捕捉产品的亮点。

6）APP 的用户评级。

对于同种类型的 APP，哪个有好的评价就意味着哪个会有好的排名，因此 APP 的用户评级是十分重要的。通常的做法有两种：一是依靠用户自身来评级，二是通过一些网站去买评级，也就是俗称的"刷评论"。值得注意的是，搜索引擎极端地反感第二种做法，如果被查出网站购买评级，会给该网站及相应的 APP 软件带来负面影响。同时，苹果公司也禁止以任何手段诱导用户评级，因此也不会设置相应的任务去让用户评级。当然，在一定范围内引导用户是可行的。

7）APP 的推广。

APP 的推广是 APP 优化中的关键环节，一般而言，APP 软件应从免费推广做起，在不断改进中提高产品的知名度。在免费推广的时候，优先级从高到低依次为：应用商店、下载站点、专业论坛、微信群与 QQ 群、应用互推、社区合作、推荐网站、官网合作、媒体报道等。其中前四个是用户关注的重点，特别是 APP 的应用商店，据统计，大约 70%的用户都是在应用商店中下载 APP。目前国内较有名气的 APP 应用商店有：小米应用商店、百度手机助手、华为应用市场、应用宝、360手机助手、搜狗手机助手等。图8-41显示了用户在应用宝官网上下载各类APP。

图8-41 应用宝官网上下载APP

在推广APP时应分为三步：

- 第一步，注重对APP的基础性覆盖。从各大应用商店到各大平台的覆盖，这一步做到较简单，只需要把产品加入到相关的平台即可。如国内的开发商可以把做好的APP产品加入到应用宝平台上，实现用户对该产品的下载使用，在推广中可以采取刷量的方式来获得用户的好评。
- 第二步，注重对各大论坛、微博以及QQ群的推广。建议推广者以官方贴、用户贴两种方式发贴推广，同时可联系论坛管理员做一些活动推广。发完贴后，应当定期维护好自己的贴子，及时回答用户提出的问题，搜集用户反馈的信息，以便下个版本更新改进。
- 第三步，注重合作推广。换量互推一开始并不成熟，主要靠推广者自己的人际关系，并需要该站点的应用里能推荐其他的应用或站点，换量的比例一般是一比一。

在APP推广到一定阶段后，还可以选几款质量较高的作为付费APP，将其放在商店中，让用户通过付费来下载使用。

同移动端网站优化一样,移动 APP 的优化也是一项复杂的工程,需要综合考虑各种因素,并经过长时间的积累,才能扩大 APP 产品的知名度,提升 APP 的排名。目前看来,移动 APP 的优化是一个非常漫长的过程,还有很长的路要走,这也是未来移动互联网和移动电子商务发展的重点。

8.4 本章小结

(1)移动端的 SEO 主要依赖于智能手机及相关的无线上网设备的使用,如笔记本电脑、iPad 等,从目前的趋势来看,使用智能手机的人占据了绝大多数。因此,解决移动端的 SEO 主要是要从手机上网用户上入手。

(2)移动端优化与 PC 端优化主要有以下区别:屏幕大小及网页显示的方式不同,网络环境及网页打开的速度不同,网页打开的操作方式不同。

(3)移动端 SEO 的网站建设的趋势是响应式布局,即在 Web 中的网页能自动识别屏幕宽度并做出相应调整的网站设计。

(4)移动端 SEO 中的移动设备友好度包含页面可读性、网站易用性等内容。

(5)移动端网站内容优化主要包含域名及标题优化、关键词优化和正文优化三个方面。

(6)移动 APP 一般常指手机上的应用软件,是智能手机发展的产物,是未来移动互联网的主要应用之一。移动 APP 的优化方式包含 APP 标题的优化,APP 关键词的优化,APP 使用中的新功能优化,APP 图标的设计,应用截图、演示视频及对产品的描述,APP 的用户评级,APP 的推广等内容。

8.5 实训

1. 实训目的

通过本章实训了解移动端的引擎优化方式,能够自己进行移动端优化设计与 APP 优化设计。

2. 实训内容

(1)请使用手机登录搜狐首页,并分析该移动端网站的特点,从页面布局、页面颜色、字体、段落排列、图片设置等方面说明。网站如图 8-42 所示。

(2)小明是一家美食论坛的管理员,该论坛主要涉及川菜的美食制作,包含了川菜的菜谱、选购、制作、烹饪、精彩推荐等主题。为了更好地提高移动端的流量,小明决定加强移动端网站的推广。根据本章所学内容,你认为小明应当从哪些方面进行网站的 SEO?

(3)APP 图标的设计。小王的公司开发了一款 APP 软件,主要用于制作与传播手机铃声,请为他设计该 APP 的图标。从以下几方面设计:

- 图标大小。
- 图标背景颜色。
- 图标形状。
- 图标宣传效果。

请您写出设计方案。

图 8-42 移动端的搜狐网站

（4）APP 的推广。小张所在的公司是一家专门制作与推广 APP 软件的公司，最近该公司制作了一款音乐 APP 软件。根据本章所学内容，你认为小张应当怎样推广该 APP？

8.6 习题

1．填空题

（1）下列不是移动设备的是（　　）。
　　A．手机　　　　　B．台式机　　　　C．笔记本　　　　D．iPad
（2）手机上网与台式机上网相比（　　）。
　　A．是一样的　　　　　　　　　　　B．速度、打开方式都不同
　　C．差别不大　　　　　　　　　　　D．无法比较
（3）移动端网站一般使用（　　）来制作。
　　A．HTML5　　　　B．XML　　　　　C．C　　　　　　　D．PHP
（4）APP 是指（　　）。
　　A．计算机软件　　B．计算机硬件　　C．手机应用　　　D．手机硬件
（5）APP 下载场合不包括（　　）。

  A．应用商店 B．论坛 C．网络平台 D．邮件

（6）APP 下载最多的地方是（　　）。

  A．下载站点 B．应用商店 C．网络平台 D．各大论坛

2．简答题

（1）简述移动端 SEO 的特点。

（2）简述如何优化移动端网站。

（3）简述如何提高移动设备的友好度。

（4）简述什么是 APP，如何优化 APP。

（5）简述 APP 图标的设计方式。

（6）简述 APP 的推广方式。

第 9 章
SEO 常用工具介绍

【本章导读】

本章首先介绍了 SEO 的网站管理工具的使用，然后介绍了流量查询与数据统计工具的使用。开发者掌握了 SEO 的工具可以提升网站优化效率，以便更好地吸引浏览者。

【本章要点】

- 百度站长平台介绍
- Bing 网站管理员工具介绍
- Alexa 排名的使用方式
- 百度统计与百度指数的使用

9.1 网站管理工具

9.1.1 百度站长平台

百度站长平台是全球最大的面向中文互联网管理者的官方平台。站长平台提供了一系列搜索引擎优化与管理的工具供站长使用，以帮助站长更好地管理网站。输入网址 https://ziyuan.baidu.com/ 即可访问，图 9-1 显示了百度站长平台的界面。

图 9-1 百度站长平台的界面

进入该界面后选择"网站支持"即可进入到相应的操作界面，如图 9-2 所示。

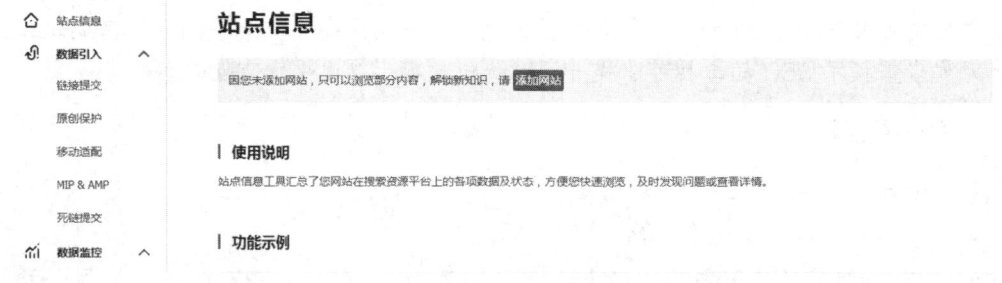

图 9-2 "网站支持"界面

"网站支持"界面左侧包含了站点信息、数据引入、数据监控、搜索展现、优化与维护等功能区。

1. 站点信息

在站点信息区域要先注册，登录后才能添加网站，查看相关消息。在登录后，选择"添加网站"，如图 9-3 所示。

在添加网站时输入网址提交自己管理的网站，并选择网站类型，最后选择验证方式，如图 9-4 至图 9-6 所示。

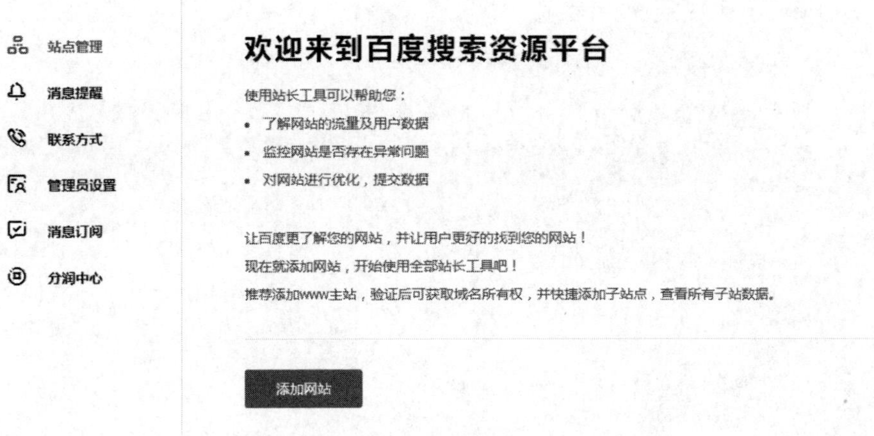

图 9-3 点击"添加网站"

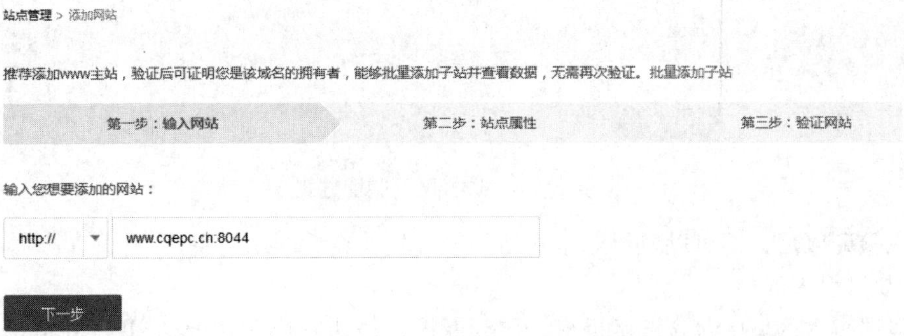

图 9-4 输入网站网址

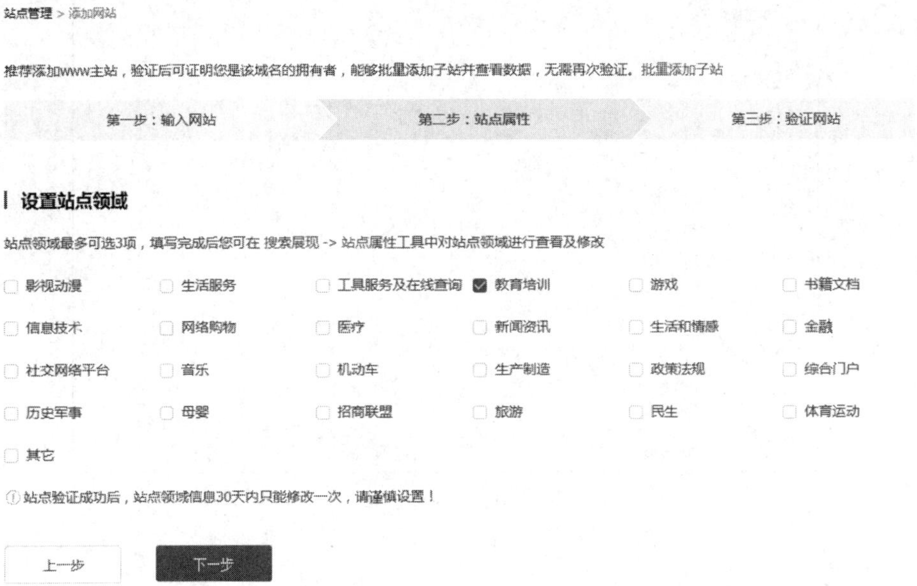

图 9-5 输入网站类型

图 9-6　选择网站验证方式

完成验证以后，便可以取得对该网站的管理权，查看网站信息。

2．数据引入

在数据引入区域中包含链接提交、原创保护、移动适配、MIP&AMP、死链提交等功能，可分别运行。图 9-7 显示了链接提交的功能。

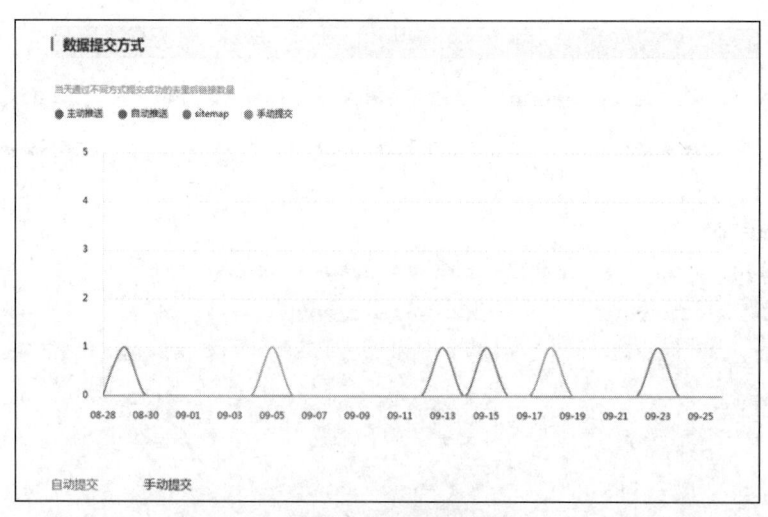

图 9-7　链接提交

3．数据监控

在数据监控区域中包含索引量、流量与关键词、抓取频次、抓取诊断、抓取异常、Robots 等功能，可分别运行。

4. 搜索展现

在搜索展现区域中包含 HTTPS 认证、站点属性、站点子链、品牌词保护等功能，可分别运行。

5. 优化与维护

在优化与维护区域中包含链接分析、网站体验、网站改版、闭站保护、移动落地页检测等功能，可分别运行。

9.1.2 Bing 网站管理员工具

Bing 是微软公司推出的一款搜索引擎，站长可以使用 Bing 网站管理员工具来对自己的网站进行管理。输入网址 http://www.bing.com/toolbox/webmaster/即可访问，图 9-8 显示了 Bing 网站管理员工具的首页。

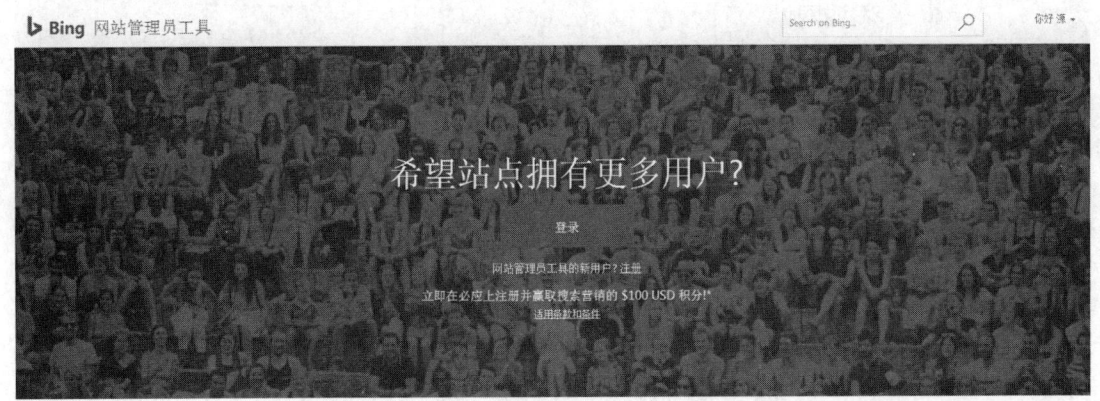

图 9-8 Bing 网站管理员工具的首页

进入该网站以后，需要在首页注册用户信息，如图 9-9 所示。

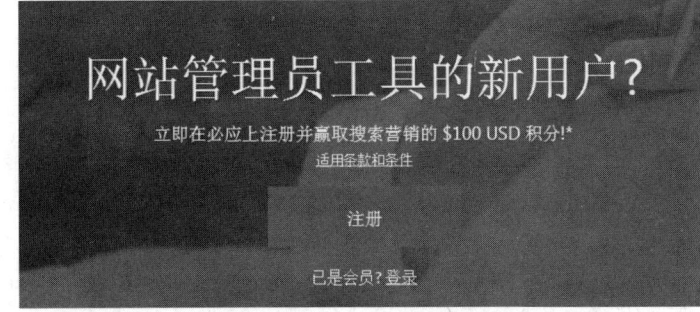

图 9-9 Bing 网站的注册

在用户信息注册完成后,点击"登录"即可进入"Bing 网站管理员"界面,如图 9-10 所示。

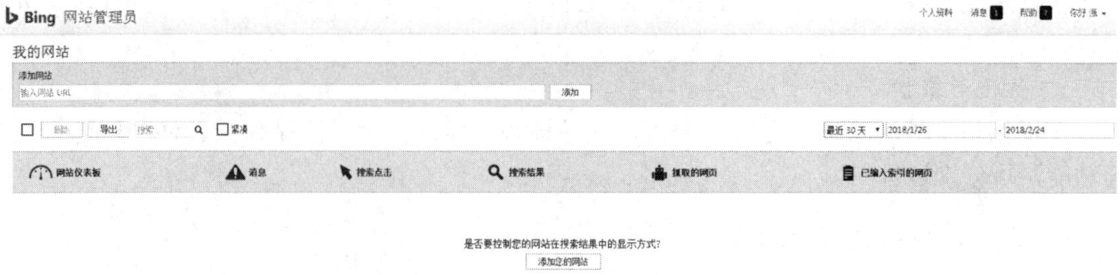

图 9-10 "Bing 网站管理员"界面

"添加网站"界面如图 9-11 所示。

图 9-11 Bing 网站的添加界面

在添加完网站并通过验证后,即可开始对整个网站进行数据查看和综合分析。在仪表板中可以看到如图 9-12 所示的界面。

在对应的界面中操作即可实现对网站的查看。

图 9-12　Bing 网站的网站管理与查看界面

9.2　流量查询与数据统计工具

9.2.1　Alexa 排名

Alexa 是一家互联网公司，总部位于美国的加利福尼亚州旧金山，公司主要业务是收集全球的网站并公布排名。Alexa 中国网站免费提供 Alexa 中文排名官方数据查询、网站访问量查询、网站浏览量查询、排名变化趋势数据查询等功能。

输入网址 http://www.alexa.cn/ 可访问 Alexa 官网，如图 9-13 所示。输入网址 http://alexa.chinaz.com/default.html 可使用站长工具中的 Alexa 排名查询功能。

图 9-13　Alexa 官网网站

进入 Alexa 官网网站后即可通过输入网址来查询各大网站的综合信息，具体有：
- 网站综合介绍。
- 网站排名信息。
- 网站访问信息。
- 网站访问流量信息。
- 网站访问地区信息。
- 网站访问排名走势图。

- 网站搜索流量占比。

图 9-14 至图 9-20 分别显示了在 Alexa 中查询"搜狐"网站的各种信息的结果。

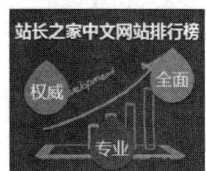

图 9-14　搜狐网站综合信息

图 9-15　搜狐网站排名信息

图 9-16　搜狐网站预估流量

被访问网址 [40 个]	近月网站访问比例	近月页面访问比例	人均页面浏览量
sohu.com	77.52%	59.67%	3.18
tv.sohu.com	30.91%	10.77%	1.44
mp.sohu.com	23.64%	7.11%	1.24
sports.sohu.com	9.82%	2.70%	1.14
auto.sohu.com	8.12%	2.24%	1.14
news.sohu.com	7.46%	1.97%	1.09
cul.sohu.com	7.20%	1.93%	1.11
health.sohu.com	5.29%	1.32%	1.03
history.sohu.com	4.51%	1.13%	1.03
it.sohu.com	4.50%	1.12%	1.02
women.sohu.com	2.72%	1.08%	1.64

图 9-17　搜狐网站子页面访问流量

国家/地区名称 [5 个]	国家/地区代码	国家/地区排名	页面浏览比例	网站访问比例
美国	US	188	1.8%	1.6%
韩国	KR	47	0.9%	0.8%
日本	JP	37	2.5%	2.2%
中国	CN	5	94.1%	94.6%
其他	O	--	0.8%	0.9%

图 9-18　搜狐网站访问地区排名

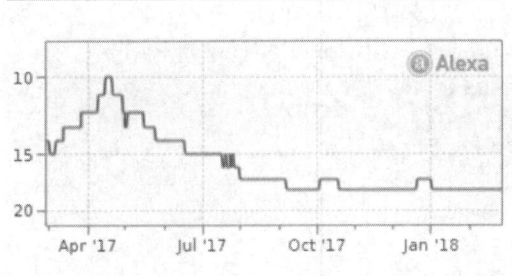
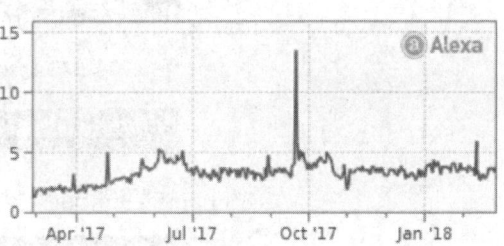

图 9-19　搜狐网站排名走势图　　　　图 9-20　搜狐网站搜索流量占比

从图 9-14 至图 9-20 中可以清楚地了解搜狐网站流量的排名情况以及每个子页面的访问情况，如果网站流量出现异常变化，应当立即采取措施进行优化和调整以确保网站的健康稳定发展。

9.2.2　百度统计

百度统计是百度旗下的一款免费的专业网站流量数据统计与分析工具，能够告诉站长访客的所有访问信息。该系统界面美观、操作容易、功能强大，能够为站长提供全方位的查询信息。输入网址 https://tongji.baidu.com/web/welcome/login 即可访问。图 9-21 显示了百度统计的界面。

图 9-21　百度统计的界面

点击右上方的"注册"按钮，显示如图 9-22 所示的界面。

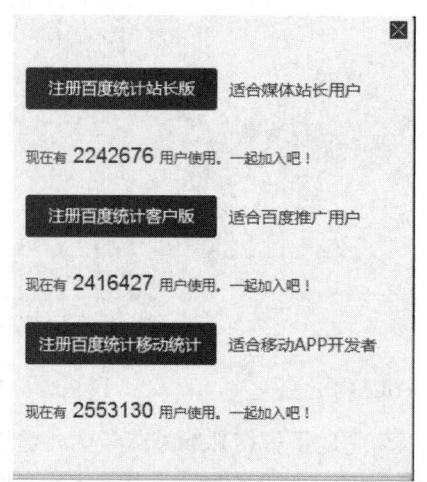

图 9-22　选择注册界面

在注册后即可查看网站信息。步骤如下：

（1）添加网站并验证，如图 9-23 所示。

图 9-23　添加网站

（2）查看网站今日流量，如图 9-24 所示。

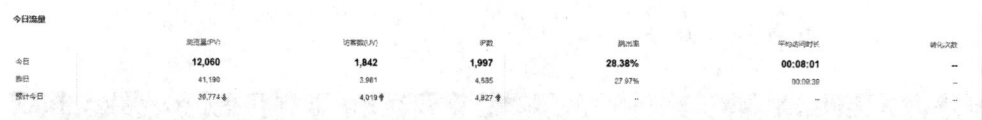

图 9-24　查看网站今日流量

（3）查看网站访问趋势，如图 9-25 所示。

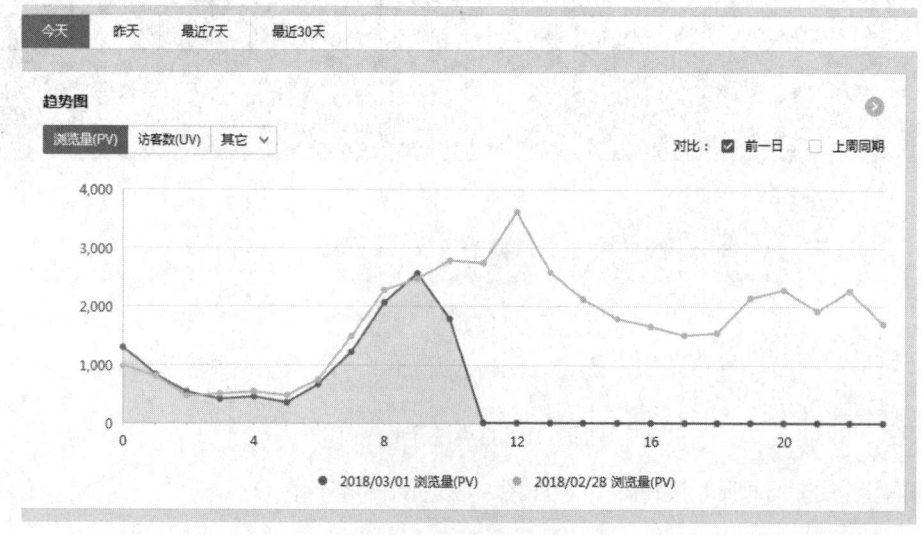

图 9-25　查看网站访问趋势

（4）查看网站访问页面来源，如图 9-26 所示。

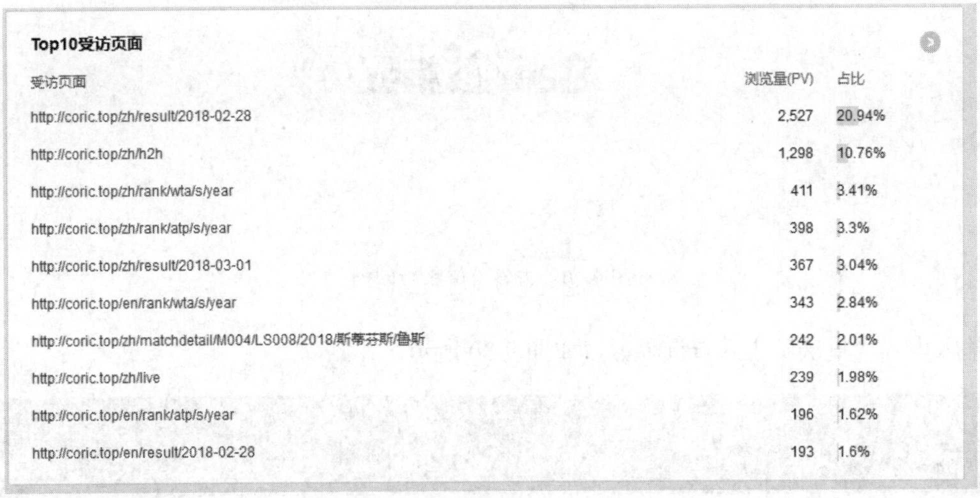

Top10受访页面

受访页面	浏览量(PV)	占比
http://coric.top/zh/result/2018-02-28	2,527	20.94%
http://coric.top/zh/h2h	1,298	10.76%
http://coric.top/zh/rank/wta/s/year	411	3.41%
http://coric.top/zh/rank/atp/s/year	398	3.3%
http://coric.top/zh/result/2018-03-01	367	3.04%
http://coric.top/en/rank/wta/s/year	343	2.84%
http://coric.top/zh/matchdetail/M004/LS008/2018/斯蒂芬斯/鲁斯	242	2.01%
http://coric.top/zh/live	239	1.98%
http://coric.top/en/rank/atp/s/year	196	1.62%
http://coric.top/en/result/2018-02-28	193	1.6%

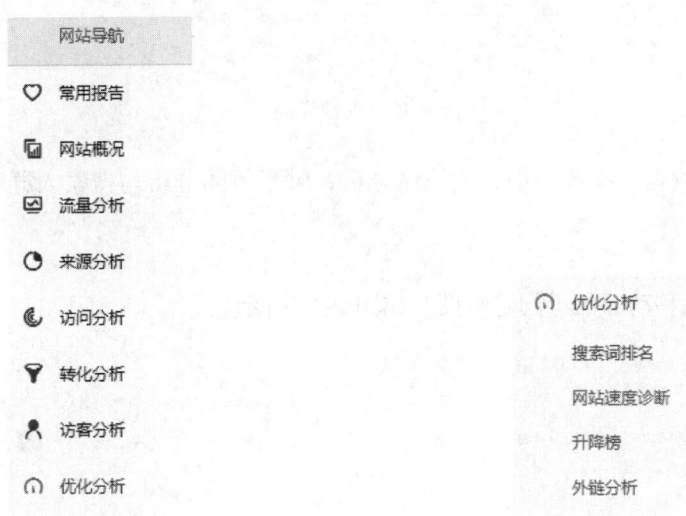

图 9-26　查看网站访问页面来源

（5）点击展开最左侧的导航栏，还可以继续查看更多信息，如图 9-27 所示。

（6）最后点击查看“优化分析”栏目，如图 9-28 所示。

图 9-27　查看网站导航信息

图 9-28　查看网站优化信息

站长可以通过使用百度统计查看网站访问信息，并根据该数据最终作出网站优化的决策。

9.2.3　百度指数

百度指数是以网民的数据为基础的数据分析平台，站长可以在百度指数上查看各种互联网数据的相关信息，以帮助网站优化。百度指数对 SEO 的作用有以下两点：

（1）帮助网站选择合适的关键词进行优化。

（2）分析社会热点现象，为网站建设提供良好的资源。

输入网址 http://index.baidu.com/?from=pinzhuan 即可访问百度指数网站，如图 9-29 所示。

图 9-29　查看百度指数网站

输入内容"重庆"进入查询界面，如图 9-30 所示。

图 9-30　查询界面

其中主要的指数有：指数趋势、相关词分析、时事新闻分析与搜索人群地域分布，下面分别介绍。

1. 指数趋势

可查看 PC 版和移动版的不同趋势图，如图 9-31 所示。

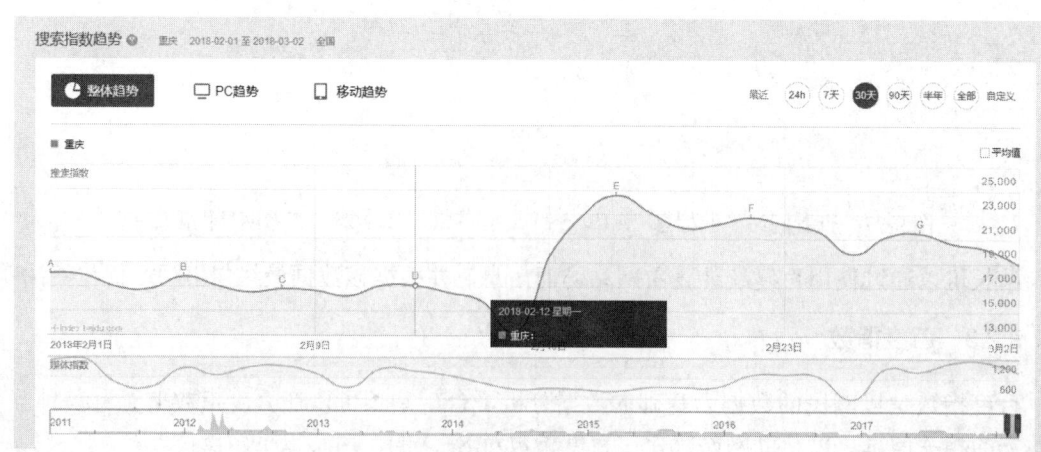

图 9-31　指数趋势图

2. 相关词分析

相关词分析可向浏览者展现关键词隐藏的焦点及用户需求，如图 9-32 所示。

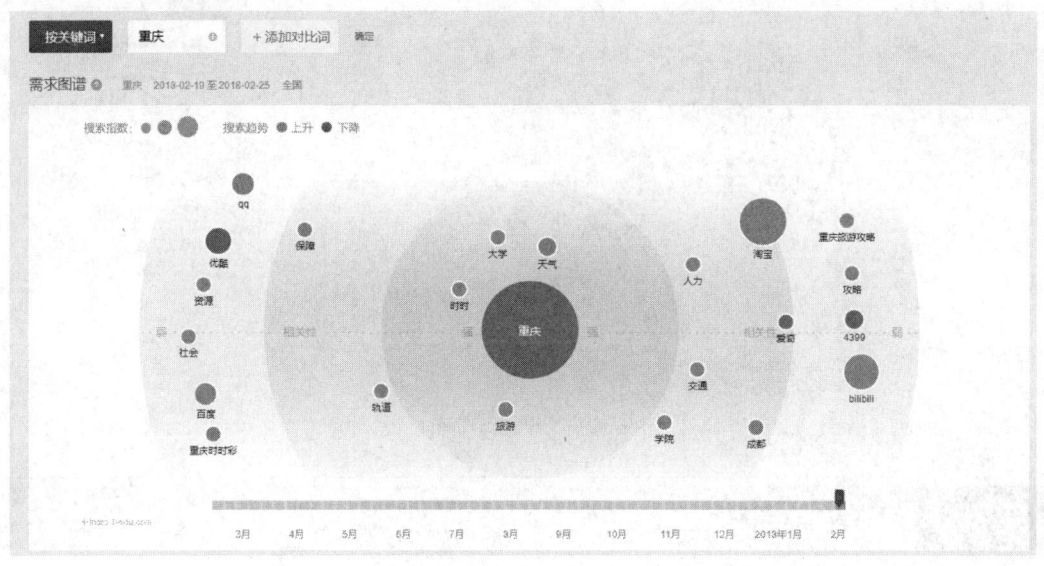

图 9-32　相关词分析

3. 时事新闻分析

时事新闻分析可帮助浏览者更好地了解该关键词带来的新闻热点，如图 9-33 所示。

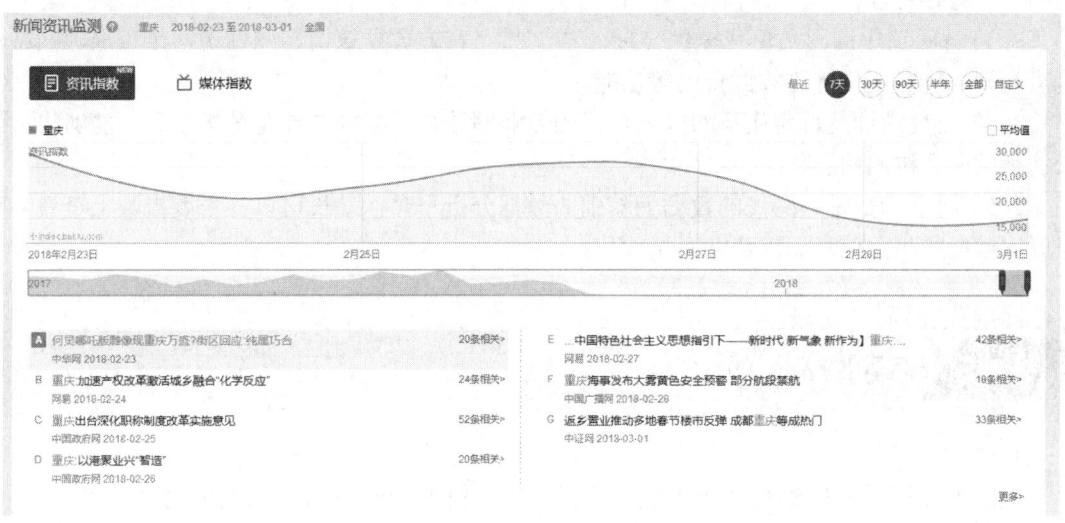

图 9-33　时事新闻分析

4. 搜索人群地域分布

搜索人群地域分布可展示给浏览者搜索该关键词的用户区域的排名状况，如图 9-34 所示。

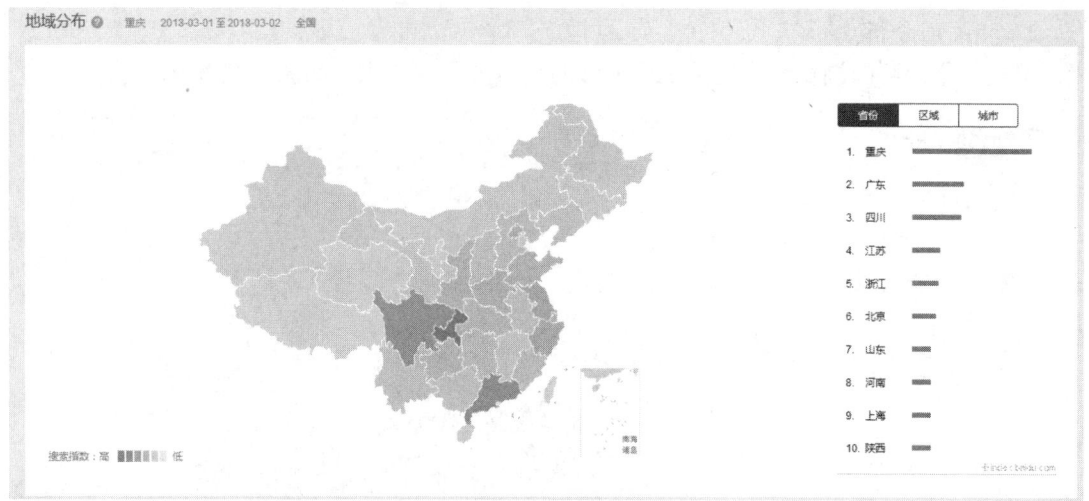

图 9-34　用户地域分布分析

9.3　本章小结

（1）百度站长平台是全球最大的面向中文互联网管理者的官方平台。站长平台提供了一系列搜索引擎优化与管理的工具供站长使用，以帮助站长更好地管理网站。

（2）Bing 是微软公司推出的一款搜索引擎，站长可以使用 Bing 网站管理员工具来对自己的网站进行管理。

（3）Alexa 中国网站免费提供 Alexa 中文排名官方数据查询、网站访问量查询、网站浏览量查询、排名变化趋势数据查询等功能。

（4）百度统计是百度旗下的一款免费的专业网站流量数据统计与分析工具，能够告诉站长访客的所有访问信息。

（5）百度指数是以网民的数据为基础的数据分析平台，站长可以在百度指数上查看各种互联网数据的相关信息，以帮助网站优化。

9.4　实训

1. 实训目的

通过本章实训了解 SEO 工具的使用方式，能够使用各种 SEO 工具帮助网站优化。

2. 实训内容

（1）在 Alexa 网站中输入网站 URL "www.163.com"，并查看和记录该网站的相关信息。

（2）打开百度统计，了解功能并学会使用它。

（3）在百度指数中输入关键词"长江"，并查看和记录相关信息。

9.5 习题

1. 选择题

(1) Bing 是（　　）公司推出的一款搜索引擎。
　　A．百度　　　　　B．微软　　　　　C．联想　　　　　D．雅虎

(2) 百度站长平台是全球最大的面向（　　）互联网管理者的官方平台。
　　A．中文　　　　　B．英文　　　　　C．韩文　　　　　D．拉丁语

(3) 百度统计是（　　）旗下的一款免费的专业网站流量数据统计与分析工具。
　　A．百度　　　　　B．雅虎　　　　　C．阿里巴巴　　　D．微软

(4) 百度指数是以（　　）为基础的数据分析平台。
　　A．的数据　　　　B．网民的流量　　C．网民的分析　　D．网民的投票

(5) 百度站长平台是（　　）的行为。
　　A．管理网站　　　B．网站收费　　　C．网站推广　　　D．网站建设

2. 简答题

(1) 简述百度站长平台的主要功能。

(2) 简述流量查询与数据统计的主要工具有哪些。

(3) 简述百度统计的主要功能。

(4) 简述 Bing 网站管理员工具的主要操作步骤。

(5) 简述百度指数对 SEO 的作用有哪些。

参考文献

[1] 杨韧，程鹏，姚亚锋. SEO 搜索引擎优化：基础、案例与实战[M]. 北京：人民邮电出版社，2016.
[2] 吴泽欣. SEO 教程：搜索引擎优化入门与进阶[M]. 3 版. 北京：人民邮电出版社，2014.
[3] 张新星. SEO 全网优化指南[M]. 北京：电子工业出版社，2017.
[4] 胡奇峰. SEO 搜索引擎优化从入门到精通[M]. 广州：广东经济出版社，2015.